K. W. Bernath

Grundlagen der Fernseh-System- und -Schaltungstechnik

Mit 175 Abbildungen und 22 Tabellen

Springer-Verlag
Berlin Heidelberg New York 1982

Dr.-Ing. Konrad Walter Bernath
Chef der Sektion Rundfunktechnik, vormals Gruppenleiter für Fernsehsysteme,
an der Abteilung Forschung und Entwicklung der Generaldirektion der PTT-
Betriebe, Bern
Lehrbeauftragter an der Eidgenössischen Technischen Hochschule Zürich

CIP-Kurztitelaufnahme der Deutschen Bibliothek

Bernath, Konrad W.: Grundlagen der Fernseh-System- und -Schaltungstechnik /
K.W. Bernath – Berlin, Heidelberg, New York: Springer, 1982.

ISBN-13: 978-3-540-10931-0   e-ISBN-13: 978-3-642-95399-6
DOI: 10.1007/978-3-642-95399-6

Satz: H. Hagedorn, Berlin
2362/3020-543210

Vorwort

Das vorliegende Werk ist in erster Linie ein Lehrbuch zum Thema Fernsehtechnik. Es ist aus dem ersten Teil einer Vorlesung heraus entstanden, die der Verfasser seit 1973 an der Eidgenössischen Technischen Hochschule in Zürich im Rahmen des Fachstudiums für höhere Semester hält.

Die „Grundlagen der Fernsehtechnik", wie sie hier verstanden werden, beziehen sich auf einen kurzen Abriß der Optik, Lichttechnik und Farbmetrik sowie auf die Grundzüge der Video-Schaltungstechnik (integrierte Schaltungen werden ihrer Vielfalt wegen nicht behandelt). Daran schließt sich eine ausführliche Darstellung und Beschreibung öffentlicher Schwarz-Weiß- und Farbfernsehsysteme auf weltweiter Basis an. Aufgeführt sind ferner die Elemente der Theorie der für das Fernsehen so wichtigen Rechenmethoden im Zeitbereich.

Auf elektrooptische Wandler und Magnetbandaufzeichnung wird hier nicht eingegangen, der Heimempfänger als komplexes Gebilde nur knapp behandelt. Die Ausführungen über die Übertragungstechnik müssen sich aus Platzgründen im wesentlichen auf den Videobereich beschränken.

Das Besondere dieses Werkes sind die übersichtliche Darstellung des Stoffes und die Fülle der vermittelten Systemdaten (nach CCIR, Comité Consultatif International des Radiocommunications). Didaktischen Gesichtspunkten wurde besondere Aufmerksamkeit geschenkt. Bei aller gebotenen technisch-wissenschaftlichen Strenge ist der Stoff für jeden leicht zu verstehen, der die üblichen Vorkenntnisse aus den ersten Semestern eines Universitäts- oder Fachhochschulstudiums oder einer speziellen Fachausbildung mitbringt.

Im übrigen wendet sich der Verfasser an einen sehr breiten Leserkreis. Dazu gehören Dozenten und Studenten an Hoch- und Fachschulen ebenso wie Ingenieure und Techniker, die in der Industrie, im Fachhandel, in Rundfunkanstalten oder in Verwaltungen mit Entwicklungs-, Planungs-, Betriebs- oder Prüffeldaufgaben beschäftigt sind. Das Buch kann nicht nur neben Lehrveranstaltungen gebraucht werden, sondern gestattet es auch, sich in die komplexe Materie der Farbfernsehtechnik im Selbststudium einzuarbeiten bzw. sich über die Daten des NTSC-, PAL- oder SECAM-Systems zu informieren. Literaturhinweise erleichtern ein vertiefendes Einarbeiten der gesamten Thematik oder einzelner Details. Besonders mit den ausführlichen Systemdaten wird eine auf dem an sich recht gut besetzten Fachliteraturmarkt bisher bestehende Lücke geschlossen.

Der Dank des Verfassers gebührt an erster Stelle seiner Frau Lisbeth, die tatkräftig dazu beigetragen hat, daß die durch seine plötzliche Erkrankung während des Herstellungsprozesses des Buches aufgetretenen Schwierigkeiten auf ein Mindestmaß beschränkt geblieben sind. Er dankt ferner dem Springer-Verlag für die sorgfältige Ausstattung des Buches sowie die angenehme und verständnisvolle Zusammenarbeit.

Rubigen/Bern, im Herbst 1981   K. W. Bernath

Inhaltsverzeichnis

1 Psychophysische Grundlagen des monochromen und farbigen Fernsehens

1.1 Physik des Lichts und der Farbe

1.1.1 Allgemeines

Der Begriff des Spektrums der elektromagnetischen Wellen dürfte allgemein bekannt sein. Die vom Auge wahrnehmbare elektromagnetische Strahlung — Licht genannt — erstreckt sich über Wellenlängen von ungefähr 400 bis 700 nm. Allgemein bekannt ist ferner, daß die Lichterzeugung ein atomarer Prozeß ist: Dadurch, daß Elektronen auf Bahnen niedrigeren Energiepotentials „fallen", werden Lichtquanten freigesetzt. Ein Lichtquant kann man sich sowohl als Korpuskel wie auch als Wellenzug vorstellen. Gewöhnliches, d. h. nicht kohärentes, Licht setzt sich aus einer sehr großen Zahl solcher unter sich nicht korrelierter Wellenzüge zusammen. In der Terminologie der Nachrichtentechnik hat es den Charakter eines Geräuschs.

Erst in jüngerer Zeit ist es — ebenfalls allgemein bekannt — durch die Erfindung des Lasers gelungen, kohärentes Licht höherer Intensität zu erzeugen. Auf das kohärente Licht sei nicht weiter eingetreten, da es — von Versuchen zur Aufzeichnung von Fernsehsignalen auf Film und zur Projektion von Fernsehbildern abgesehen — beim Fernsehen vorläufig keine Anwendung findet.

Das natürliche weiße Licht (Sonnen-, Kerzenlicht usw.) wie auch das Glühlampenlicht, setzt sich aus Anteilen aller sichtbaren Strahlen von etwa 400 bis 700 nm zusammen. Es gibt aber auch weißes Licht — fast ausnahmslos künstlich erzeugtes — das spektral nur eine beschränkte Zahl von Wellenlängenbereichen umfaßt. So kann man z. B. mit komplementären Farben, wie Rot und Blaugrün oder Blau und Gelb, aber auch durch geeignete Anteile von roter, grüner und blauer Strahlung, Weiß erzeugen, wie dies beim Farbfernsehen praktiziert wird.

Eine physikalische Definition für weißes Licht gibt es vor allem auch deshalb nicht, weil sich unser Auge an das jeweils vorherrschende Weiß der Beleuchtung oder der Umgebung adaptiert. Man hat aus Zweckmäßigkeitsgründen einige Lichtarten als Normalweiß spezifiziert (Abschnitt 1.4).

Neben solchen weißen und weißlichen Lichtern gibt es das andere Extrem: die Spektralfarben. Sie bestehen im Idealfall aus Licht einer einzigen Wellenlänge und stellen die sattestmöglichen realen Farblichter dar.

Eine besondere Stellung in der Farbenlehre nehmen die Optimalfarben ein. Man versteht darunter Farben mit rechteckiger spektraler Strahlungscharakteristik. Sie ergeben bei vorgegebener Farbsättigung die größte Leuchtdichte (Bild 1–01). Optimalfarben lassen sich nur näherungsweise verwirklichen.

Für relative spektrale Strahlungsleistungsdichten (Strahldichten) wird im folgenden das Symbol $S(\lambda)$ oder S_λ, für absolute (gemessen in W/nm) das Zeichen $P(\lambda)$ oder P_λ verwendet.

1.1.2 Planckscher Strahler, Farbtemperatur

Zur Charakterisierung weißlicher Farben wurde der Begriff der Farbtemperatur eingeführt. Nach Planck besteht zwischen der in Kelvingraden ausgedrückten Temperatur eines schwarzen Strahlers und seinem spektralen Strahlungsfluß (Halbraum, unpolarisierte Strahlung) als Beziehung für die Strahldichte (gemessen in W/m² · m) [1.1]:

$$M(\lambda, T) = c_1\, \lambda^{-5} \left[\exp(c_2/\lambda T) - 1\right]^{-1}. \qquad (1.1)$$

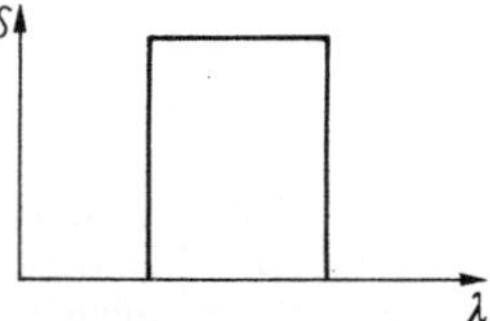

Bild 1-01. Relativer Spektralverlauf einer Optimalfarbe

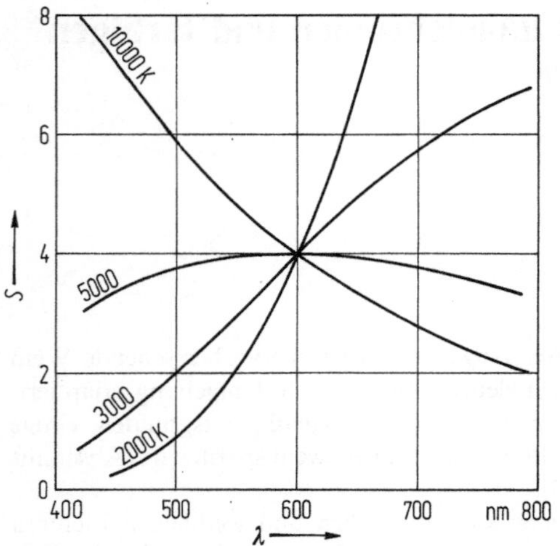

Bild 1-02. Relative Spektralverläufe einiger Temperaturstrahler

Darin ist

$$c_1 = 2\pi hc^2 = 3{,}742 \cdot 10^{-16}\ \mathrm{W} \cdot \mathrm{m}^2,$$

$$c_2 = hc/k = 1{,}439 \cdot 10^{-2}\ \mathrm{m} \cdot \mathrm{K},$$

mit c als Lichtgeschwindigkeit in m/s, λ als Wellenlänge der Strahlung in m, h als Plancksches Wirkungsquantum und k als Boltzmannsche Konstante.

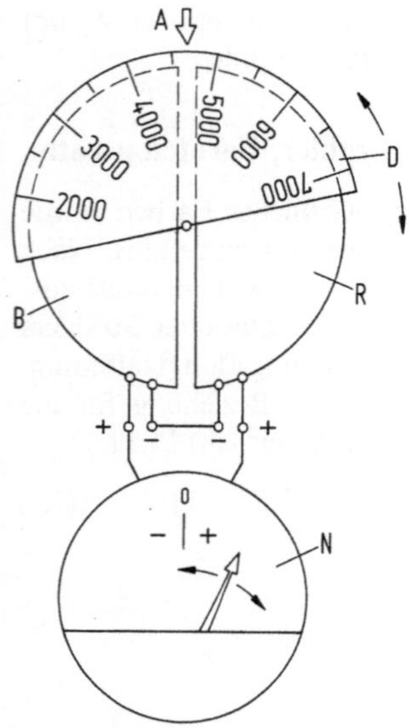

Bild 1-03. Prinzipieller Aufbau eines Farbtemperatur-Meßgeräts. R rot-, B blauempfindliches Photoelement; D drehbare Blende, in K geeicht; N Nullindikator; A Ablesung

Bild 1–02 zeigt typische Spektralverläufe Planckscher Strahler.

Ein schwarzer Strahler läßt sich mit technisch hinreichender Näherung durch einen hohlen Körper mit kleiner Öffnung, dessen Innenwände die entsprechende Temperatur aufweisen, verwirklichen. Glühlampen, mit Einschluß von Halogenleuchten, sind angenähert Plancksche Strahler („graue Strahler"). Nicht zur Klasse der Wärmestrahler gehören Leuchtkörper, bei denen Gasentladungen zur Lichterzeugung beitragen, z.B. Leuchtstofflampen.

Zur Messung der Farbtemperatur wurden besondere Geräte entwickelt. Sie bestehen im einfachsten Fall aus zwei gegensinnig geschalteten Photozellen mit davor angebrachten Rot- und Blaufiltern, die durch eine drehbare Blende komplementär freigelegt bzw. abgedeckt werden (Bild 1–03). Brauchbare Ergebnisse sind nur dann zu erwarten, wenn die zu messende Strahlungscharakteristik zumindest näherungsweise derjenigen eines Temperaturstrahlers entspricht.

1.1.3 Spektrale Lichtaufspaltung

Ein Strahlungsgemisch, also beispielsweise weißes Sonnenlicht, kann mit Hilfe eines Glasprismas oder eines Beugungsgitters in seine spektralen Komponenten zerlegt werden. Darauf basieren die spektralen Strahlungsmeßgeräte (Bild 1–04), die in der Licht- und Farbenmeßtechnik eine wichtige Rolle spielen. Umgekehrt kann man, wie schon Newton zeigte, mit einem Glasprisma auch spektrale Lichter miteinander mischen und dadurch z.B. weißes Licht zurückgewinnen.

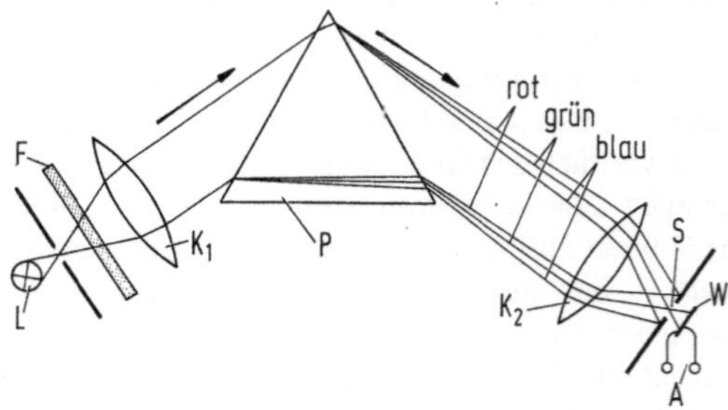

Bild 1-04. Aufbau und Funktionsweise eines spektralen Strahlungsmeßgeräts (Strahlenbrechung mit Prisma). L Lichtquelle, F Farbfilter (Prüfling), K_1 Kollimator-, K_2 Kondensorlinse, P Prisma, S Spalt (Breite einstellbar), W thermoelektrischer Wandler, A zum Anzeigegerät. (Soll die Lichtquelle selbst ausgemessen werden, entfällt das Farbfilter F.)

1.1.4 Farbfilter, Körperfarben

Wie in der Photographie hat man es auch beim Farbfernsehen häufig mit Farbfiltern und — in der aufzunehmenden Szene — mit Körperfarben zu tun.

Farbfilter haben einen von der Wellenlänge abhängigen Lichtdurchlaßgrad $\tau(\lambda)$, Körperfarben — auch Pigmentfarben genannt — einen entsprechenden wellenlängenabhängigen Reflexionsgrad $\varrho(\lambda)$.

Ist P_I die spektrale Strahldichte des eintretenden und P_{II} des austretenden Lichts, gilt für das Farbfilter

$$P_{II}(\lambda) = P_I(\lambda)\,\tau(\lambda) \tag{1.2}$$

und für die Körperfarbe entsprechend

$$P_{II}(\lambda) = P_I(\lambda)\,\varrho(\lambda), \tag{1.3}$$

wobei hier P_I die spektrale Strahldichte des auftreffenden und P_{II} diejenige des rückgestrahlten Lichts darstellt.

Da ein Filter oder eine Körperfarbe dem ursprünglichen Licht stets Leistung entzieht, gilt (Bild 1–05)

$$0 \le \tau < 1; \quad 0 \le \varrho < 1.$$

Auch im vorliegenden Fall schreibt man für $\tau(\lambda)$ meist vereinfachend τ_λ, für $\varrho(\lambda)$ ϱ_λ.

Beim Hintereinanderschalten von Farbfiltern multiplizieren sich die spektralen Durchlaßgrade (Transmissionsgrade) wellenlängenweise,

$$\tau_{tot}(\lambda) = \prod_{i=1}^{n} \tau_i(\lambda). \tag{1.4}$$

Um die Berechnungen zu vereinfachen, wird der Durchlaßgrad von Filtern oft in logarithmischem Maßstab angegeben. Man definiert als spektrale Dichte eines Filters

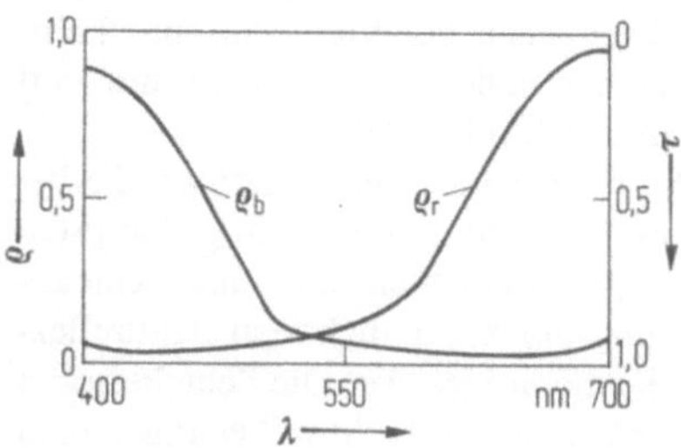

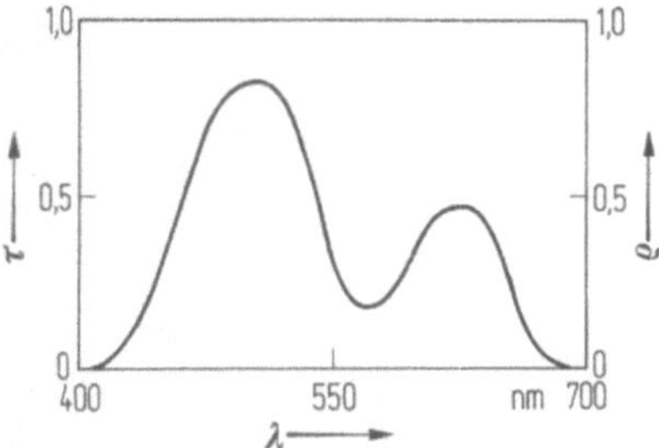

Bild 1-06. Remissions- und Transmissionsverlauf dichroitischer Filter. ϱ_b blaureflektierend, ϱ_r rotreflektierend

$$D(\lambda) = -\lg\tau(\lambda). \tag{1.5}$$

Beim Hintereinanderschalten von Filtern kann man die Dichten einfach wellenlängenweise addieren,

$$D_{tot}(\lambda) = \sum_{i=1}^{n} D_i(\lambda). \tag{1.6}$$

Spektrale Strahlungsmessungen werden beim Fernsehen z.B. in Abständen von $\Delta\lambda = 10\ \text{nm}$ durchgeführt. Es kann aber auch eine höhere Auflösung erforderlich sein.

Unter dichroitischen Filtern versteht man Anordnungen, welche bestimmte spektrale Anteile des auffallenden Lichts fast ungehindert durchtreten lassen und andere, komplementäre, reflektieren (Bild 1–06). Beim Farbfernsehen verwendet man solche Filter zur Zerlegung des farbigen Lichts der Originalszene oder des Filmbildes in seine roten, grünen und blauen Spektralanteile. Dazu schaltet man ein rot- und ein blaureflektierendes Filter unter Winkeln von + oder −45° in Serie; beide Filter lassen die grünen Lichtanteile durch-

Bild 1-05. Spektraler Transmissionsgrad $\tau(\lambda)$ eines Farbfilters, bzw. spektraler Remissionsgrad $\varrho(\lambda)$ einer Körperfarbe

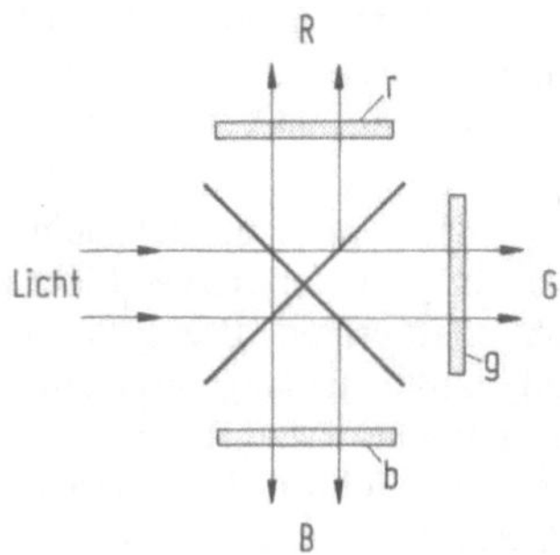

Bild 1-07. Farbaufspaltung mit kreuzweise angeordneten dichroitischen Filtern.
R, G, B rote, grüne und blaue Primärfarbenauszüge;
r, g, b Korrekturfilter

treten. Im allgemeinen benötigt man zum Fein-abgleich noch zusätzlich ein rotes, grünes und blaues Dichtefilter (Bild 1–07).

Dichroitische Filter sind Interferenzfilter. Sie bestehen aus dünnen, im Vakuum aufgedampften lichtdurchlässigen Schichten mit unterschiedlichem Brechungsindex, ähnlich den Antireflexbelägen der Kameraobjektive. Die Schichtdicken stehen in Beziehung zur Lichtwellenlänge; man findet bis zu etwa 30 Lagen.

1.1.5 Subtraktive Farbmischung

Fast alle Farbmischprozesse des täglichen Lebens sind subtraktiver Natur. Bei der subtraktiven Farbmischung wird vom ursprünglich weißen oder auch andersfarbigen Licht durch Filter oder Körperfarben (Pigmente) ein Teil der Strahlung ganz oder teilweise absorbiert, der Rest durchgelassen bzw. reflektiert. Man kann folgende symbolische Schreibweise anwenden:

Farbe = Weiß	minus Rot	minus	minus
bzw.	$\triangleq$ Blau-	Grün	Blau
Aus-	grün	$\triangleq$ Purpur	$\triangleq$ Gelb
gangs-	(Cyan)	(Magenta)	(Yellow)
farbe			

Primärfarben der subtraktiven Farbmischung

Die subtraktive Farbmischung findet z.B. in der Farbphotographie und Kunstmalerei sowie beim Farbdruck (hier ist im allgemeinen noch etwas additive Mischung mit dabei) Anwendung.

Die rechnerische Behandlung des subtraktiven Farbmischproblems setzt die Kenntnis des Spektralverlaufs der Lichtquellen und der beteiligten Filter oder Körperfarben voraus. Die Spektralwerte der einzelnen am Farbprozeß beteiligten Elemente sind miteinander zu multiplizieren. Man könnte deshalb auch von multiplikativer Farbmischung sprechen.

Die spektrale Strahlungsleistungsdichte der Lichtquelle (Selbststrahler) bzw. die spektrale Lichtverteilung auf einer mattweißen Bezugsfläche (z.B. Magnesiumoxid) muß wellenlängenweise mit dem spektralen Transmissions- bzw. Remissionsgrad der Filteranordnung multipliziert werden. Die resultierende Gesamtspektralkurve, in der stets der Spektralverlauf der Lichtquelle mitenthalten ist, repräsentiert dann die gesuchte Farbe. Von dieser Basis aus kann hierauf nach den Normierungen der Farbvalenzmetrik, auf die

noch einzugehen ist, eine quantitative Aussage über den Farbeindruck abgeleitet werden.

Die subtraktive Farbmischung ist in Bild 1–08 an zwei praktischen Beispielen aufgezeigt.

1.1.6 Hellbezugswert, Klassierung von Körperfarben

Der Hellbezugswert bzw. Lichtdurchlaßgrad A_m (luminous transmittance) ist eine wichtige Größe zur Kennzeichnung von Körperfarben bzw. Farbfiltern. Man versteht darunter den Quotienten aus dem Normfarbwert Y des farbigen Körpers (Filters) und dem Normfarbwert Y_0 des idealweißen Körpers (Idealdurchlasses). Die Angabe erfolgt meist in Prozent und gilt für eine bestimmte spektral definierte Normlichtart:

$$A_\mathrm{m} = 100\ Y/Y_0, \quad 0 \le A_\mathrm{m} < 100. \tag{1.7}$$

Die zur Berechnung der Normfarbwerte Y und Y_0 erforderlichen Normspektralwerte $\bar{y}(\lambda)$ entsprechen der V_λ-Kurve des Tagessehens (Abschnitt 1.3.3). Der Rechengang zur Ermittlung von Y und Y_0 ist in Abschnitt 1.7 dargelegt.

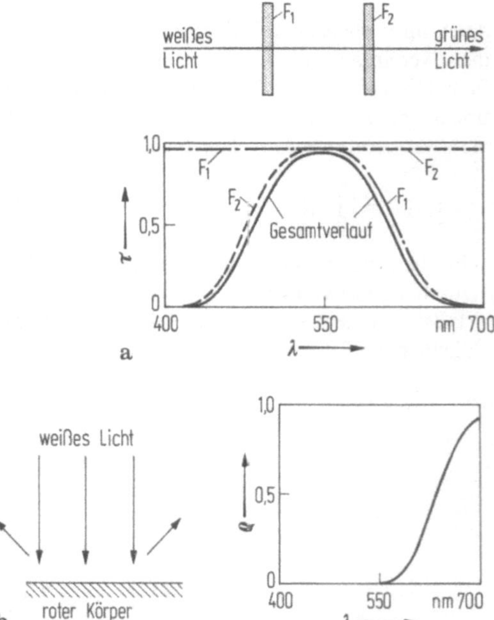

Bild 1-08. Subtraktive Farbmischung an Beispielen. a) Serieschaltung von zwei im Durchlaßbereich fast idealen Farbfiltern (F₁ blau-grünes, F₂ gelbes Filter). b) Reflektiertes Licht eines roten Pigments

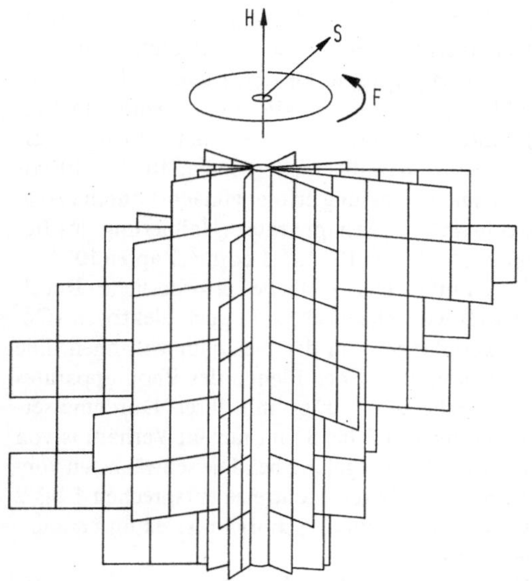

Bild 1-09. Lamellenartiger Farbkörper zur Katalogisierung farbiger Pigmente (nach [1.2]). H Helligkeit, S Sättigung, F Farbton

Für Körperfarben gibt es eine Reihe von Klassierungsverfahren (Munsell, Ostwald, DIN [Richter] usw.). In den entsprechenden Farbmustersammlungen werden die Pigmentfarben einem dreidimensionalen Farbkörper zugeordnet (Bild 1–09). Die Grundgrößen sind Helligkeit (bei Munsell „value", entspricht Hellbezugswert), Farbton („hue") und Sättigung (Grad der Buntheit, Munsell: „chroma").

Man hat, insbesondere bei Körperfarben, zu beachten, daß die Spektralcharakteristik der Lichtquelle mit in den Farbeindruck eingeht.

1.1.7 Additive Farbmischung

Die additive Farbmischung kann symbolisch wie folgt charakterisiert werden:

$$F \;=\; RR \;+\; GG \;+\; BB.$$

Farbe   Rotanteil   Grünanteil   Blauanteil

Es handelt sich hier um eine Mischung (Überlagerung) farbiger Lichter (Bild 1–10). Die Primärfarben sind Rot, Grün und Blau (genauer: Blauviolett). Durch geeignete Anteile derselben lassen sich alle nicht extrem satten Farben ermischen. Passend proportionierte Anteile aller drei Farben ergeben Weiß; Gelb wird z.B. durch Überlagerung von Grün und Rot gewonnen. Für

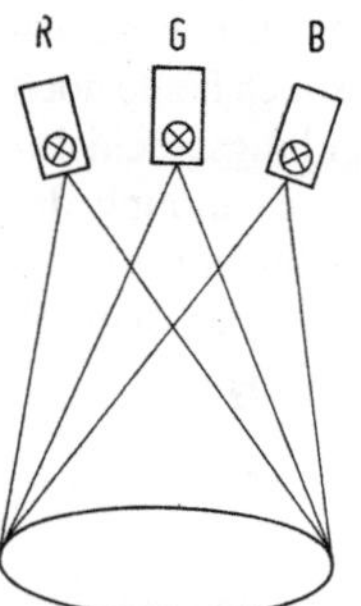

Bild 1-10. Additive Farbmischung durch Überlagerung roter (R), grüner (G) und blauer (B) Lichter

das Auge ist es dabei gleichgültig, ob die Primärlichter einander gleichzeitig (simultan) oder zeitlich in rascher Folge nacheinander (sequentiell) überlagert werden. Diese Art der Farbmischung findet beim Farbfernsehen Anwendung.

Bei der additiven Farbmischung kann man von sog. Farbvalenzen (Farbeindrücken) ausgehen, d.h. der Spektralverlauf der Farbe muß nicht notwendigerweise in allen Fällen bekannt sein. Dies gilt aber — streng genommen — nur für den Fall, daß jede einzelne Farbe isoliert unter beschränktem Gesichtswinkel in dunkler Umgebung betrachtet wird. Darauf wird in der Farbvalenzmetrik (Abschnitt 1.7) zurückgekommen.

1.2 Physiologie des menschlichen Sehens [1.3–1.5]

1.2.1 Allgemeines

Auge und Gehirn bilden als funktionelle Einheit die Informationssenke der Fernsehübertragung. Da der Sinneseindruck des Sehorgans letztlich über den erforderlichen technischen Aufwand entscheidet, kommt ihm zentrale Bedeutung zu. Das Sinnesorgan Auge (Bild 1–11) ist nur das erste

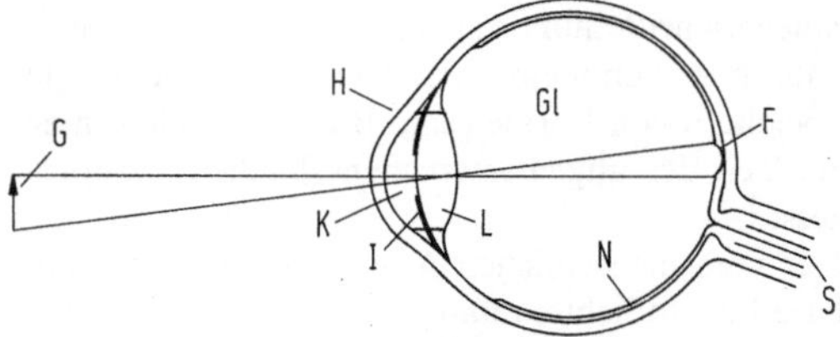

Bild 1-11. Aufbau des menschlichen Auges. G Gegenstand, H Hornhaut, K vordere Augenkammer, I Irisblende, L Linse, Gl Glaskörper, N Netzhaut, F Netzhautgrube (Fovea), S Sehnerv

Glied eines sehr komplizierten Wahrnehmungs-apparates, dessen Funktionsweise auch heute noch nicht restlos geklärt ist. Entwicklungsgeschicht-lich gesehen ist das Auge eine Ausstülpung des Gehirns, was sich aus den verschiedenen Entwick-lungsstufen des menschlichen Embryos deutlich erkennen läßt.

1.2.2 Auge, Sehvorgang

Die Augenlinse bildet — im Gegensatz etwa zum Photoobjektiv — Gegenstände nur in der Mitte der Netzhaut (Retina), der sog. Netzhautgrube (Fovea) scharf ab, am schärfsten in deren Zen-trum (Durchmesser der Netzhautgrube: 1...2°, d.h. 2...4 Vollmonddurchmesser). Das, was wir als Sehvorgang bezeichnen, ist eigentlich ein kontinuierlicher Abtastprozeß: Laufend gelangen durch Ausrichten des Augapfels neue bildwichtige Teile in die Netzhautgrube. Diesem groben Ab-tastvorgang ist ein sehr feiner und schneller über-lagert, der Mikronystagmus genannt wird (bis 100 Hz). Im Zentrum der Netzhautgrube kann das menschliche Auge im Durchschnitt noch rund 1 Bogenminute auflösen (etwa Durchmesser des 10-cm-Scheibchens beim 300-m-Schießen).

Beim Farbfernsehen wird unserem Auge ein Infor-mationsgehalt von bis zu etwa 100 Mbit/s ange-boten. Auge und Gehirn können aber, soweit dies zahlenmäßig erfaßbar ist, nur etwa 20 bit/s wirk-lich verarbeiten, was ungefähr 3 bis 4 numerischen Zeichen je Sekunde entspricht. Neben dieser gewissermaßen meßbaren Informationsaufnahme-grenze spielt, gerade beim Fernsehen, der integral bild- und stimmungsmäßig verarbeitbare Infor-mationsinhalt eine sehr große Rolle. Man weiß heute auch, daß der Sehprozeß weitgehend ein Vergleichsprozeß ist: Die dem Auge angebotenen Bilder werden fortlaufend mit solchen, die im Gehirn gespeichert sind, verglichen, ohne daß uns dies bewußt ist. (Darum kann man z.B. die Spiegelschrift nur mühsam entziffern.) Dieses dauernde Sammeln, Vergleichen, Ordnen und Speichern von Formen und Bildern im Gehirn ist ein Teil des allgemeinen menschlichen Lernpro-zesses.

Der vom menschlichen Auge simultan verarbeit-bare Leuchtdichteumfang liegt zwischen zwei und drei Dekaden. Hochglanzphotos haben Schwarz-weißkontraste von rund 30:1, projizierte Dia-positive solche von mindestens 100:1.

Das Auge kann sich außerordentlich gut an die mittlere Leuchtdichte des Objektraumes anpassen. Der überbrückbare Leuchtdichteumfang umfaßt nicht weniger als 10 Dekaden und reicht von der fahlen, durch den mondlosen Sternenhimmel er-leuchteten Landschaft bis zum Hochgebirgs-schneefeld in praller Mittagssonne (10^{-5}...10^5 cd/m^2). Die Anpassung erfolgt zunächst durch „Aus-wechseln" des Sehapparates (Halbierung des Be-reichs: Stäbchen 10^{-5}...1 cd/m^2, Zapfen 10^{-2}... 10^5 cd/m^2). Der restliche erforderliche Regel-prozeß wird chemisch, z.T. auch elektrisch (Ge-genkopplungen), in der Netzhaut vollzogen. Die Augenpupille — der Blende des Photoapparates entsprechend — trägt mit ihrer Durchmesser-änderung von 2 bis 8 mm nur im Verhältnis von 1:16 zur Lichtregelung bei. Die schwächsten vom Auge erkennbaren Lichtreize entsprechen 1 bis 2 Lichtquanten; unser Sehorgan ist damit erstaun-lich empfindlich.

Das menschliche Auge besitzt — wie bereits ange-deutet — zwei verschiedene Arten von Licht-empfangsorganen: Stäbchen und Zapfen. Sie sind auf der Netzhaut ineinander verschachtelt ange-ordnet. Die Dichteverteilung ist aber ungleich. Die Zapfen dienen dem Tagessehen. Ihre größte Dichte haben sie im Zentrum der Netzhautgrube (270000 je mm^2), d.h. am Ort des schärfsten Sehens. Der Zapfensehapparat ist gleichzeitig der Apparat für das Farbensehen. Insgesamt besitzt ein einzelnes Auge etwa 7 Mill. Zapfen (Bild 1–12).

Mehr auf die außerfovealen Bereiche verteilt, findet man im Auge etwa 140 Mill. Stäbchen, die dem Nachtsehen dienen, also empfindlicher als die

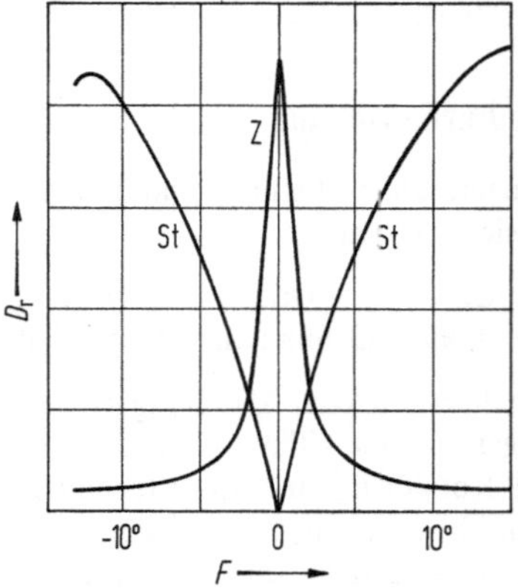

Bild 1-12. Verteilung der Stäbchen und Zapfen in der Umgebung der Netzhautgrube. F Sehwinkel in Grad, St Stäbchen, Z Zapfen, D_r relative Dichte

Zapfen sind. Man kann mit ihnen keine Farben unterscheiden.

In den außerfovealen Bereichen der Netzhaut sind vor allem Stäbchen, teilweise aber auch Zapfen, parallelgeschaltet. Auf diese Weise läßt sich die Empfindlichkeit auf Kosten der Auflösung steigern. Total führen pro Auge „nur" etwa 1 Mill. Nervenfasern zum Gehirn.

Der Übergang vom farbigen Zapfensehen zum monochromen Stäbchensehen vollzieht sich, breit überlappend, bei Leuchtdichten von etwa 0,01 bis 1 cd/m². Dabei stellt man fest, daß sich das Maximum der Augenempfindlichkeitskurve für das Nachtsehen etwas nach Blau verschiebt (Purkině-Effekt, vgl. Bild 1–26).

An Hell-Dunkel-Kanten des Bildinhalts macht sich in der Empfindung ein Differenziereffekt bemerkbar (Bild 1–13).

1.2.3 Farbensehen

Nach einem Postulat von Young und Helmholtz besitzt unser Auge rot-, grün- und blauempfindliche Zapfen. Während man das farbsensibilisierende Pigment der Stäbchen schon im letzten Jahrhundert entdeckte (Boll, 1877: Sehpurpur, Rodopsin), konnten die Extinktionskurven der entsprechenden Zapfensubstanzen — es sind tatsächlich deren drei — erst in den vergangenen Jahrzehnten ermittelt werden (Bild 1–14). Bei Tieren, z. B. Goldfischen, gelang die direkte Messung; beim Menschen konnten sie bisher nur indirekt nachgewiesen werden.

Der Sehvorgang in den Stäbchen und Zapfen ist elektrochemischer Natur. Die vier Sehpigmente

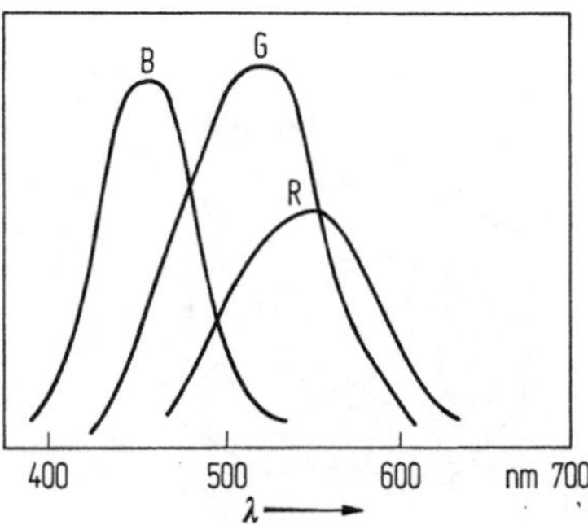

Bild 1-14. Verlauf der Augenempfindlichkeitskurven für R rot, G grün- und B blauempfindliche Zapfen

bestehen je aus einer gemeinsamen Retinen- und unterschiedlichen Opsingruppen; letztere sind gewissermaßen die Sensibilisatoren. Das Retinen zerfällt bei starker Belichtung in Vitamin A (Isomerisierung und Hydrolysierung [Bleichung]). Dieser Vorgang ist reversibel.

Hinweise auf den Verlauf der Augenempfindlichkeitskurven für das Farbensehen lassen sich auch aus den Phänomenen der Farbblindheit gewinnen (Bild 1–15). Man unterscheidet zwischen Protanopen/Protanomalen (Rotblinde/-fehlsichtige): Rot kann nicht von den andern Farben unterschieden werden ($\sim 1\%$); Deuteranopen/Deuteranomalen (Grünblinde/-fehlsichtige): Grün kann nicht von den Purpurfarben unterschieden werden

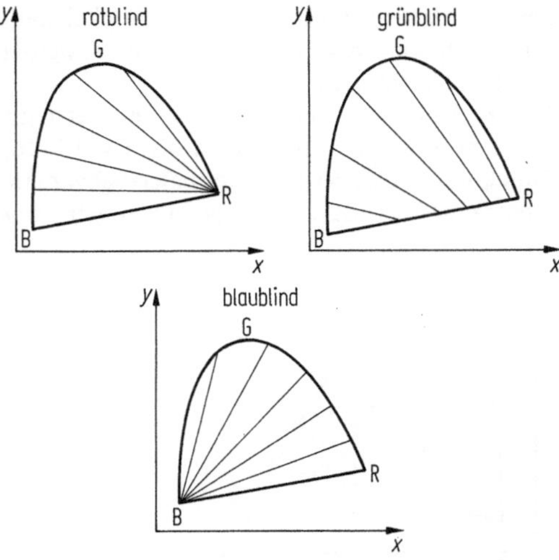

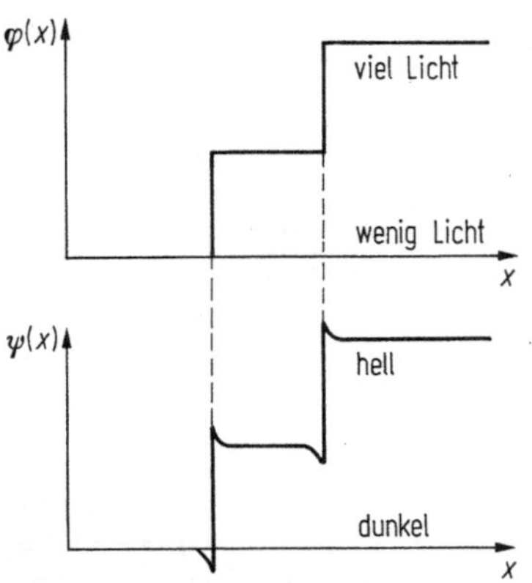

Bild 1-13. Örtlicher Verlauf von Reiz φ und Empfindung Ψ an Hell-Dunkel-Kanten

Bild 1-15. Örter gleicher Farbempfindung für Farbenblinde. R rote, G grüne und B blaue Farbbereiche der Normfarbtafel; W Weißbereich (vgl. Abschnitt 1.7)

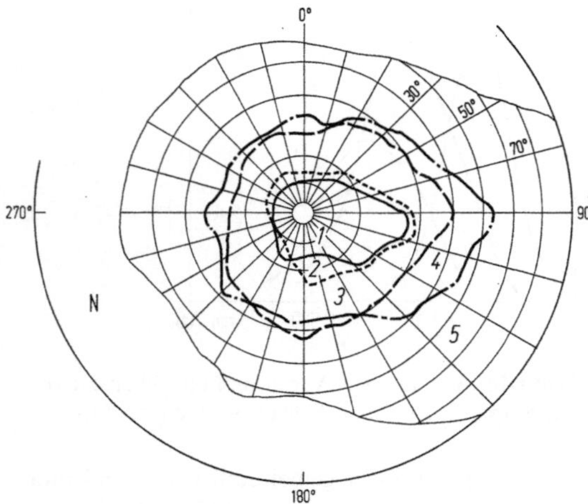

Bild 1-16. Farbsehvermögen der verschiedenen Netzhautbereiche des menschlichen Auges. F blinder Fleck, N durch Nase abgedeckt. In den entsprechenden Zonen sind folgende Farben erkennbar: *1* alle; *2* Grau, Blau, Gelb, Rot; *3* Grau, Blau, Gelb; *4* Grau und Blau; *5* Grau

($\sim 1\,\%$); Tritanopen / Trianomalen (Blaublinde / -fehlsichtige): Blau kann nicht von andern Farben unterschieden werden (selten) sowie Monochromaten, d. h. Menschen, die im Auge nur Stäbchen besitzen (ebenfalls selten). Im Farbartdiagramm (vgl. Abschnitt 1.7) ergeben sich als Oerter gleicher Farbempfindung näherungsweise Geraden. Bei Männern ist die Farbblindheit etwa 20 mal häufiger als bei Frauen. Die Farbtüchtigkeit kann z. B. mit besonderen Farbtafeln überprüft werden (Ishihara, Velhagen).

Unser Auge sieht in den äußeren Netzhautbezirken nur ein- und zweifarbig (Bild 1-16). Dies kommt uns aber beim normalen Sehvorgang nicht zum Bewußtsein, wo ja immer der Aug-

apfel — d. h. die Netzhautmitte — auf den Gegenstand ausgerichtet ist, den wir beobachten.

Ebenfalls nicht bewußt ist uns die Tatsache, daß das Auge bei kleinen Sehwinkeln nur noch zwei- oder einfarbig sieht: Bereich $5'\ldots 15'$: nur blaue, graue und rötliche Farben; Bereich unter $5'$: nur monochrom (Bild 1-17). Dieses beschränkte Farbauflösungsvermögen wird beim Farbfernsehen konsequent ausgenutzt (kompatible Systeme).

Die Diagramme der Bilder 1-15 und 1-17 beziehen sich auf die in Abschnitt 1.7 ausführlich behandelte CIE-Normfarbtafel (CIE: Commission Internationale de l'Eclairage).

Bereits in der Netzhaut des menschlichen Auges findet eine Umcodierung der primären Reizreaktionen statt (Bild 1-18). Die Rot-Grün-Blau-Signale der einzelnen Zapfen werden in Leuchtdichte-, Rot-/Grün- und Blau-/Gelb-Zeichen umgeformt. Einen ganz ähnlichen Prozeß wählte man für die Übertragung der Farbinformation beim kompatiblen Farbfernsehen, also auch hier eine interessante Parallele. Die Farbdifferenzsignale

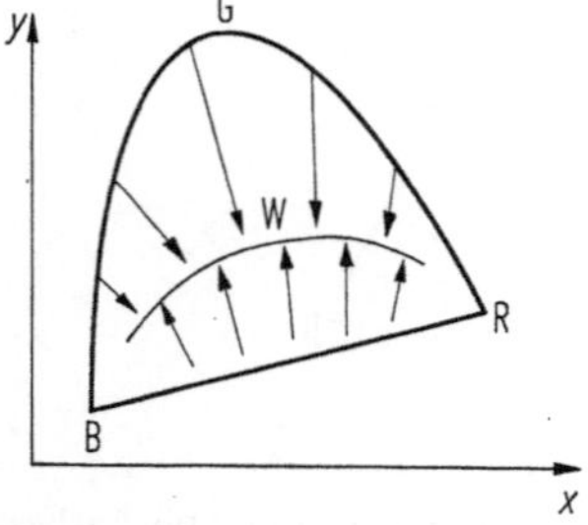

Bild 1-17. Farbsehvermögen: Übergang von großen Sehwinkeln zu solchen von $5'\ldots 15'$. R rote, G grüne, B blaue Farbbereiche der Normfarbtafel

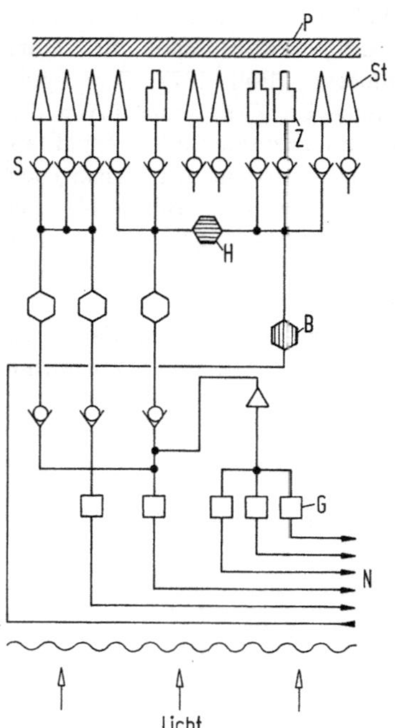

Bild 1-18. Querschnitt durch die Retina (schematisch, nach [2]). Farbumcodierung im Bereich der Bipolar- und Ganglionzellen. S Synapsen, P Pigmentepithel, St Stäbchen, Z Zapfen, H Horizontalzelle, B Bipolarzellen (links zentripetal, rechts zentrifugal), G Ganglionzellen, N Nervenfasern zum und vom Gehirn

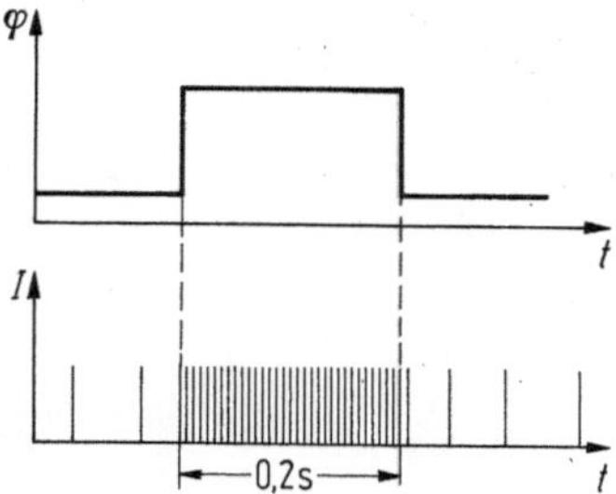

Bild 1-19. Impulsfolge $I(t)$ einer „on-off"-Fasergruppe (unten) bei entsprechendem Lichtreiz $\varphi(t)$ (oben)

dürften hier wie dort zur Kolorierung der Leuchtdichte-Hauptinformation dienen (ein genauer Nachweis ist allerdings beim menschlichen Auge nur schwer zu erbringen).

Die Signale werden unter Anwendung einer Art von Pulsfrequenz-Modulationsverfahren zum Gehirn geleitet; die Pulsfrequenzen liegen zwischen einigen Hz und etwa 100 Hz (negative und positive Impulse nach genannter Umcodierung; Bild 1-19).

1.2.4 Psychophysische Grundgesetze

Nachfolgend seien noch drei Gesetzmäßigkeiten des Sehprozesses erwähnt, die für das Fernsehen fundamentale Bedeutung haben.

Das Weber-Fechnersche Gesetz besagt, daß wir mit unserem Sinnesorgan Auge unter normalen Sehbedingungen weitgehend logarithmisch empfinden, Reize (φ) also gewissermaßen nach der Rechenschieberskala werten (Empfindung ψ). In Differentialform heißt dies

$$\Delta\psi \cong \Delta\varphi/\varphi,$$

d.h. gleiche relative Reizänderungen führen auf gleiche Empfindungen; in Integralform

$$\psi \cong \ln\varphi + C,$$

d.h. die Gesamtstärke einer Empfindung ist gleich dem Logarithmus des Reizes plus einer Konstanten C (Bild 1–20; Gültigkeitsbereich: Leuchtdichte ≥ 1 cd/m², Sehwinkel $\geq 10°$). Bei niedrigen Leuchtdichten und kleinen Sehwinkeln ergeben sich Abweichungen in Richtung einer linearen Empfindung (Bild 1–20).

Nach dem Flimmergesetz von Ferry-Porter steigt bei periodischen Lichtwechseln die kritische Flimmerfrequenz proportional zum Logarithmus der Leuchtdichte an (Bild 1–21). Haupteinflußgrößen

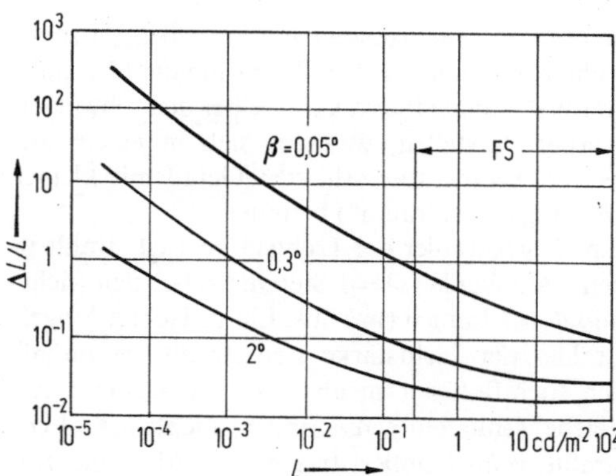

Bild 1-20. Unterschiedsempfindlichkeit des Auges auf örtliche Leuchtdichteschwankungen. β Sehwinkel, FS Leuchtdichtebereich des Fernsehens

sind Bildwinkel, Bildinhalt und Nachleuchtdauer des Phosphors. Das Gesetz lautet

$$f_k = K_1 + K_2 \log L. \tag{1.8}$$

Der zeitliche Verlauf der Lichtänderung geht dabei sowohl in K_1 als auch in K_2 ein. Erfolgt der Lichtwechsel genügend schnell, gilt das Gesetz von Talbot, nach welchem unser Auge rasche Lichtschwankungen linear ausmittelt:

$$L = \frac{1}{T}\int_0^T L(t)\,dt. \tag{1.9}$$

1.3 Lichttechnik, Photometrie

1.3.1 Grundgrößen und -einheiten

Als Grundgröße der Lichtmessung kann die Lichtstärke I betrachtet werden, die Grundeinheit ist das Candela (cd). 1 cd ist die Lichtstärke, die $\frac{1}{60}$ cm² eines Schwarzen Körpers auf der Tem-

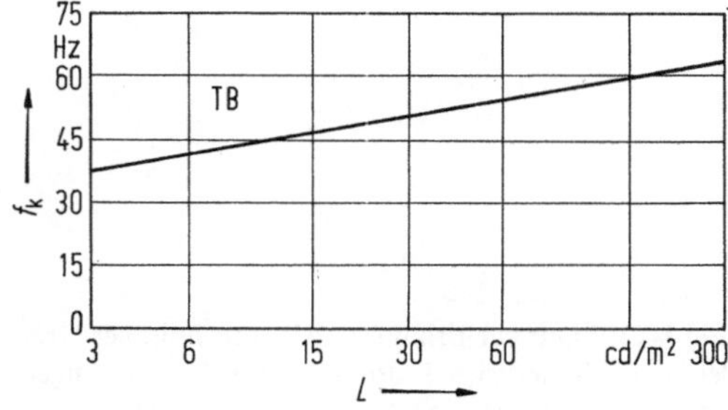

Bild 1-21. Flimmergesetz von Ferry-Porter und Talbot-Bereich TB. Das Diagramm gilt für schwarz-weiße Fernsehbilder (Einflußgrößen: siehe Textteil)

peratur des erstarrenden Platins (2042 K) senkrecht zur Fläche in den Raum hinaus abstrahlt. Das erstarrende Platin kann selber den schwarzen Körper darstellen, wenn es sich in einem auf gleiche Temperatur erhitzten Gefäß mit kleiner Öffnung („Hohlraum") befindet.

Ein Kugelstrahler der Lichtstärke 1 cd strahlt in den Raumwinkel $\Omega = 1$ Steradiant (sr) den Lichtfluß $\Phi = 1$ Lumen (lm) aus. Ein gedachter Kugelstrahler der Lichtstärke 1 cd strahlt gesamthaft den Lichtfluß $4\,\pi$ lm ab. Hat eine kleine ebene Fläche, senkrecht gemessen, die Lichtstärke 1 cd, strahlt sie als Lambertstrahler (vgl. Abschnitt 1.6) in den Halbraum π lm ab.

Beleuchtungsstärke E nennt man den Quotient aus Lichtfluß und beleuchteter Fläche, $E = \Delta\Phi/\Delta A$; 1 Lux (lx) = 1 lm/m². Eine Lichtstärke von 1 cd ergibt in 1 m Abstand eine Beleuchtungsstärke von 1 lx, wie aus Bild 1–22 ersichtlich ist. Eine vierte sehr wichtige Größe ist die Leuchtdichte L. Man versteht darunter die auf die Flächeneinheit bezogene Lichtstärke, $L = \Delta I/\Delta A$. Die Grundeinheit ist das Nit (nt), 1 nt = 1 cd/m². Das Nit hat sich als Wortschöpfung bisher nicht durchsetzen können; im SI („Système International", internationale Festlegung der Grundgrößen und -einheiten) spricht man einfach von cd/m². Früher wurde häufig das Apostilb als Einheit der Leuchtdichte verwendet (1 asb = $1/\pi$ cd/m²). Eine ideal diffus reflektierende weiße Fläche hat bei Beleuchtung mit 1 lx eine Leuchtdichte von 1 asb.

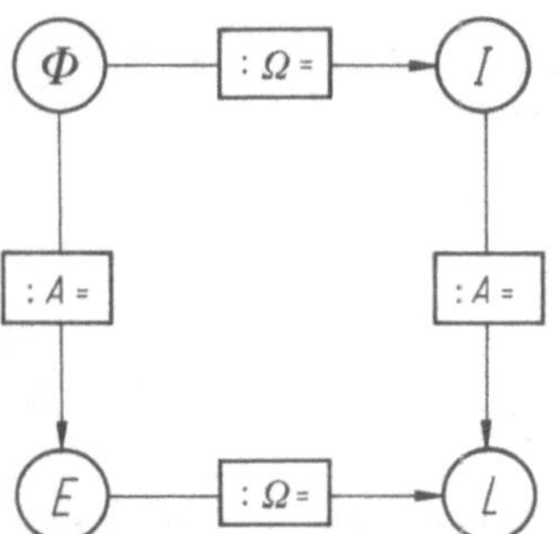

Bild 1-23. Zusammenhänge zwischen lichttechnischen Größen

Unter Lichtmenge Q versteht man das Produkt aus Lichtfluß Φ und Zeit t. Analog entspricht der Belichtung H das Produkt aus Beleuchtungsstärke E und Zeit t.

Bild 1–23 zeigt gegenseitige Beziehungen zwischen lichttechnischen Größen auf (siehe auch Abschnitt 1.9.1, Tabellen 1–I bis 1–III). Tabelle 1–IV in Abschnitt 1.9.2 zeigt typische Leuchtdichtewerte auf.

1.3.2 Lambertstrahler

Ein Körper, der das Licht vollkommen diffus zurückstrahlt, wird Lambertstrahler genannt. Ein einzelnes Flächenelement eines solchen Strahlers wirft das Licht nach einem Kosinusgesetz zurück (Bild 1–24):

$$\Delta I_\alpha = \Delta I_0 \cos\alpha. \tag{1.10}$$

Diese Gesetzmäßigkeit kommt dadurch zustande, daß sich dieses Flächenelement, vom Betrachter aus gesehen, bei schräger Betrachtung entsprechend dem Kosinus des Winkels α zum Lot verkleinert.

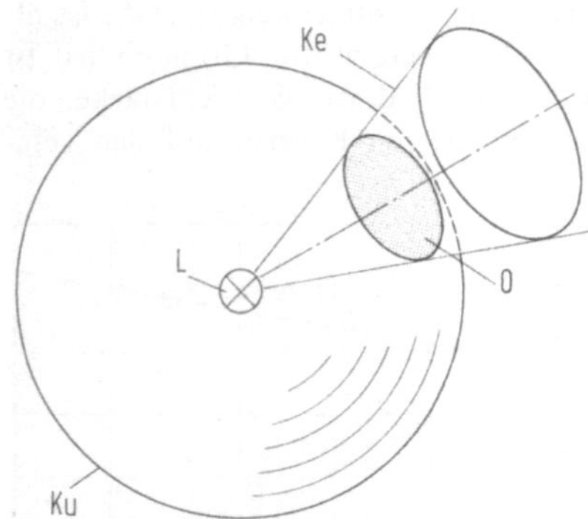

Bild 1-22. Figur zur Erläuterung lichttechnischer Größen und Einheiten.   L Punktlichtquelle im Kugelzentrum, Lichtstärke in allen Richtungen 1 cd; Ku Kugel, Radius 1 m; Ke Kegel, Raumwinkel 1 sr, Lichtfluß 1 lm; O Oberfläche der Kugelkappe, 1 m², Beleuchtungsstärke 1 lx

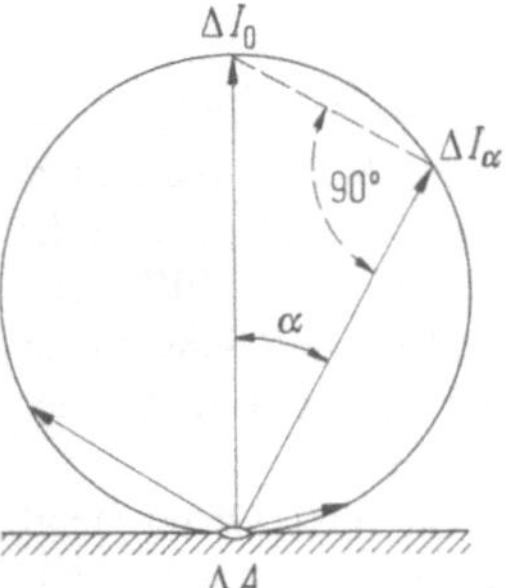

Bild 1-24. Lichtstärkecharakteristik eines Lambertstrahlers

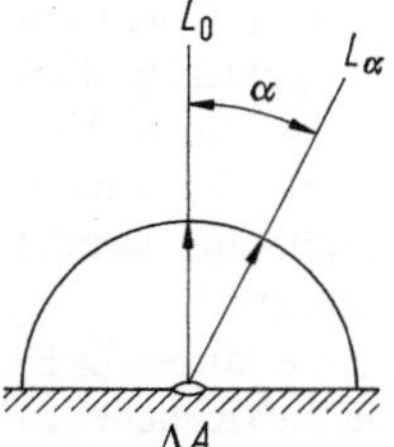

Bild 1-25. Leuchtdichtecharakteristik eines Lambertstrahlers

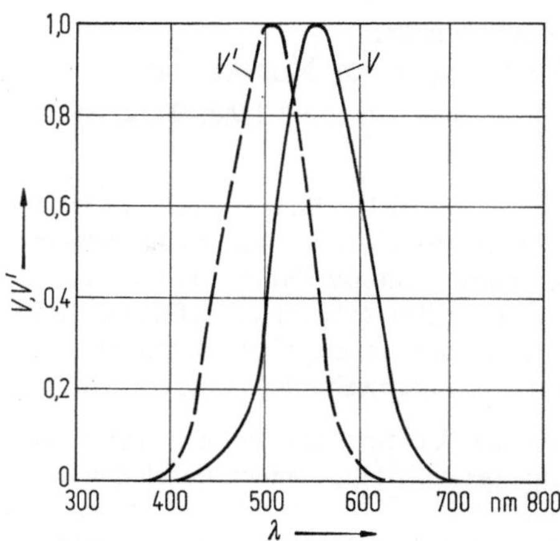

Bild 1-26. Empfindlichkeitskurven des menschlichen Auges; V_λ Tagessehen, V_λ' Nachtsehen

Wenn nun aber die Leuchtdichte eines solchen Lambertstrahlers als Funktion des Winkels α gemessen wird, stellt man fest, daß sie konstant ist; dies deshalb, weil sich das die Lichtstärke ΔI liefernde Flächenelement ΔA ebenfalls um $\cos \alpha$ verkleinert. Es gilt (Bild 1–25):

$$L_\alpha = \Delta I_\alpha / \Delta A_\alpha = \Delta I_0 \cos\alpha / \Delta A \cos\alpha = \Delta I_0 / \Delta A = \text{const.} \tag{1.11}$$

Körper mit matter Oberfläche strahlen das Licht annähernd nach dem Lambert-Gesetz zurück. Dies ergibt eine ausgeglichene, von der Anordnung der Lichtquellen wenig beeinflußte Lichtverteilung, was für das Fernsehen — von gewollten Sondereffekten abgesehen — vorteilhaft ist. (Deswegen werden ja auch die Gesichter der im Fernsehen auftretenden Personen gepudert.)

1.3.3 Spektrale Hellempfindlichkeit des Auges, photometrisches Strahlungsäquivalent

Wichtig ist, daß man stets den Unterschied zwischen Strahlungsfluß P (in W) und Lichtfluß Φ (in lm) vor Augen hält. In der Literatur findet man für die Strahlungsgrößen häufig die gleichen Symbole wie für die Lichtgrößen. Zur genaueren Kennzeichnung wird ihnen der Index e beigegeben. Strahlungs- und Lichtfluß sind über die Augenempfindlichkeitskurven $V(\lambda)$ bzw. $V'(\lambda)$ spektral miteinander verkoppelt. Da diese als mittlere Verläufe über ein Kollektiv von Versuchspersonen aufzufassen sind, besteht zwischen Strahlung und Licht kein physikalischer, sondern nur ein physiologischer Zusammenhang. In der Lichttechnik schreibt man, analog zu Abschnitt 1.1.4, statt $V(\lambda)$ meist abgekürzt V_λ. Die V_λ-Kurve des Tagessehens (Zapfenapparat) wie auch die für das Fernsehen unwichtige V_λ'-Kurve des

Nacht- und Dämmerungssehens (Stäbchenapparat), wurden von der CIE genau festgelegt (Bild 1–26). Es sind Relativverläufe mit dem Maximalwert 1.

Die V_λ-Kurve besitzt ihr Maximum bei etwa 555 nm, d.h. im grünlichen Gelb. Auf dieser Wellenlänge entsprechen einem Watt Strahlungsfluß etwa 680 lm Lichtfluß, man spricht vom photometrischen Strahlungsäquivalent K_m ($K_m \cong 680$ lm/W).

Für eine Lichtquelle der Strahlungsleistungsdichte $P(\lambda)$ ergibt sich für das Tagessehen ein Lichtfluß

$$\Phi = K_m \int\limits_{380}^{720\,\text{nm}} P(\lambda)\, V(\lambda)\, d\lambda. \tag{1.12}$$

1.3.4 Integrierende Lichtmeßgeräte

Geräte dieser Art weisen ein Photoelement oder einen Photohalbleiter auf, dessen spektrale Empfindlichkeitskurve, zusammen mit vorgeschalteten Lichtfiltern, der V_λ-Kurve entspricht. Beleuchtungsstärkemeßgeräte (Luxmeter) integrieren das gesamte aus dem Halbraum einfallende Licht. Leuchtdichtemeßgeräte müssen dagegen einen beschränkten definierten Meßwinkel aufweisen (Beispiel: Photo-Belichtungsmesser für Objektmessung).

1.4 Normlichter, Farbtemperatur-Konversion

(Siehe auch Abschnitt 1.9.2, Tabellen 1–V und 1–VII)

Zur quantitativen Behandlung von licht- und farbmetrischen Aufgaben wie auch zur Kennzeichnung von Farbreproduktionsverfahren ist es notwendig, weiße Lichtquellen spektral zu definieren (Bild 1–27). Dies führt in der Farbvalenzmetrik auf definierte Normfarbwertanteile (Abschnitt 1.7).

— *Normlicht* A entspricht dem Licht einer Glühlampe bei einer äquivalenten Farbtemperatur von 2867 K.
— *Normlicht* B entspricht einem mittleren direkten Sonnenlicht (Farbtemperatur 4874 K). Die Farbtemperatur des Sonnenlichts variiert stark mit geographischer Breite, Tageszeit usw.
— *Normlicht* C hat eine äquivalente Farbtemperatur von 6774 K. Das amerikanische Farbfernsehen basiert z. B. auf diesem Weißpunkt.
— *Normlicht* D_{65} (auch D_{6500} genannt) ist eine verbesserte Version von Normlicht C (mehr und besser definierter UV-Anteil, Farbtemperatur 6504 K). Für die 625-Zeilen-Farbfernsehsysteme wurde dieser Weißpunkt gewählt, u. a. deshalb, weil er etwas neutraler als das leicht purpurstichige Normlicht C ist.

Die Normlichter C und D_{65} entsprechen ungefähr einem mittleren Tageslicht.

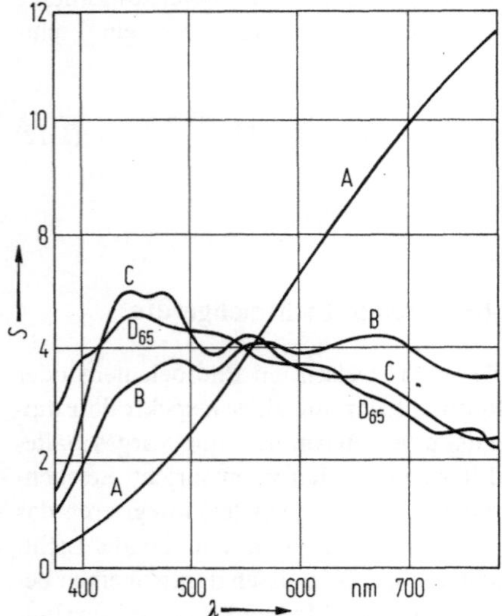

Bild 1-27. Spektraler Verlauf der Normlichtarten A, B, C und D_{65}

— *Äquienergie-Weiß* (*Symbol* E) nennt man ein gedachtes Weiß konstanter spektraler Leistungsdichte mit der Wellenlänge (nicht Frequenz) als unabhängige Variable. Es wird in der Farbmetrik als Rechengröße angewendet ($x = y = z = 0{,}333$; vgl. Abschnitt 1.7).

Farbtemperatur-Konversionsfilter erlauben z.B. die Anpassung einer auf Studioweiß abgeglichenen Farbfernsehkamera an das natürliche Tageslicht. Der erforderliche Filterverlauf $\tau(\lambda)$ ergibt sich als Quotient aus Soll- und Istverlauf der entsprechenden Normlichtspektralkurven:

$$\tau(\lambda) = S_{\text{soll}}(\lambda) / S_{\text{ist}}(\lambda).$$

Die relativen Spektralverläufe S_{soll} und S_{ist} sind dabei so zu wählen, daß sich eine physikalisch realisierbare Filterkurve ergibt ($\tau_\lambda < 1$).

1.5 Künstliche Lichtquellen

(Siehe auch Abschnitt 1.9.2, Tabelle 1–VI)

Für das Fernsehen braucht man — nicht nur im Studio, sondern oft auch bei Außenübertragungen — künstliche Lichtquellen. Der Leistungsbedarf für solche Leuchten kann beträchtliche Ausmaße annehmen.

Um auf Metamerie-Effekten (vgl. Abschnitt 1.7) beruhende Farbfehler zu vermeiden, benötigt das Farbfernsehen Leuchten mit annähernd kontinuierlichem Spektrum. Ein Maß für die Brauchbarkeit von Lichtquellen für Farbfernsehzwecke ist der Farbwiedergabeindex. Auf diesen Begriff kann im vorliegenden Rahmen nicht eingegangen werden. Ideale Lichtquellen haben einen Index von 100, für das Farbfernsehen ist zumindest ein solcher von etwa 77 notwendig [1.6].

Als Lichtquellen kommen beim Fernsehen neben dem natürlichen Tageslicht (Außenübertragungen) in Frage:
— gewöhnliche Glühlampen: Studiobereich,
— Scheinwerfer-Glühlampen: Studiobereich,
— Halogen-Glühlampen: Studio, Reportage,
— Halogen-Metalldampflampen: Reportage, Beleuchtung von Sportstadien usw.,
— Xenon-Bogenlampen: Sonderanwendungen.

Wenig geeignet sind Leuchtstofflampen, da diese im allgemeinen noch ausgeprägte Spektrallinien aufweisen. Deren Licht ist außerdem etwas mit der Frequenz des Wechselstromnetzes moduliert, was unter Umständen zu Flimmerstörungen Anlaß geben kann.

Gewöhnliche Scheinwerfer- und Halogen-Glühlampen weisen eine relativ niedrige Farbtemperatur auf. Sie werden in Farbfernsehstudios eingesetzt. Farbfernsehkameras sind für den Studiobetrieb normalerweise auf 3200 K abgeglichen.

In Sporthallen und für Außenübertragungen bei Nacht werden beim Farbfernsehen vorzugsweise Halogen-Metalldampflampen verwendet. Sie liefern ein verhältnismäßig kaltes Licht (ca. 6000 K), das unter anderem den Vorteil hat, sich mit dem natürlichen Tageslicht mischen zu lassen. Dies kann bei Sportveranstaltungen im Freien in den Abendstunden wichtig sein. In jüngerer Zeit werden Leuchten dieser Art gelegentlich auch in Studios eingesetzt. Dieser Lampentyp wurde in der ersten Hälfte der siebziger Jahre speziell für Farbfernsehanwendungen stark vervollkommnet. Durch Zusätze seltener Erden, wie z. B. Disprosium, konnte ein praktisch kontinuierliches tageslichtähnliches Spektrum erzielt werden [1.7].

1.6 Optische Lichttechnik

Die optische Lichttechnik behandelt im engeren Sinn die Lichtverhältnisse in optischen Geräten.

Unter idealen optischen Abbildungsbedingungen ist der Lichtfluß in einem optischen System abbildungsinvariant. In der Praxis ergeben sich Reflexions- und Transmissionsverluste. Die Beleuchtungsstärke im Bild ist proportional dem räumlichen Winkel des Randstrahlenbündels im Bildraum.

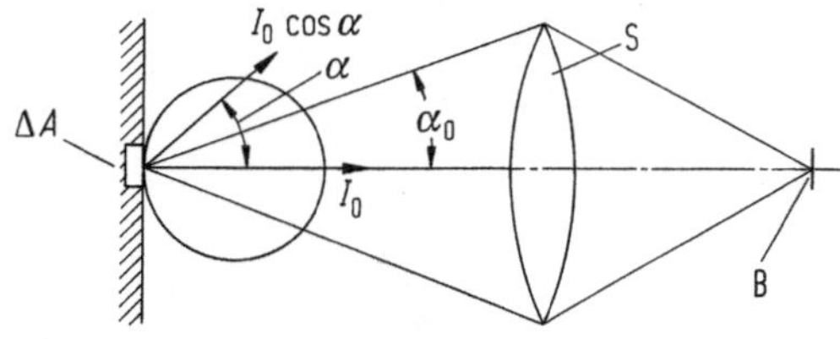

Bild 1-28. Figur zur Erläuterung des Begriffs der Apertur (vgl. Textteil). ΔA kleiner Ausschnitt des Lambertstrahlers, Lichtstärke I_0 in Richtung der Normalen; S Sammellinse; B Bild von ΔA; α, α_0 ebene Winkel

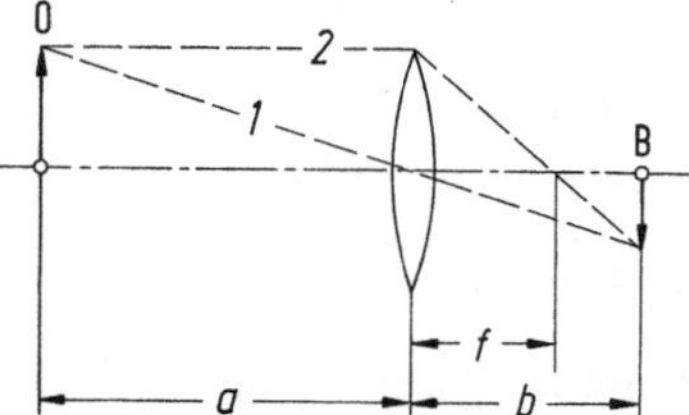

Bild 1-29. Abbildungsgesetz der dünnen Sammellinse. *1* Hauptstrahl, *2* achsenparalleler Strahl, *a* Gegenstandsweite, *b* Bildweite, *f* Brennweite. Es gilt: $1/a + 1/b = 1/f$

Ist das abzubildende Flächenelement ΔA ein Lambertstrahler (Kosinusgesetz für Lichtstärke), wird ein Relativanteil von $\sin^2 \alpha_0$ des gesamten Lichtstroms $\Phi_{\text{tot}} = \pi I_0$ dieses Flächenelements vom Objektiv durchgelassen. α_0 ist dabei der vom Objekt aus gemessene halbe lineare Öffnungswinkel des Objektivs. Der Ausdruck $\sin^2 \alpha_0$ wird Apertur genannt (Bild 1–28).

Das Grundgesetz der Abbildungsoptik geht aus Bild 1–29 hervor. Berechnung und Bau von Hochleistungsobjektiven sind zu einem hochspezialisierten Sonderzweig der Optik geworden. Für Fernsehzwecke werden heute z. B. Zoomobjektive hoher Lichtstärke mit Brennweitenverhältnis 1 : 50 angeboten.

Aus der Beziehung für den Lichtstrom, den ein Objektiv von einem Lambertstrahler aufnehmen kann, läßt sich eine für das Fernsehen wichtige Formel herleiten. Sie betrifft den Zusammenhang zwischen der Beleuchtungsstärke E_s der Szene und jener E_k der lichtempfindlichen Schicht der Kameraröhre.

Mit ϱ als Reflexionsgrad des abzubildenden Objektes, τ als Transmissionsgrad der Optik, B als Blendenzahl (Quotient Brennweite/Blendendurchmesser) und m als Verhältnis Bild- zu Szenenweite (meist ≪ 1) ergibt sich

$$E_k = \frac{E_s \varrho \tau}{4 B^2 (m + 1)^2}. \tag{1.13}$$

Dabei ist angenommen, daß ϱ und τ Mittelwerte über den Bereich des sichtbaren Spektrums darstellen. Praktische Werte für das Schwarzweißfernsehen sind $\varrho \cong 0{,}5$ und $\tau \cong 0{,}8$. In der Farbfernsehkamera kommen beträchtliche Verluste durch die Farbaufspaltung hinzu.

1.7 Farbvalenzmetrik (niedere Farbmetrik)

(Siehe auch Abschnitte 1.9.2 und 1.9.3)

1.7.1 Isomerie, Metamerie

Isomere Farben weisen einen geometrisch ähnlichen Spektralverlauf auf (Bild 1–30). Körperfarben dieser Art ergeben unter allen Beleuchtungsbedingungen den gleichen visuellen Farbeindruck.

Metamere (bedingt gleiche) Farben sehen für das menschliche Auge, trotz unterschiedlichem Spektralverlauf, gleich aus. Einen wichtigen Spezialfall stellt die metamere Angleichung einer Farbe durch geeignete Anteile roter, grüner und blauer Primärlichter dar (vgl. Abschnitt 1.7.2 sowie Bild 1–31).

Das Phänomen der Metamerie darf als indirekter Beweis dafür angesehen werden, daß das menschliche Auge kein spektraler Lichtempfänger ist. Metamerieprobleme besonderer Art können sich beim Farbfernsehen dann ergeben, wenn die spektralen Charakteristiken der Bildaufnahmeanordnungen stark von den angenommenen in Bild 1–14 skizzierten Augenempfindlichkeitskurven für die roten, grünen und blauen Primärreize abweichen. Bildgeber haben im allgemeinen weniger breite Spektralcharakteristiken als das Auge.

1.7.2 Grundzüge der Farbvalenzmetrik

Grundlage der Farbvalenzmetrik ist die metamere Angleichung einer beliebigen Farbe durch geeignete Anteile dreier physikalisch genau festgelegter spektraler Grundfarben, wobei folgende Randbedingungen zu beachten sind (Bild 1–32):
— kleines Gesichtsfeld (CIE 1931: 2...4°, CIE 1964: 10°),
— dunkles Umfeld.

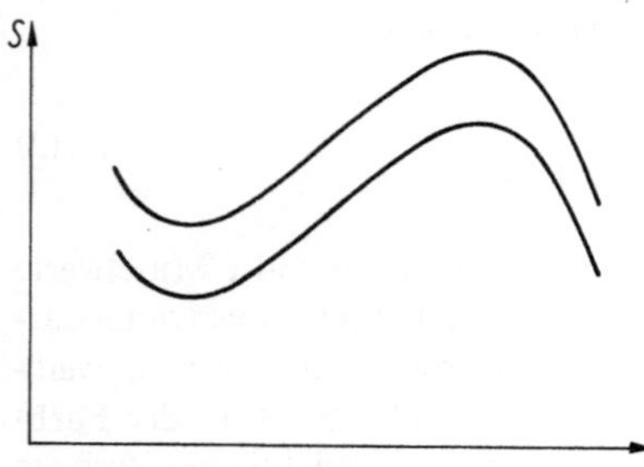

Bild 1-30. Spektralverläufe zweier isomerer Farben

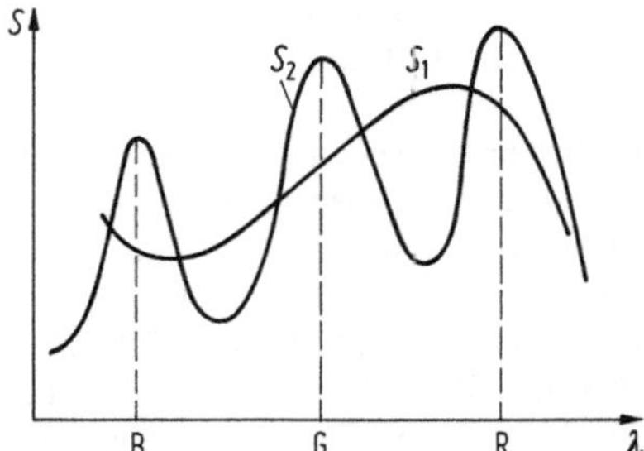

Bild 1-31. Spektralverläufe zweier metamerer Farben. Der Spektralverlauf S_1 wird durch S_2 mit ausgeprägten Primärfarbenanteilen (R Rot, G Grün, B Blau) nachgebildet

Die drei Primärfarben haben rote (R), grüne (G) und blaue (B) Tönung und weisen als Spektrallichter die maximal mögliche Sättigung auf.

Unter solchen Betrachtungsbedingungen sind unser Auge und Gehirn mit guter Näherung lineare Lichtempfänger. Es können folgende Gesetzmäßigkeiten festgestellt werden:
— Gleichaussehende aber spektral verschieden zusammengesetzte Farben ergeben bei der additiven Mischung ihrer Strahlungen visuell die gleiche Mischfarbe.
— Zur Kennzeichnung des „farbigen Prinzips eines Farbreizes" sind drei voneinander unabhängige Größen notwendig und hinreichend.
— Alle Farbmischreihen sind stetig.

Diese im Jahre 1853 von Grassmann postulierten Gesetze bilden die Grundlage der Farbvalenzmetrik. Weitere Pioniere, die schon im 19. Jahrhundert den Weg für die heutige Farbmeßtechnik

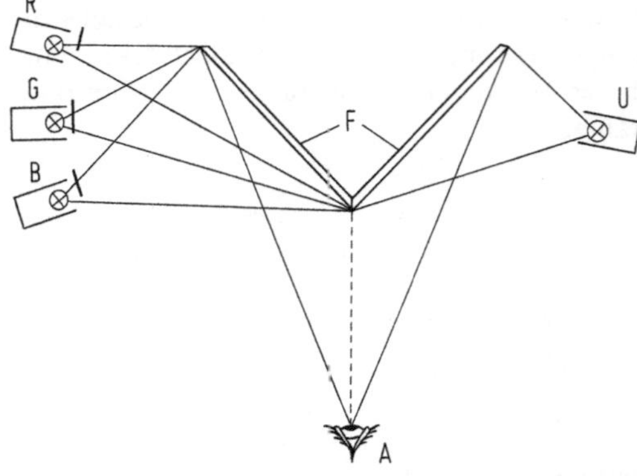

Bild 1-32. Anordnung zur Angleichung eines unbekannten Farblichts U durch geeignete Anteile roter (R), grüner (G) und blauer (B) Primärlichter; F mattweiße Flächen, A Auge

ebnen halfen, waren — um nur die wichtigsten zu nennen — Young, Maxwell und Helmholtz. Die Linearität des Sehvorgangs bei der additiven Farbmischung geht z. B. aus folgenden schon von Grassmann angegebenen Beziehungen hervor:

$$\left.\begin{aligned} F_1 &= R_1\,R + G_1\,G + B_1\,B; \\ F_2 &= R_2\,R + G_2\,G + B_2\,B, \\ F_1 + F_2 &= (R_1 + R_2)\,R + (G_1 + G_2)\,G \\ &\quad + (B_1 + B_2)\,B. \end{aligned}\right\} \quad (1.14)$$

Die Primärlichter der Farbvalenzmetrik wurden im CIE 1931 wie folgt festgelegt:

Farbe	Wellenlänge	Relative Strahlungsleistung[a]	Relativer Lichtfluß[a]
Rot	700 nm	70,2100	1,0000
Grün	546,1 nm	1,3455	4,5907
Blau	435,8 nm	1,0000	0,0601

[a] Mischverhältnis für die metamere Angleichung an Äquienergieweiß, so daß die Normfarbwerte für R, G und B zahlenmäßig gleich werden (vgl. Abschnitt 1.4).

Extrem satte Farben lassen sich mit diesen Primärlichtern direkt nicht ermischen. Man muß dann vielmehr eine der drei Primärfarben in geeigneter Dosierung der zu messenden Farbe beimischen („uneigentliche Mischung"). In der Sprache der Farbmetrik heißt dies, daß man diesen Anteilen ein negatives Vorzeichen geben muß. Man schreibt dann z. B. $F = -RR + GG + BB$; der Formalismus ist also einfache lineare Vektoralgebra.

R, G, B werden Primärvalenzen, R, G, B Normfarbwerte genannt. Diese Größen führen in der geometrischen Darstellung auf einen Vektorraum, den Farbvalenzraum (es ist nicht notwendig, daß die Achsen für R, G und B senkrecht aufeinander stehen; Bild 1–33). Jedem Punkt dieses Vektorraumes ist eine bestimmte visuelle Farbe zugeordnet. Aus Gründen der Metamerie entspricht diese Farbe aber nicht einem einzigen möglichen Spektralverlauf; vielmehr kann dieser subjektive Farbwert (diese Farbvalenz), wie in Abschnitt 1.7.1 erörtert, im allgemeinen durch unendlich viele Spektralverläufe erzeugt werden.

Damit besteht auch kein physikalischer Zusammenhang zwischen dem Spektralverlauf und der Farbvalenz einer Farbe. Die Farbvalenzmetrik ist nicht der Physik im Sinne der exakten Wissenschaften, sondern der Empfindungsmetrik zuzuordnen (psycho-physiologische Physik, kurz Psychophysik).

Nachdem die Primärfarben für die Farbmischung und -nachbildung festgelegt sind, muß man nun als nächsten Schritt die sog. Spektrumseichung vollziehen. Man versteht darunter die systematische empfindungsmäßige Nachbildung aller Spektralfarben von Rot bis Blauviolett durch geeignete Anteile der oben definierten roten, grünen und blauen Primär- oder Grundfarben. Die Strahlungsleistungsdichte der nachzubildenden Spektralkomponenten wird dabei, als Funktion der Wellenlänge, konstant gehalten (energiegleiches Spektrum, Äquienergie-Weiß). Die relativen Mischungsanteile $\bar{r}(\lambda)$, $\bar{g}(\lambda)$, $\bar{b}(\lambda)$ werden Normspektralwerte der physikalischen Primärreize des energiegleichen Spektrums genannt (Bild 1–34). Es sind dimensionslose Verhältniszahlen.

Die entscheidende Überlegung ist nun die folgende. Weil das menschliche Auge — immer unter den früher erwähnten einschränkenden Annahmen bezüglich Gesichts- und Umfeld — ein quasilinearer Lichtempfänger ist,

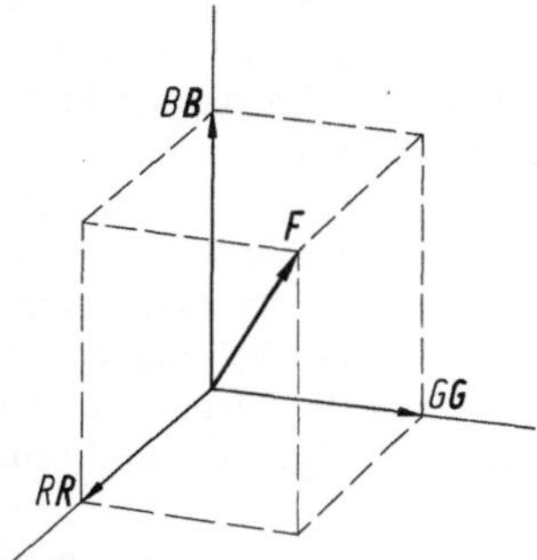

Bild 1-33. Darstellung einer Farbvalenz F im dreidimensionalen Vektorraum. R, G, B Primärvalenzen, R, G, B Mengenanteile der Primärvalenzen (Normfarbwerte)

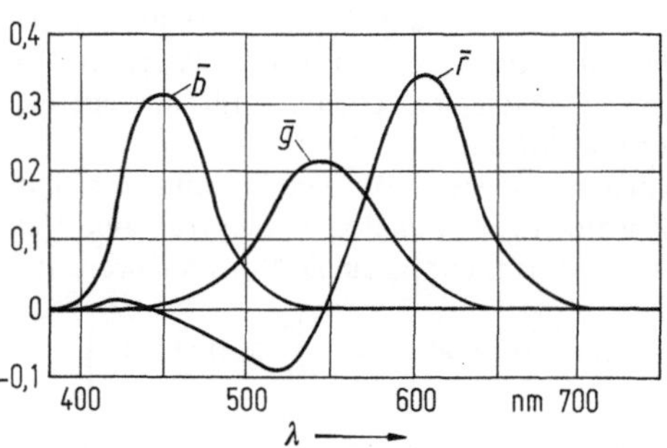

Bild 1-34. Normspektralwerte der physikalischen Primärreize des energiegleichen Spektrums (nach CIE 1931)

— darf das Spektrum $P(\lambda)$ der zu messenden Farbe in einzelne Wellenlängenpakete zerlegt werden,

— darf für jedes dieser Pakete die Farbangleichung getrennt vollzogen werden,

— dürfen die gesamten zur Nachbildung der durch $P(\lambda)$ gekennzeichneten Farbe erforderlichen Primärfarbenanteile hierauf durch einfaches Addieren der spektralen Teilbeträge ermittelt werden (bei $\Delta\lambda \to 0$ Integration).

Die Summenanteile für Rot (R), Grün (G) und Blau (B) werden Normfarbwerte des energiegleichen Spektrums genannt:

$$\left.\begin{aligned}
R &= \sum_{\Delta\lambda} \bar{r}(\lambda)\,P(\lambda)\,\Delta\lambda \text{ oder } R = \int_{380}^{720\,nm} \bar{r}(\lambda)\,P(\lambda)\,d\lambda,\\
G &= \sum_{\Delta\lambda} \bar{g}(\lambda)\,P(\lambda)\,\Delta\lambda \text{ oder } G = \int_{380}^{720\,nm} \bar{g}(\lambda)\,P(\lambda)\,d\lambda,\\
B &= \sum_{\Delta\lambda} \bar{b}(\lambda)\,P(\lambda)\,\Delta\lambda \text{ oder } B = \int_{380}^{720\,nm} \bar{b}(\lambda)\,P(\lambda)\,d\lambda.
\end{aligned}\right\} \quad (1.15)$$

Das Rechnen in diesem sog. CIE-RGB-Farbvalenzsystem ist etwas umständlich, weil

— negative Normspektralwerte und damit auch negative Mischbeiträge vorkommen,

— die Durchführung von Leuchtdichteberechnungen etwas umständlich ist.

Durch eine affine Transformation konnte das Farbmeßsystem für die Praxis geeigneter gestaltet werden. Die Transformationsgleichungen für eine beliebige Wellenlänge λ im Bereich von 380 bis 720 nm lauten:

$$\begin{aligned}
\bar{x}_\lambda &= 2{,}769\,\bar{r}_\lambda + 1{,}752\,\bar{g}_\lambda + 1{,}130\,\bar{b}_\lambda,\\
\bar{y}_\lambda &= 1{,}000\,\bar{r}_\lambda + 4{,}591\,\bar{g}_\lambda + 0{,}060\,\bar{b}_\lambda, \quad (1.16)\\
\bar{z}_\lambda &= 0{,}000\,\bar{r}_\lambda + 0{,}057\,\bar{g}_\lambda + 5{,}594\,\bar{b}_\lambda.
\end{aligned}$$

Im neuen System haben die Normspektralwerte den in Bild 1–35 aufgezeigten Verlauf. Sie basieren auf virtuellen d. h. nichtphysikalischen Primärreizen und gelten ebenfalls für das energiegleiche Spektrum.

Die neuen, nun stets positiven Normfarbwerte X, Y, Z werden genau analog zu den früheren Werten R, G, B ermittelt (virtuelle Normfarbwerte):

$$\left.\begin{aligned}
X &= \sum_{\Delta\lambda} \bar{x}(\lambda)\,P(\lambda)\,\Delta\lambda \text{ oder } X = \int_{380}^{720\,nm} \bar{x}(\lambda)\,P(\lambda)\,d\lambda,\\
Y &= \sum_{\Delta\lambda} \bar{y}(\lambda)\,P(\lambda)\,\Delta\lambda \text{ oder } Y = \int_{380}^{720\,nm} \bar{y}(\lambda)\,P(\lambda)\,d\lambda,\\
Z &= \sum_{\Delta\lambda} \bar{z}(\lambda)\,P(\lambda)\,\Delta\lambda \text{ oder } Z = \int_{380}^{720\,nm} \bar{z}(\lambda)\,P(\lambda)\,d\lambda.
\end{aligned}\right\} \quad (1.17)$$

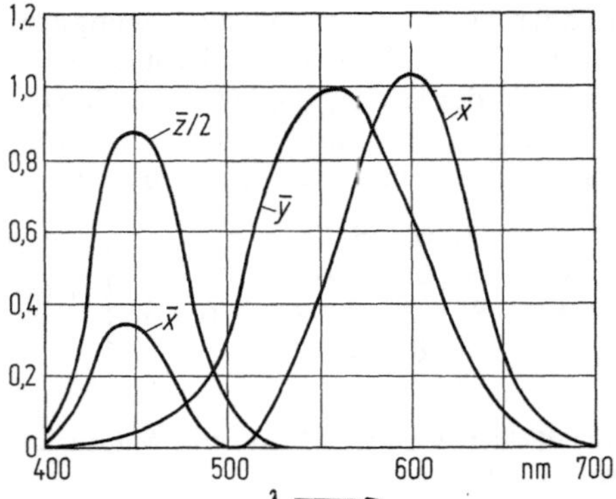

Bild 1-35. Virtuelle Normspektralwerte des energiegleichen Spektrums (vgl. Abschnitt 1.9.2, Tab. 1–VII)

Der neue Normfarbwert Y ist ein direktes Maß für den Lichtfluß oder die Leuchtdichte der Farbe ($\bar{y}$-Kurve entspricht der V_λ-Kurve). Ist der Spektralverlauf in Strahlungsleistungsdichte-Einheiten (W/nm) bekannt, läßt sich damit über das photometrische Strahlungsäquivalent $K_m = 680$ lm/W direkt der Gesamtlichtfluß und aus diesem im konkreten Fall, wenn erforderlich, die Leuchtdichte ermitteln.

Häufig interessiert nicht die Menge, sondern nur die Art einer Farbe. Man bezieht dann die einzelnen Normfarbwerte auf die Summe aller drei Normfarbwerte:

$$x = \frac{X}{X+Y+Z}; \quad y = \frac{Y}{X+Y+Z}; \quad z = \frac{Z}{X+Y+Z} \quad (1.18)$$

und spricht nun von Normfarbwertanteilen (Farbartkoordinaten, Eichreizanteilen). Auf diese Weise gelangt man, da $z = 1 - x - y$, zu einer ebenen Darstellung. Geometrisch gedeutet heißt dies, daß man durch die drei Normfarbwertachsenpunkte $X = Y = Z = 1$ eine Ebene legt (Bild 1–36). Die Farbart ist durch den Durchstoßpunkt des Farbvalenzvektors durch diese Ebene festgelegt. Die Ebene schneidet aus dem XYZ-Farbraum ein gleichseitiges Dreieck, das Maxwellsche Farbdreieck, heraus. Dargestellt wird dieses die Farbarten kennzeichnende Dreieck fast immer als Projektion auf die XY-Ebene des Farbraumes. Es hat damit die in Bild 1–37 aufgezeichnete Form (CIE-Normfarbtafel 1931).

Die Farbarten der reinen Spektralfarben liegen auf einer hufeisenförmigen Kurve, die am offenen Ende durch die physikalisch spektral direkt nicht darstellbaren Purpurfarben begrenzt wird. Die

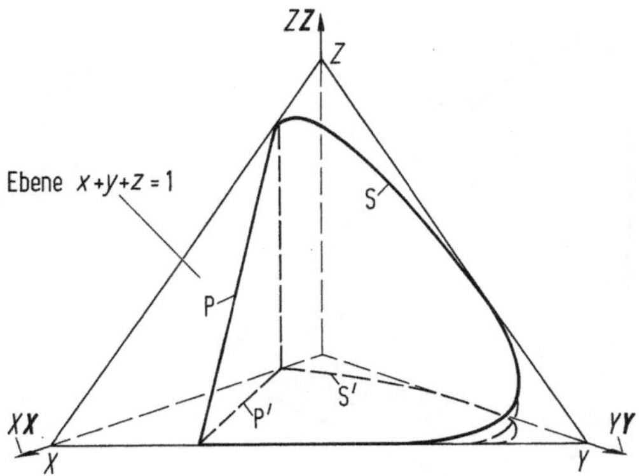

Bild 1-36. Figur zur Herleitung der Normfarbtafel aus dem Farbraum. S Spektralfarbenzug; P Purpurgerade; X, Y, Z Einheitsvektoren des Farbraums (virtuelle Primärvalenzen); X, Y, Z virtuelle Normfarbwerte

weißlichen Farben liegen ungefähr im Schwerpunkt des Hufeisens (Unbunt-Bereich).

Von dieser Art der Farbartdarstellung wird in der Praxis viel Gebrauch gemacht, vor allem auch beim Farbfernsehen. Dieses Farbdreieck hat jedoch einen Nachteil: Subjektiv gleiche Farbartunterschiede ergeben, je nach Farbart, sehr unterschiedliche Δx- und Δy-Werte (Bild 1–38).

Durch eine weitere lineare Transformation, diesmal lediglich der x- und y-Werte, kann erreicht werden, daß die Ellipsengröße ungefähr konstant ist. Die neuen Farbartkoordinaten werden u und v genannt. Die Umformungsgleichungen lauten

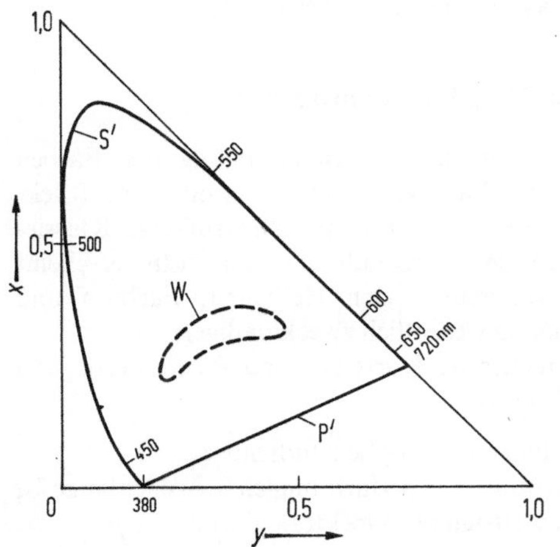

Bild 1-37. CIE-Normfarbtafel 1931 (Farbdreieck). S' Spektralfarbenzug, P' Purpurgerade, W ungefährer Bereich der weißlichen Farben

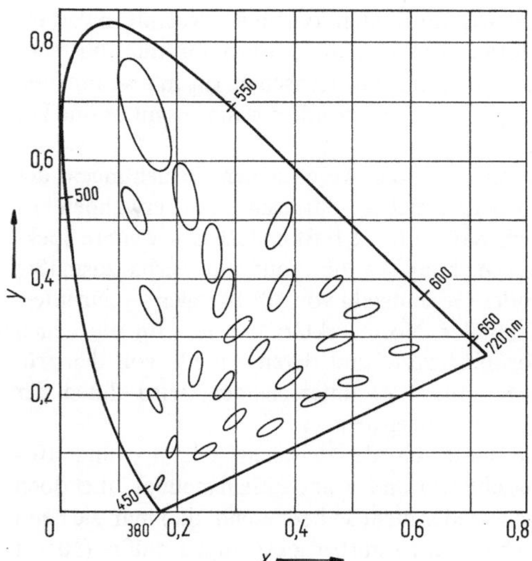

Bild 1-38. Ellipsen gleicher Farbartunterschiede in der Normfarbtafel (nach MacAdam)

$$u = \frac{4x}{-2x+12y+3} = \frac{4X}{X+15Y+3Z},$$
$$v = \frac{6y}{-2x+12y+3} = \frac{6Y}{X+15Y+3Z}. \quad (1.19)$$

In der uv-Darstellung — man spricht vom UCS-Diagramm (CIE, 1960; UCS = uniform colour spacing) — hat der Spektralfarbenzug den in Bild 1–39 eingezeichneten Verlauf. Aus den umgezeichneten MacAdamschen Ellipsen erkennt man, in welchem Maße durch die Umformung Abstandsgleichheit bezüglich subjektiver Farbartempfindungen erzielt wurde. Nach einem neueren Vorschlag wird der v-Maßstab noch gedehnt (CIE 1976: $u' = u$; $v' = 1{,}5\,v$).

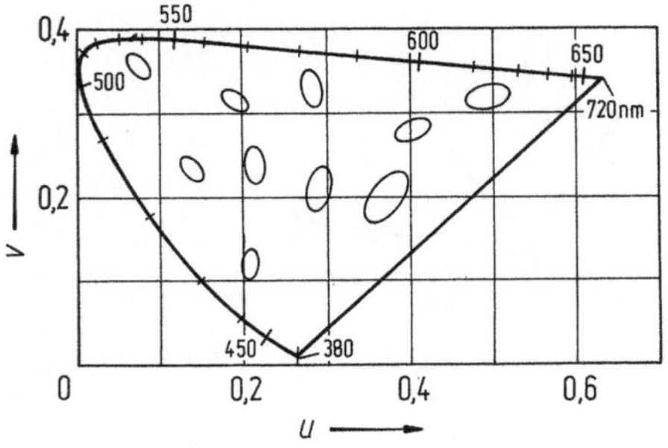

Bild 1-39. Ellipsen gleicher Farbartunterschiede von Bild 1-38, umgezeichnet in die CIE-UCS-Normfarbtafel 1960

Farbartkoordinaten (virtuelle Normfarbwertanteile) werden heute in der Farbreproduktionstechnik, z.B. beim Farbfernsehen, oft in uv-Einheiten angegeben; dies vor allem dann, wenn es um Toleranzen geht.

Damit sind die wesentlichen Beziehungen der Farbvalenzmetrik dargelegt. Zu erwähnen ist noch, daß im Jahre 1964 im CIE eine weitere Spektrumseichung — nun auf ein verhältnismäßig großes Gesichtsfeld von 10° bezogen — zur internationalen Norm erklärt wurde. Um die neuen Normfarbwerte und deren Anteile von den früheren (1931) zu unterscheiden, wird ihnen der Index 10 beigegeben.

Die Unterschiede zwischen 2°…4°- und 10°-Gesichtsfeld sind zwar deutlich meßbar, aber doch auch wieder nicht so bedeutend, daß man sie beim Farbfernsehen mitberücksichtigen müßte (10° ist die obere Grenze beim Betrachten von Fernsehbildern). Im wesentlichen ist eine leichte Blauverschiebung in der Empfindung der Farben festzustellen.

1.7.3 Mischung zweier durch die Normfarbwerte gegebener Farben

Farbmischungen sind grundsätzlich im Farbvalenzraum zu vollziehen (Bild 1–40). Die relativen Normfarbwerte $k\,Y_1$ und $k\,Y_2$ müssen dazu bekannt sein. In Bild 1–41 wird gezeigt, wie die Mischung in der Normfarbtafel geometrisch durchgeführt werden kann. k ist hier eine beliebige Konstante, die auch dimensionsbehaftet sein kann (Sonderfälle: $k\,Y$ entspricht dem Lichtfluß oder der Leuchtdichte in bekannten Einheiten).

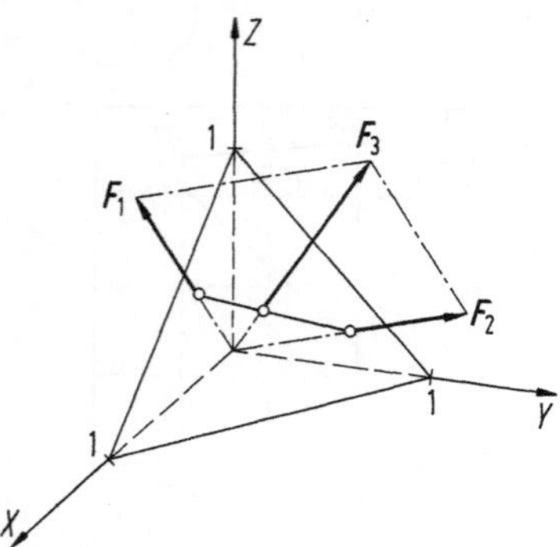

Bild 1-40. Farbmischung im Vektorraum und Maxwellsches Farbdreieck. F_1, F_2 Ausgangsfarben; F_3 Mischfarbe

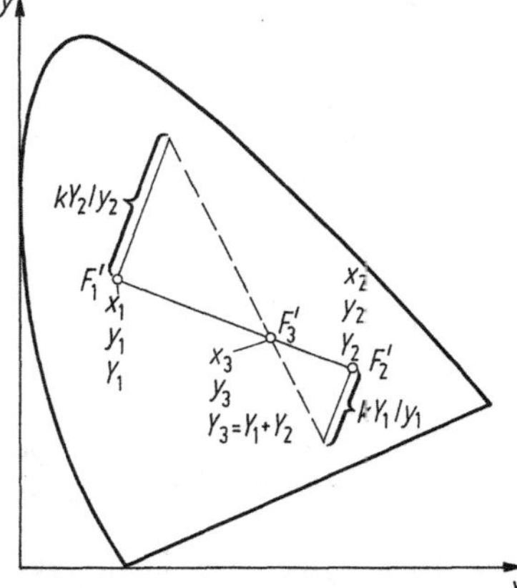

Bild 1-41. Farbmischung in geometrischer Darstellung (Normfarbtafel CIE 1931). Der Normfarbwert der Mischfarbe F_3' liegt auf der Verbindungsgeraden der Ausgangsnormfarbarten F_1' und F_2'. Die Strecke F_1'—F_3' ist proportional zu Y_2/y_2; entsprechendes gilt für die Strecke F_2'—F_3' (siehe Figur). k Konstante

In Anlehnung an Bild 1–41 ergibt sich in analytischer Darstellung für die Normfarbwertanteile der Mischfarbe

$$
\left.
\begin{aligned}
x_3 &= \frac{x_1\,k\,Y_1/y_1 + x_2\,k\,Y_2/y_2}{k\,Y_1/y_1 + k\,Y_2/y_2}, \\[2ex]
y_3 &= \frac{k\,Y_1 + k\,Y_2}{k\,Y_1/y_1 + k\,Y_2/y_2}.
\end{aligned}
\right\}
\tag{1.20}
$$

Man beachte, daß die Konstante k lediglich eine Erweiterung der Gesamtbrüche darstellt und damit das Ergebnis nicht beeinflußt.

1.7.4 Helmholtzkoordinaten

Die zahlenmäßige Kennzeichnung der Farben nach der Farbvalenzmetrik nimmt keine Rücksicht auf mögliche empfindungsmäßige Klassierungen der Farbeindrücke. Subjektiv erscheint eine Einteilung nach Helligkeit, Farbton und -sättigung wesentlich zweckmäßiger.

Farbmetrische Korrelate sind (nach Festlegung von Weiß):

Helligkeit $\leftrightarrow$ Leuchtdichte L,
Farbton $\leftrightarrow$ farbtongleiche Wellenlänge λ_d,
Farbsättigung $\leftrightarrow$ spektrale Farbdichte p_c.

Die Übertragungsprimärfarben beim Farbfernsehen entsprechen weitgehend dieser in den Grundsätzen von Helmholtz vorgeschlagenen Darstel-

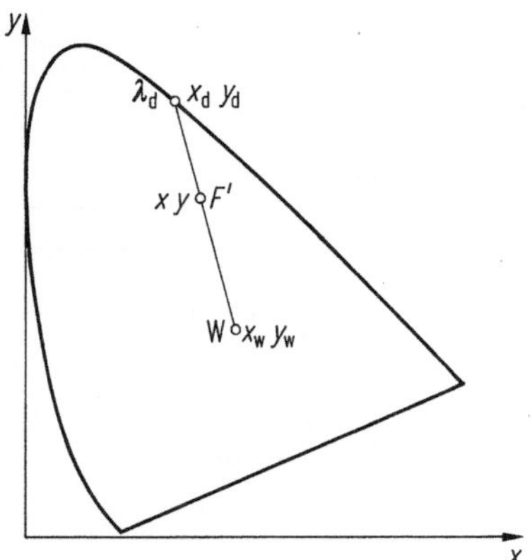

Bild 1-42. Kennzeichnung einer Farbart $F'(x, y)$ durch Helmholtzkoordinaten. W Weißpunkt, λ_d farbtongleiche Wellenlänge; $p_c = p_e y_d/y$, spektrale Farbdichte, wobei $p_e = (x-x_w)/(x_d-x_w) = (y-y_w)/(y_d-y_w)$, spektraler Farbanteil

lungsart (Bild 1–42). Die Farbtonfolge der Normfarbtafel wird Farbkreis genannt.

1.7.5 Integrierende Farbmeßgeräte

Unter integrierenden Farbmeßgeräten versteht man Anordnungen mit drei lichtempfindlichen Zellen, deren Spektralverläufe $\bar{x}(\lambda)$, $\bar{y}(\lambda)$, $\bar{z}(\lambda)$ entsprechen. Auf diese Weise lassen sich Normfarbwerte und deren Anteile direkt messen.

1.8 Höhere Farbmetrik

In der Farbvalenzmetrik (niederen Farbmetrik) werden, wie dargelegt, einzelne Farben bei dunklem Umfeld und kleinem Gesichtswinkel miteinander verglichen und aufeinander angeglichen.

In der höheren Farbmetrik, die im Rahmen dieses Buches nur kurz gestreift werden kann, setzt man sich vor allem zum Ziel, Farben in ihrer natürlichen Umgebung meßtechnisch zu erfassen. Gewisse Farben lassen sich überhaupt nur so umschreiben. Dazu gehören Braun und Olivgrün, ferner auch Grau, deren Farb- oder Helligkeitseindruck stark von der relativen Helligkeit des Umfeldes abhängt [1.4; 1.8–1.10]. Unter solchen allgemeinen Sehbedingungen arbeitet das Auge nur noch teilweise als linearer Licht- und Farbempfänger. Dementsprechend ist es dann

sehr schwierig, den Farbeindruck quantitativ zu erfassen. Bei zunehmender Verallgemeinerung der Sehbedingungen gelangt man von der linearen Vektoralgebra und Geometrie über die Differentialgeometrie (beschränkter Geltungsbereich analytischer Beziehungen) zur reinen Katalogisierung (keine Mathematisierung mehr möglich). Wichtige Begriffe der höheren Farbmetrik sind Farbumstimmung, chromatische Adaptation und Simultankontrast.

Glücklicherweise lehrt nun aber die Erfahrung, daß ein Farbreproduktionssystem, welches die Farben nach den Regeln der Farbvalenzmetrik richtig wiedergibt, im allgemeinen gut brauchbar ist. Zudem ist man heute in einer Reihe von Fällen noch kaum in der Lage, Reproduktionssysteme mit durchschnittlich besseren Eigenschaften anzugeben. Dies trifft vorderhand auch für das Farbfernsehen noch zu. Versuche haben nämlich gezeigt, daß der Einfluß des Umfeldes (Helligkeit, Farbgebung) auf die subjektive Farbempfindung beim Farbfernsehen — zumindest in guter Näherung — dann vernachlässigbar ist, wenn dieses in der mittleren Leuchtdichte mindestens eine Größenordnung unter der Spitzenleuchtdichte des Fernsehschirms liegt [1.11]. Diese Bedingung ist beim Heimfernsehen aus andern Gründen (Forderung nach hinreichendem Leuchtdichte- und Farbkontrast) in der Regel erfüllt. Die starke Begrenzung des Sehfeldes hat aber, zusammen mit andern Faktoren, einen deutlich meßbaren Einfluß auf den subjektiv empfundenen Helligkeitskontrast des Fernsehbildes (Kapitel 2).

Wegen der Helligkeits- und Farbadaptation des Auges sind auch zeitlich aufeinanderfolgende Farbeindrücke nicht ganz voneinander unabhängig. Es gibt den Effekt der teils komplementärfarbigen Nachbilder bei plötzlicher starker Reduktion der Bildleuchtdichte. Praktische Bedeutung kommt solchen Erscheinungen aber im Zusammenhang mit Farbreproduktionssystemen nicht zu.

Ursprünglich ein Maß für die Eignung von Leuchtstofflampen zur Beurteilung von Körperfarben (Papier-, Textilindustrie), wird der im Abschnitt 1.5 erwähnte Farbwiedergabeindex mehr und mehr auch als Qualitätsmaß für Farbreproduktionssysteme herangezogen. Er fußt im Grenzgebiet der niederen und höheren Farbmetrik und beruht auf einem relativ großwinkligen Farbvergleich in grauer Umgebung, wobei der Hellbezugswert der Farbe mitberücksichtigt wird [1.6].

1.9 Anhang

1.9.1 Terminologie, Größen und Einheiten

Tabelle 1–I. Zusammenstellung optischer, lichttechnischer und farbmetrischer Ausdrücke

Symbole	Deutsch	Französisch	Englisch
M	Emission	émission	emission
	Absorptionsgrad	facteur d'absorption	absorption
	Beugung	diffraction	diffraction
	Brechung	réfraction	refraction
D	Dichte	densité	density
	Reflexion	réflexion	reflection
ϱ	Relexionsgrad (Remissionsgrad)	facteur de réflexion	reflectance
	Streuung	diffusion	diffusion
τ	Transmissionsgrad	facteur de transmission	transmittance
φ	Reiz	stimulus	stimulus
P, Φ_e	Strahlungsfluß (-leistung)	flux énergétique	radiant flux (radiant power)
S	Strahlungsfunktion, relative	répartition spectrale relative	relative spectral energy distribution
ψ	Empfindung	sensation	sensation
	Farbstimmung	état d'adaptation chromatique	state of chromatic adaptation
	Farbton	tonalité, teinte	hue
	Farbsättigung	saturation	saturation
	Helligkeit	luminosité	luminosity
	Flimmern	papillotement	flicker
	Nachtsehen	vision scotopique	scotopic vision
	Tagessehen	vision photopique	photopic vision
H	Belichtung	exposition lumineuse, lumination	light exposure
E	Beleuchtungsstärke	éclairement lumineux	illuminance (illumination)
A_m	Hellbezugswert	transmission lumineuse	luminous transmittance
V_λ, V'_λ	Hellempfindlichkeitsgrad, spektraler	efficacité lumineuse relative spectrale	spectral luminous efficiency
L	Leuchtdichte	luminance	luminance
Φ	Lichtstrom (-fluß)	flux lumineux	luminous flux
Q	Lichtmenge	quantité de lumière	quantity of light
I	Lichtstärke	intensité lumineuse	luminous intensity
K_m	Strahlungsäquivalent, photometrisches	efficacité lumineuse	luminous efficiency
	Chrominanz	chrominance	chrominance
	Farbart	chromaticité	chromaticity
p_c	spektrale Farbdichte	pureté colorimétrique	colorimetric purity
λ_d	farbtongleiche Wellenlänge	longueur d'onde dominante	dominant wavelength
	Farbmeßtechnik, Farbmetrik	colorimétrie	colorimetry
R, G, B X, Y, Z	(Norm-)Farbwerte	composantes trichromatiques	tristimulus values

Tabelle 1–I. (Fortsetzung)

Symbole	Deutsch	Französisch	Englisch
r, g, b	(Norm-)Farbwertanteile	coordonnées	chromaticity coordinates
$x, y, z; u, v$	(Eichreizanteile)	trichromatiques	
A, B etc.	Normlichtarten	illuminants normalisés	standard illuminants
$\bar{r}, \bar{g}, \bar{b}$	Normspektralwerte	composantes	CIE spectral tristimulus
$\bar{x}, \bar{y}, \bar{z}$		trichromatiques	values
R, G, B	Primärvalenzen	stimuli de référence	reference stimuli,
X, Y, Z	(Primär-, Grundfarben)		primaries
	Spektralfarbenzug	lieu spectral	spectrum locus
	Unbunt	lieu achromatique	achromatic locus

Tabelle 1–II. Einheiten der Beleuchtungsstärke E

	lx	ftc	ph
$1 \text{ lx} \cong \text{lm/m}^2$	1	0,0929	10^{-4}
$1 \text{ fc} \cong \text{lm/ft}^2$	10,76	1	$10,76 \cdot 10^{-4}$
$1 \text{ ph} \cong 1 \text{ lm/cm}^2$	10^4	929	1

lx = Lux,   ftc = footcandle,   ph = Phot

Tabelle 1–III. Einheiten der Leuchtdichte L

	nt	sb	asb	ftL	cd/ft^2
1 cd/m^2 (nt)	1	10^{-4}	π	0,2919	0,0929
$1 \text{ sb (cd/cm}^2)$	10^4	1	$\pi \cdot 10^4$	2919	929
1 asb	$1/\pi$	$10^{-4}/\pi$	1	0,0929	$0,0929/\pi$
1 ftL	3,426	$3,426 \cdot 10^{-4}$	10,76	1	$1/\pi$
1 cd/ft^2	10,76	$10,76 \cdot 10^{-4}$	$\pi \cdot 10,76$	π	1

nt = Nit,   sb = Stilb,   asb = Apostilb,   ftL = Foot-Lambert,   cd/ft^2 = Candela/foot^2

1.9.2 Daten der Lichttechnik und Farbmetrik

Tabelle 1–IV. Typische Leuchtdichtewerte in cd/m^2

Sonne auf Schnee	$10^4 \ldots 10^5$
Kerzenflamme	$0,8 \cdot 10^4$
Landschaft (mittags)	$\sim 3 \cdot 10^3$
Bedeckter Himmel	~ 1000
Wohnraum, Lesevorlage	~ 100
Bildweiß, TV	$100 \ldots 200$
Bildweiß, Kino	$10 \ldots 40$
Beleuchtung Straße, nachts	~ 1
Landschaft, Vollmond	$\sim 0,03$

Tabelle 1–V. Farbörter einiger wichtiger Lichtarten (Normlichter sowie Fernseh-Studiobeleuchtung 3200 K)

	A	3200 K	C	D_{65}	D_{75}
x	0,448	0,423	0,310	0,313	0,299
y	0,407	0,399	0,316	0,329	0,315

Tabelle 1–VI. Daten künstlicher Lichtquellen

Lampentyp	T	P	Φ	η
Glühlampen	2900	2	40	20
Scheinwerfer-Glühlampen	3200	20	500	25
Halogen-Glühlampen	3200	10	300	30
Leuchtstofflampen	3200–6500	0,12	6	50
Xenon-Bogenlampen	6000	20	500	25
Halogen-Metalldampf-lampen	6000	5	450	90

T Farbtemperatur in K, P maximale Leistungsaufnahme in kW, Φ maximal erzielbarer Lichtfluß in klm, η maximale Ausbeute in lm/W

Tabelle 1–VII. Relative spektrale Strahlungsverteilung von Lichtarten sowie Normspektralwerte $\bar{x}$, $\bar{y}$, $\bar{z}$ des energiegleichen Spektrums für den 2°-Normalbeobachter nach CIE 1931. $\bar{y}$ entspricht der V_λ-Kurve des Tagessehens

λ nm	Normlicht A (2856 K)	Planckscher Strahler 3200 K	Normlicht C (6774 K)	Normlicht D_{65} (6504 K)	$\bar{x}$	$\bar{y}$	$\bar{z}$
380	9,8	15,5	33,0	50,0	0,001	0,000	0,007
390	12,1	18,4	47,4	54,6	0,004	0,000	0,020
400	14,7	21,7	63,3	82,8	0,014	0,000	0,068
410	17,7	25,2	80,6	91,5	0,044	0,001	0,207
420	21,0	29,0	98,1	93,4	0,134	0,004	0,646
430	24,7	33,1	112,4	86,7	0,284	0,012	1,386
440	28,7	37,4	121,5	104,9	0,348	0,023	1,747
450	33,1	41,9	124,0	117,0	0,336	0,038	1,772
460	37,8	46,7	123,1	117,8	0,291	0,060	1,669
470	42,9	51,6	123,8	114,9	0,195	0,091	1,288
480	48,2	56,7	123,9	115,9	0,096	0,139	0,813
490	53,9	61,9	120,7	108,8	0,032	0,208	0,465
500	59,9	67,2	112,1	109,4	0,005	0,323	0,272
510	66,1	72,6	102,3	107,8	0,009	0,503	0,158
520	72,5	78,1	96,9	104,8	0,063	0,710	0,078
530	79,1	83,6	98,0	107,7	0,166	0,862	0,042
540	86,0	89,1	102,1	104,4	0,290	0,954	0,020
550	92,9	94,6	105,2	104,0	0,433	0,995	0,009
560	100	100	105,3	100	0,595	0,995	0,004
570	107,2	105,4	102,3	96,3	0,762	0,952	0,002
580	114,4	110,6	97,8	95,8	0,916	0,870	0,002
590	121,7	115,9	93,2	88,7	1,026	0,757	0,001
600	129,0	121,0	89,7	90,0	1,062	0,631	0,001
610	136,4	126,0	88,4	89,6	1,003	0,503	0,000
620	143,6	130,8	88,1	87,7	0,854	0,381	0,000
630	150,8	135,5	88,0	83,3	0,642	0,265	0,000
640	158,0	140,0	87,8	83,7	0,448	0,175	0,000
650	165,0	144,4	88,2	80,0	0,284	0,107	0,000
660	172,0	148,6	87,9	80,2	0,165	0,061	0,000
670	178,8	152,6	86,3	82,3	0,087	0,032	0,000
680	185,4	156,4	84,0	78,3	0,047	0,017	0,000
690	191,9	160,0	80,2	69,7	0,023	0,008	0,000
700	198,3	163,5	76,3	71,6	0,011	0,004	0,000
710	204,4	166,7	72,4	74,3	0,006	0,002	0,000
720	210,4	169,8	68,3	61,6	0,003	0,001	0,000
					$\sum = 10,68$	$\sum = 10,68$	$\sum = 10,68$

1.9.3 Farbvalenzmetrische Berechnungen

Beispiel: Man berechne die virtuellen Normfarbwerte und Normfarbwertanteile sowie den Lichtfluß für die nachfolgende Strahlungsfunktion P_λ.

$$\lambda = 400 \quad 433 \quad 467 \quad 500 \quad 533 \quad 567 \quad 600 \quad 633 \quad 667 \quad 700 \text{ nm } (\Delta\lambda = 33 \text{ nm})$$
$$P_\lambda = 10 \quad 7 \quad 5 \quad 2 \quad 0 \quad 1 \quad 3 \quad 4 \quad 4 \quad 6 \text{ W je 33 nm}$$

Normspektralwerte (energiegleiches Spektrum, gerundet):

$$\bar{x}_\lambda = 0{,}01 \quad 0{,}31 \quad 0{,}23 \quad 0 \quad\quad 0{,}20 \quad 0{,}71 \quad 1{,}06 \quad 0{,}58 \quad 0{,}11 \quad 0{,}01$$
$$\bar{y}_\lambda = 0 \quad\quad 0{,}01 \quad 0{,}08 \quad 0{,}32 \quad 0{,}90 \quad 0{,}97 \quad 0{,}63 \quad 0{,}24 \quad 0{,}04 \quad 0$$
$$\bar{z}_\lambda = 0{,}07 \quad 1{,}54 \quad 1{,}44 \quad 0{,}27 \quad 0{,}03 \quad 0 \quad\quad 0 \quad\quad 0 \quad\quad 0 \quad\quad 0$$

Daraus errechnen sich durch kolonnenweise Multiplikation $P_\lambda\,\bar{x}_\lambda$, $P_\lambda\,\bar{y}_\lambda$, $P_\lambda\,\bar{z}_\lambda$ zunächst die Normfarbwertkomponenten. Zur Gewinnung der Normfarbwerte sind diese noch zeilenweise zu addieren:

$$X = 0{,}10 + 2{,}17 + 1{,}15 + 0 \quad\; + 0 + 0{,}71 + 3{,}18 + 2{,}32 + 0{,}44 + 0{,}06 = 10{,}13 \text{ W}$$
$$Y = 0 \quad\; + 0{,}07 + 0{,}40 + 0{,}64 + 0 + 0{,}97 + 1{,}89 + 0{,}96 + 0{,}16 + 0 \quad\; = 5{,}09 \text{ W}$$
$$Z = 0{,}70 + 10{,}78 + 7{,}20 + 0{,}54 + 0 + 0 \quad\; + 0 \quad\; + 0 \quad\; + 0 \quad\; + 0 \quad\; = 19{,}22 \text{ W}$$

Summe der drei Normfarbwerte: $\qquad X + Y + Z = 34{,}44 \text{ W}$

Normfarbwertanteile:

$$x = 10{,}13/34{,}44 = 0{,}29$$
$$y = 5{,}09/34{,}44 = 0{,}15$$
$$z = 19{,}22/34{,}44 = 0{,}56$$
$$(x + y + z = 1)$$

Normfarbwertanteile im UCS-Diagramm: $u = 4 \cdot 0{,}29/(-2 \cdot 0{,}29 + 12 \cdot 0{,}15 + 3) = 0{,}27$
$$v = 6 \cdot 0{,}15/(-2 \cdot 0{,}29 + 12 \cdot 0{,}15 + 3) = 0{,}21$$

Lichtfluß: $\qquad \Phi = 5{,}09 \text{ W} \cdot 680 \text{ lm/W} = 3460 \text{ lm}$

Hinweis

Zur Wahrung der Übersicht wurde im vorliegenden Beispiel mit nur 10 Stützwerken gerechnet. Um den Genauigkeitsansprüchen der Praxis zu genügen, sind im allgemeinen, entsprechend einem $\Delta\lambda$ von höchstens 10 nm, mindestens 30 Stützwerte erforderlich.

1.9.4 Normfarbtafel für farbmetrische Eintragungen

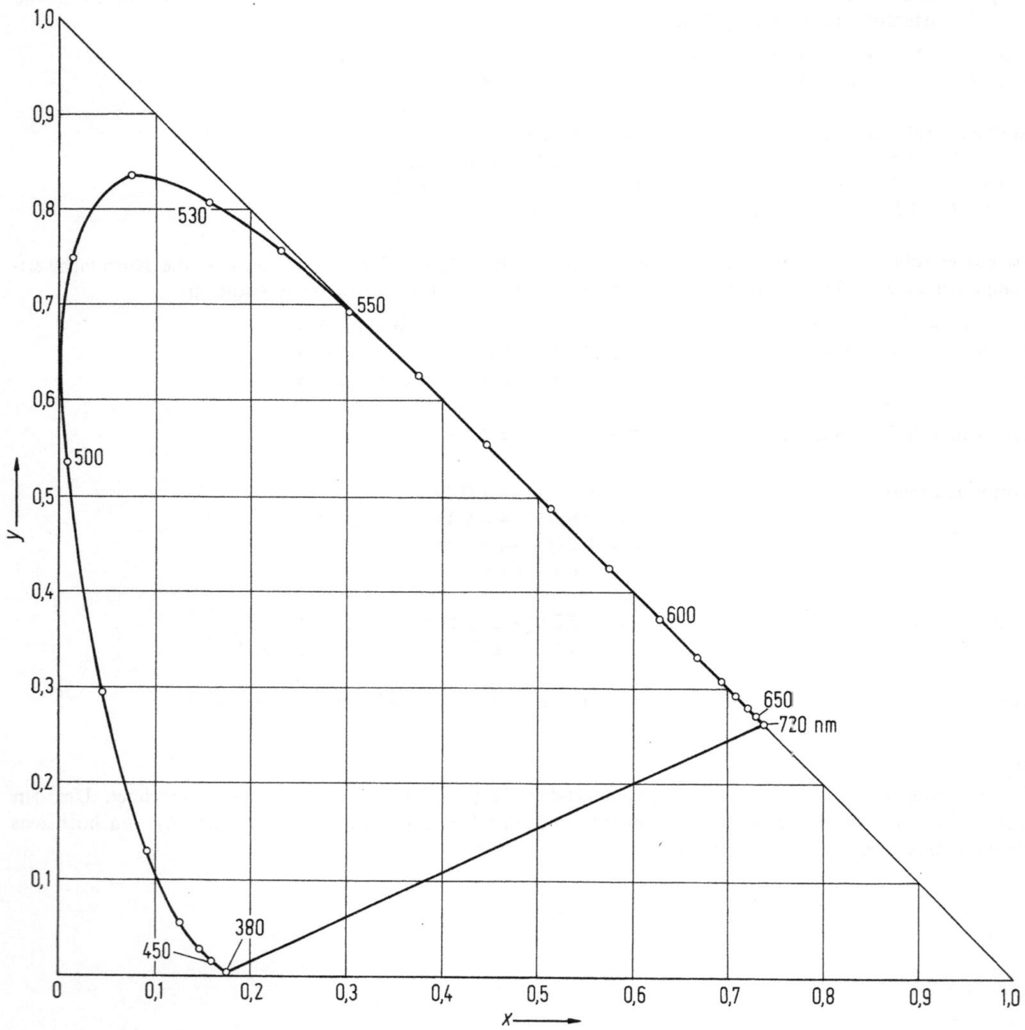

Bild 1-43. Normfarbtafel nach CIE 1931 für farbmetrische Eintragungen.
Hufeisenförmiger Kurvenzug: Örter der Spektralfarben (Bereich 380 bis 720 nm), Verbindungsgerade zwischen Spektralfarben 380 und 720 nm: Purpurgerade.
Alle realisierbaren Farbarten liegen innerhalb der durch den Spektralfarbenzug und die Purpurgerade begrenzten Fläche.

2 System- und Schaltungstechnik des monochromen Fernsehens

2.1 Grundlagen der Bildanalyse und -synthese, Übertragungsbandbreite

2.1.1 Abtastvorgang

In einem bewegten monochromen Bild ist die Leuchtdichte eine Funktion der Ortskoordinaten des Bildpunktes sowie der Zeit. Die bisher realisierten Fernsehverfahren ordnen, innerhalb einer zeitlich definierten Abtastperiode, dem einzelnen Bildpunkt ein kurzes Zeitintervall zu. Das Bild wird dabei punktweise von links nach rechts und zeilenweise von oben nach unten abgetastet. Die Rasterwiederholungsfrequenz — beim Zeilensprung 2 : 1 die Halbraster-(Halbbild-)Frequenz — liegt nur wenig über der Flimmergrenze des menschlichen Auges [2.1].
Es sind auch Verfahren denkbar, die dem einzelnen Bildpunkt eine bestimmte genau definierte Frequenz zuordnen. Der Parameter Zeit ließe sich in diesem Fall wirkungsvoller an das zeitliche Auflösungsvermögen des Auges anpassen.

Alle heutigen Heimfernsehverfahren wenden das Zwischenzeilenprinzip an. Wählt man als Vollbildperiode ein ungerades Vielfaches der Zeilenperiode und lenkt man in dieser Vollbildperiode den Abtast- und Schreibstrahl zweimal vertikal ab, entstehen nacheinander zwei ineinander verschachtelte Halbraster (Teilbilder). Dieser Vorgang ist zur Erläuterung in Bild 2–01 für 7 Zeilen aufgezeichnet. Man spricht von einem Zeilensprung 2 : 1.

2.1.2 Bildpunktzahl und Übertragungsbandbreite im idealen System

Zur Ermittlung der erforderlichen Übertragungsbandbreite wird das Bild in einzelne Bildpunkte zerlegt. Man denkt sich diese Bildelemente gewöhnlich von Zeile zu Zeile um eine halbe Periode versetzt und gelangt so zu einem Schachbrettmuster (Bild 2–02). Je ein weißer und ein schwarzer Bildpunkt ergeben zusammen eine Periode T_g der Grundschwingung der zur Übertragung erforderlichen Grenzfrequenz f_{gs}. Höhere Harmonische werden nicht übertragen, so daß auf der Wieder-

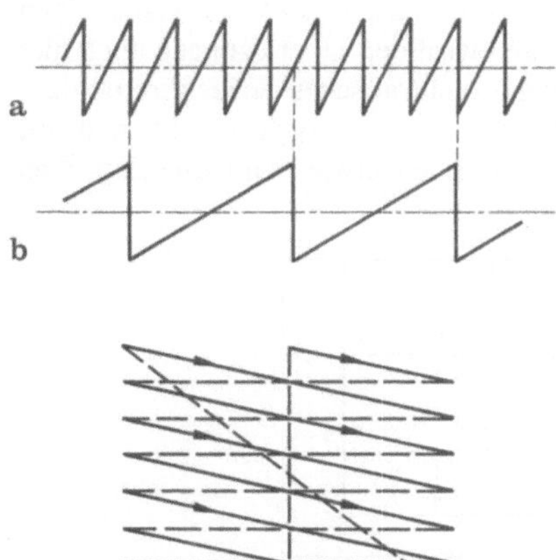

Bild 2-01. Prinzipieller Aufbau des Fernsehrasters beim Zwischenzeilenverfahren (Zeilensprung 2 : 1). a) Horizontalablenkung, b) Vertikalablenkung, c) Rasterstruktur des Vollbildes

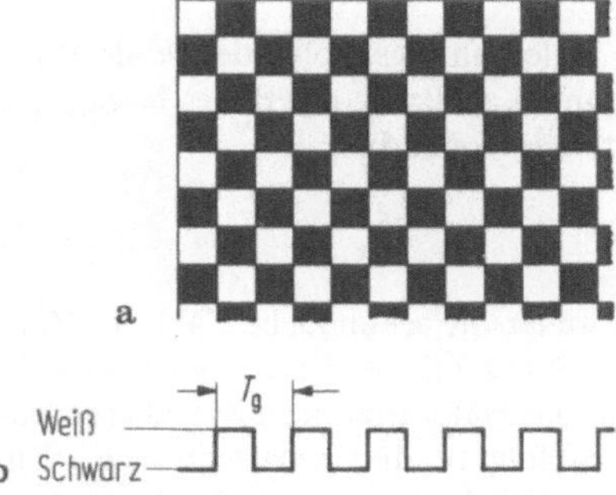

Bild 2-02. Definition der Bildpunktzahl aufgrund eines Schachbrettmusters. a) Bildausschnitt, b) Leuchtdichteverteilung längs einer einzelnen Zeile; T_g Periode der Grundschwingung

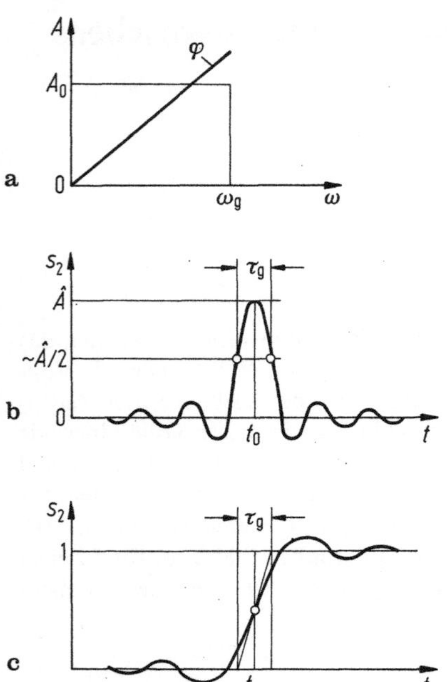

Bild 2-03. Idealer Tiefpaß (a) (A Amplituden-, φ Phasengang), mit Impulsantwort (b) und Sprungantwort (c) (nach [2.2]). Mit t_0 Signallaufzeit, τ_g mittlere Dauer der Impulsantwort (flächengleiches Rechteck) bzw. Steigzeit der Sprungantwort, $\hat{A}$ Spitzenwert der Impulsantwort, $si\,x = (\sin x)/x$ (Spaltfunktion) und $Si\,x = \int\limits_{-\infty}^{x} si\,u\,du$ (Integralsinus) ergibt sich als Impulsantwort $s_2(t) = \hat{A}\,si\,\omega_g(t - t_0)$, worin $\hat{A} = A_0\,\omega_g/\pi$, und als Sprungantwort $s_2(t) = A_0\left[\frac{1}{2} + \frac{1}{\pi}Si\,\omega_g(t - t_0)\right]$. Ferner ist $\tau_g = \frac{1}{2}f_g$ (vgl. Abschnitt 2.9.2)

gabeseite horizontal eine sinusförmige Helldunkelstruktur des ursprünglichen Schachbrettmusters entsteht. Es wird zeitproportionale Ablenkung vorausgesetzt.

Mit Z als Zeilenzahl des Vollbildes, h als Höhe des Bildes und b als Breite des Bildes beträgt die Bildpunktzahl je Vollbild

$$P = \frac{b}{h}\,Z^2. \tag{2.1}$$

Setzt man weiter die sekundliche Zahl der Vollbilder zu $f_V/2$ fest (f_V ist die vertikale Ablenkfrequenz für das Halbraster beim Zwischenzeilenverfahren), so folgt für die Grenzfrequenz f_{gs}, d.h. für die erforderliche Breite des Übertragungskanals,

$$f_{gs} = \frac{1}{2}\,P\,\frac{1}{2}\,f_V = \frac{b}{4h}\,Z^2 f_V. \tag{2.2}$$

Wegen des zeitlichen Abtastprozesses rechnet man beim Fernsehen häufig vorteilhaft mit der Zeit als unabhängige Variable. Es ist deshalb die Küpfmüllersche Beziehung für die Einschwingzeit des idealen Tiefpasses in Erinnerung zu rufen, welche besagt, daß die Steigzeit der Tangente an die Integralsinus-Übergangsfunktion folgender Bedingung genügt (Bild 2-03) [2.2]:

$$\tau_{gs} = \frac{1}{2f_{gs}}. \tag{2.3}$$

Beispiel: Mit einer Zeilenzahl von $Z = 625$, einem Verhältnis Bildbreite zu -höhe von $b/h = 4/3$ und einer Halbrasterfrequenz von $f_V = 50$ Hz ergibt sich bei einer Bildpunktzahl von $P = 521\,000$ eine Grenzfrequenz von $f_{gs} = 6{,}51$ MHz und eine Steigzeit von $\tau_{gs} = 76{,}8$ ns.

2.1.3 Bildpunktzahl und Übertragungsbandbreite im realen System

Unter „realem System" wird ein Fernsehsystem mit endlichen Zeilen- und Bildrücklaufzeiten verstanden. Solche endliche Rücklaufzeiten ergeben sich zwangsläufig in den Ablenkanordnungen. Dadurch verkleinert sich der für die Bilderzeugung verfügbare Zeitanteil.

Der nutzbare Rasteranteil wird aktives Bild genannt. Dieses soll das für das entsprechende System vorgeschriebene Breiten- zu Höhenverhältnis b'/h' und die erforderliche aktive Bildpunktzahl P' aufweisen. Die Bruttozeilenzahl sei im folgenden mit Z, die aktive Zeilenzahl mit Z' bezeichnet.

Wie im früheren Beispiel mit vernachlässigten Rücklaufzeiten wird den Überlegungen auch hier ein Muster mit quadratischen Schachbrettfeldern zugrunde gelegt. (In der Praxis weicht man aus bestimmten Gründen etwas vom quadratischen

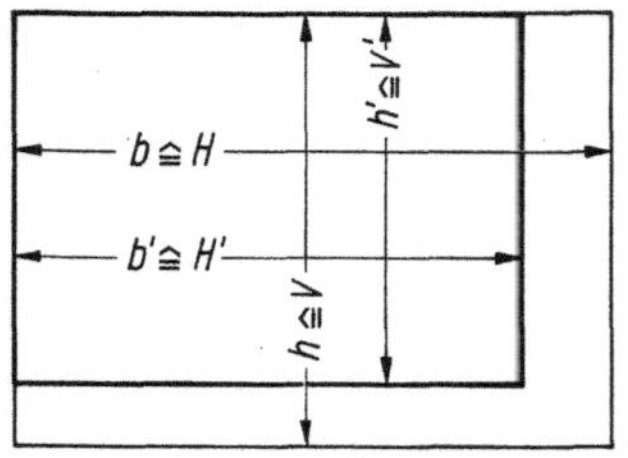

Bild 2-04. Brutto- und Netto-Bildraster bei endlichen Rücklaufzeiten der Horizontal- und Vertikalabtastung. b Brutto-, b' Netto-Bildbreite, h Brutto-, h' Netto-Bildhöhe; H Brutto-, H' Netto-Zeilendauer, V Brutto-, V' Netto-Halbrasterdauer

Bildelement ab [Kellfaktor]). Die System-Grenzfrequenzen kommen dadurch etwas unter die nach der folgenden Formel errechneten Werte zu liegen, s. Abschnitt 2.2.3.) Zunächst gilt (Bild 2–04)

$$H'/V' \text{ (zeitlich)} \cong b'/h' \text{ (örtlich)}.$$

Bei vorgegebener horizontaler Ablenkfrequenz f_H erhöht sich durch die endlichen Rücklaufzeiten die Bildpunktzahl je Bruttozeile im Verhältnis der Bruttozeilendauer H zur aktiven Zeilendauer H', die Zeilenzahl je Bruttovollbild im Verhältnis der Bruttohalbbilddauer V zur aktiven Halbbilddauer V'. Für die Grenzfrequenz im realen System ergibt sich damit

$$f'_{gs} = \frac{b'}{4h'} Z'^2 f_V \frac{HV}{H'V'} = \frac{b'}{4h'} Z^2 f_V \frac{HV'}{H'V}. \qquad (2.4)$$

Beispiel: Für die 625-Zeilen-Normen des CCIR (vgl. Abschnitt 2.4.2) ergibt sich, mit $Z' = 575$, $b'/h' = 4/3$, $H'/H = 0{,}81$, $V'/V = 0{,}92$ und $f_V = 50$ Hz, eine aktive Bildpunktzahl von $P' = 441\,000$, eine Grenzfrequenz von $f'_{gs} = 7{,}39$ MHz und eine Steigzeit von $\tau'_{gs} = 67{,}7$ ns.

2.1.4 Wahl der Zeilenzahl

Bei der Festlegung der Zeilenzahl hat man einen Kompromiß zwischen gegenläufigen Forderungen einzugehen. Von der Bildqualität her wäre zunächst eine möglichst hohe Zeilenzahl erwünscht. Eine solche führt aber auf technologische Schwierigkeiten und hohe Kosten. Sie schränkt, wegen den großen erforderlichen Übertragungsbandbreiten, auch die Zahl der drahtlos übertragbaren Programme ein. Eine hohe Zeilenzahl mit entsprechend geringem Betrachtungsabstand kann auch Flimmerprobleme ergeben. Ein zweckmäßiger vertikaler Winkel für die Bildbetrachtung ist erfahrungsgemäß $\beta \cong 14°$. Dies entspricht einem Betrachtungsabstand von $d = 4h'$ (Bild 2–05). Wird als Linientrennvermögen des mittleren menschlichen Auges $\alpha = 1/40°$ angenommen, führt dies auf eine förderliche aktive Zeilenzahl von

$$Z' \cong \beta/\alpha = 14 \cdot 40 = 560 \text{ Zeilen,}$$

was praktisch den europäischen Fernsehnormen ($Z' = 575$) entspricht.

Inwieweit ein solcher Betrachtungsabstand in der Praxis tatsächlich ein Optimum darstellt, soll im folgenden indirekt umschrieben werden.

Geht man näher an den Bildschirm heran, wird der subjektive Bildeindruck rasch schlechter, weil

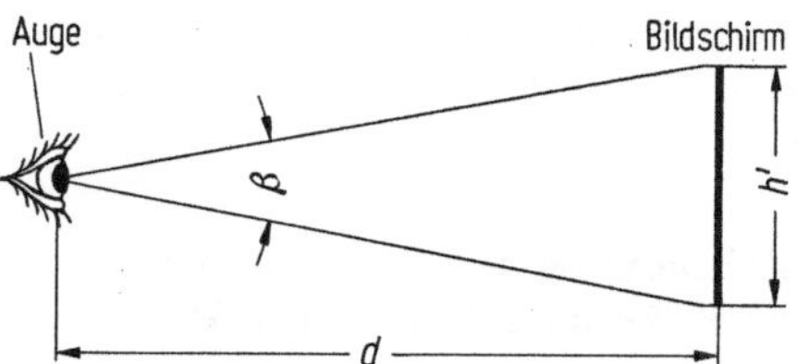

Bild 2-05. Figur zur Ermittlung der förderlichen Zeilenzahl. h' Höhe des aktiven Bildes, d Betrachtungsabstand, β Betrachtungswinkel

— die Zeilen sichtbar werden;
— das Bild unscharf wirkt;
— dadurch, daß das Bild auch auf die außerfovealen Netzhautbereiche fällt, die Flimmerneigung zunimmt (diese Netzhautbereiche haben gewissermaßen eine kleinere Zeitkonstante);
— dann, wenn sich der Augapfel zufälligerweise vertikal in $\frac{1}{50}$ s um den Zeilenabstand bewegt, das Bild nur noch mit der halben Zeilenzahl gesehen wird (Effekte dieser Art können auch bei normalem Betrachtungsabstand noch auftreten);
— in feinen horizontalen und schrägen Linienstrukturen störende Interferenz-(Moiré-)-Effekte erkennbar werden;
— an scharfen horizontalen Kanten (also z.B. obere Bildhälfte Weiß, untere Schwarz) ein 25 Hz-Flimmern sichtbar wird. Grund: beim einen Halbraster wird eine bestimmte Zeile z.B. gerade noch Weiß wiedergegeben, beim nächsten Halbraster fehlt diese Zeile. Dieser Effekt stört vor allem beim Übertragen von Schriftzeichen.

Liegt der Betrachtungsabstand merklich über dem vierfachen der Bildhöhe, ist folgendes festzustellen:
— Das Bild wirkt besonders scharf. Stroboskopische Halbrasterstrukturen und Moiréeffekte treten nicht mehr in Erscheinung.
— Man erfaßt so gewissermaßen mit einem Blick das ganze Geschehen auf dem Bildschirm, was wahrscheinlich psychologisch von Bedeutung ist.

Statistische Untersuchungen haben gezeigt, daß der mittlere Betrachtungsabstand beim Heimfernsehen etwa beim Siebenfachen der Bildhöhe liegt. Die Verteilungsfunktion verläuft dabei ziemlich flach. In vielen Fällen dürfte der Betrachtungsabstand sehr wesentlich von äußeren Umständen wie Raumgröße, Anordnung der Sitzgelegenheiten, Zahl der Fernsehteilnehmer usw. mitbestimmt werden.

2.1.5 Zeitfunktion und Spektrum des monochromen Fernsehsignals

Dem zeitlichen Vorgang der Bildabtastung läßt sich über die Fouriertransformation eindeutig ein Spektrum zuordnen. Weil sich der Abtastvorgang periodisch wiederholt, resultiert ein Linienspektrum (Fourierreihe). In komplexer Form gelten folgende Zusammenhänge [2.3; 2.43]:

Fourierintegral:

$$\left.\begin{aligned} f(t) &= \frac{1}{2\pi} \int_{-\infty}^{\infty} F(j\omega) \exp(j\omega t)\, d\omega, \\ \text{worin} \\ F(j\omega) &= \int_{-\infty}^{\infty} f(t) \exp(-j\omega t)\, dt; \end{aligned}\right\} \quad (2.5)$$

Fourierreihe:

$$\left.\begin{aligned} f(t) &= \frac{1}{T} \sum_{n=-\infty}^{\infty} C_n \exp(j\omega_n t), \\ \text{worin} \\ C_n &= \int_{-T/2}^{T/2} f(t) \exp(-j\omega_n t)\, dt \\ \text{und } \omega_n &= 2\pi n/T. \end{aligned}\right\} \quad (2.6)$$

Bei der Fourierreihe sind die Koeffizienten C_n im allgemeinen komplex. Wenn $f(t)$ reell ist, gilt $C_{-n} = C_n^*$.

Die Zeitfunktion muß innerhalb einer Periode beschränkt und bis auf endlich viele Stellen stetig sein. $F(j\omega)$ stellt eine spektrale Amplitudendichte dar.

Als Beispiel für den periodischen Fall sei eine regelmäßige zeitliche Folge von Rechteckimpulsen betrachtet. Impulse dieser Art werden für Synchronisierung und Austastung benötigt. Zeitfunktion und zugehöriges Spektrum gehen aus Bild 2–06 hervor.

Beim Fernsehen liegen die Verhältnisse insofern wesentlich komplizierter, als es sich im allgemeinen um eine in der Fläche zeitlich veränderliche Leuchtdichteverteilung handelt. Im folgenden sei kurz auf den Spezialfall des ruhenden Bildinhalts eingegangen. Eine wesentlich ausführlichere Behandlung der Materie findet sich in der Spezialliteratur [2.4; 2.5].

Beim unbewegten Bild läßt sich die Leuchtdichte-

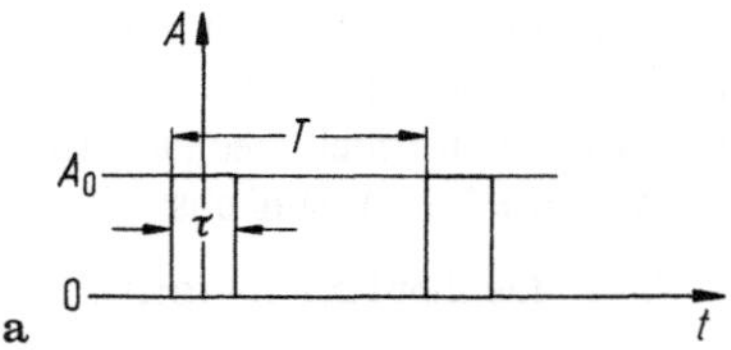

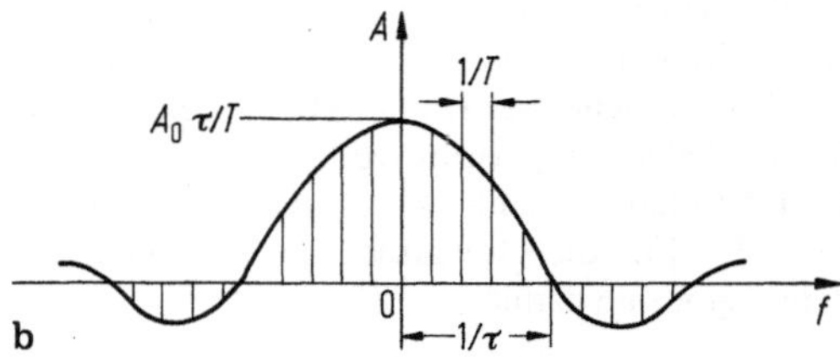

Bild 2-06. Zeitliche Impulsfolge a) und zugehöriges Spektrum b). Die Umhüllende des Spektrums ist eine Spaltfunktion. Für den Betrag der n. Harmonischen ergibt sich $|C_n| = (2A_0\tau/T)\,|si(\pi f_n \tau)|$

verteilung über eine einzelne Zeile in Amplitudenanteile der Zeilengrundschwingung (rund 16 kHz) und Harmonische derselben zerlegen. Der Nullpunkt der Zeitachse kann z.B. in die Bildmitte gelegt werden. Bei Vernachlässigung der Rücklaufzeiten des Bildabtaststrahls ergibt sich die in Bild 2–07 wiedergegebene periodische Wiederholung des Bildinhalts. Für die einzelne Zeile gilt

$$s_H(t) = \sum_{m=-\infty}^{\infty} A_m \exp(j\,2\pi m f_H\, t). \qquad (2.7)$$

Wird nun eine vertikale Linie im Fernsehbild betrachtet, ist analog zur Zeilenrichtung festzustellen, daß sich der örtlich wechselnde Leuchtdichtewert mit der Grundperiode des Rasters —

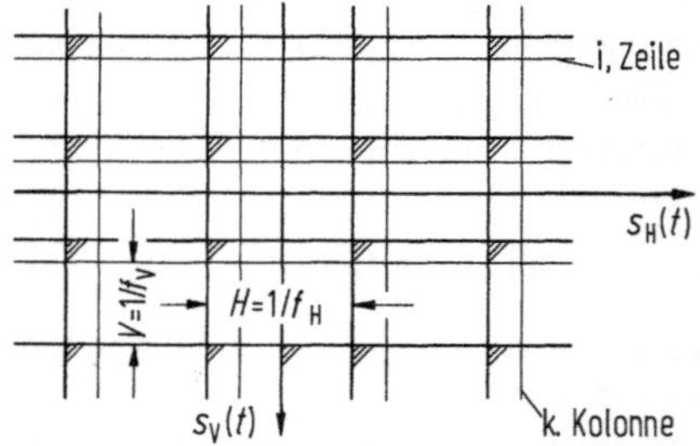

Bild 2-07. Figur zur Erläuterung der zweidimensionalen zeitlichen Periodizität des Fernsehbildes bei ruhendem Bildinhalt. $s_H(t)$ horizontales Signal der i. Zeile, $s_V(t)$ vertikales Signal der k. Kolonne

beim normalen Zwischenzeilenverfahren in guter Näherung mit jener des Halbrasters — laufend wiederholt. Es ist also zu erwarten, daß im Spektrum des Fernsehsignals zusätzlich Frequenzkomponenten der Halbrastergrundschwingung von 50 Hz auftreten.

Man kann die Schwankung der Leuchtdichteverteilung über die Zeilen im Rhythmus der Halbrasterfrequenz als eine zusätzliche der Zeile aufgeprägte Amplitudenmodulation auffassen. Aufgrund von deren Gesetzmäßigkeiten steht damit zu erwarten, daß den Spektrallinien der Zeileninformation, symmetrisch im Abstand der Halbrasterfrequenz und ihrer Vielfachen, sekundär solche der vertikal orientierten Bildinformation zugeordnet sind. Die Erweiterung der Reihendarstellung auf die vertikale Dimension geschieht durch folgenden Ansatz für den Fourierkoeffizienten A_m (Fourierreihe mit 2 Variablen):

$$A_m = \sum_{n=-\infty}^{\infty} A_{mn} \exp(j\,2\pi n f_V\, t). \qquad (2.8)$$

Für das ganze Bildfeld läßt sich damit schreiben

$$s(t) = \sum_{m=-\infty}^{\infty} \sum_{n=-\infty}^{\infty} A_{mn} \exp[j\,2\pi(m f_H + n f_V)\,t]. \qquad (2.9)$$

Eine genauere Betrachtung zeigt, daß beim Zwischenzeilenverfahren die Seitenbandspektren von benachbarten Zeilenharmonischen ineinander verschachtelt sind. In Bild 2–08 sind die Verhältnisse für einen Zeilensprung von 2:1 wiedergegeben (tiefste auftretende Frequenz: 25 Hz).

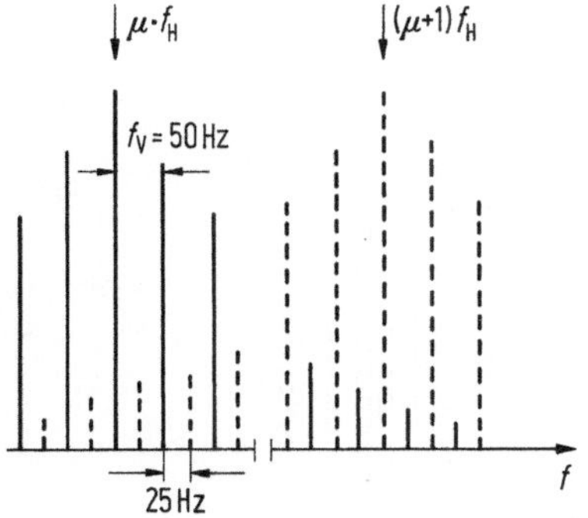

Bild 2-08. Verschachtelung der Spektren aufeinanderfolgender Zeilenharmonischer beim Zeilensprung 2:1 (Systeme mit 50 Halbrastern/s). μ, $\mu+1$ Ordnungszahlen der Zeilenharmonischen. Es gilt:
$f_H = (\mu+1)f_H - \mu f_H = 15\,625\ \mathrm{Hz} = 312\tfrac{1}{2}\cdot 50$
$= 625 \cdot 25\ \mathrm{Hz}$ (625 Zeilen-Normen)

2.2 Abtastvorgang bei endlichen Fleckabmessungen

Bisher wurde angenommen, daß die Größe des Abtastelements auf der Sendeseite und der Schreibfleck der Wiedergabeanordnung auf der Empfangsseite klein gegen den Abstand benachbarter Zeilen im Vollbild sind. Dies ist aber in der Praxis, vor allem aus Gründen des Lichtwirkungsgrades, nicht der Fall. Die Folge davon sind systembedingte lineare Übertragungsverzerrungen (Aperturfehler).

Die Übertragungsfehler in horizontaler und vertikaler Bildrichtung sollen im folgenden getrennt behandelt werden. Im Sinne einer groben Näherung an die tatsächlichen Verhältnisse wird eine rechteckige Abtastblende angenommen, deren Höhe gerade gleich dem Zeilenabstand ist. (In der Literatur finden sich auch Berechnungen für kompliziertere Fälle [2.1; 2.4; 2.6; 2.7].)

2.2.1 Horizontaler Abtastfehler

Eine erste Frage lautet nach der Orts- und Zeitfunktion im Falle der horizontalen Abtastung einer vertikal verlaufenden Hell-Dunkel-Kante (Bild 2–09).

Gleitet eine einen Abtaststrahl mit rechteckigem Querschnitt repräsentierende rechteckige Abtastblende gleichmäßig von links nach rechts über die Kante des durch die Abbildungsoptik des Bildgebers auf die lichtempfindliche Schicht projizierten Originalbildes, stellt man einen linearen Signalanstieg vom schwarzen bis zum weißen Bildpegel fest (Anwendung des Faltungsintegrals, vgl. Bild 2–10). Es ist zweckmäßig, die Berechnung zunächst als Ortsfunktion durchzuführen und hierauf mit Hilfe der Beziehung

$$T_a = a/u = a H'/b' \qquad (2.10)$$

die entsprechende Zeitfunktion zu ermitteln. Darin sind a die örtliche Breite des Abtast- oder Schreibflecks, u die Abtastgeschwindigkeit, H' die aktive Zeilenzeit und b' die aktive Zeilenlänge.

Es sei nun nach dem Verlauf der Leuchtdichte bei gleichartigem rechteckigem Schreibstrahlquerschnitt auf der Wiedergabeseite gefragt. Zu dessen Ermittlung sind die Blendenöffnung über den Streckenzug gemäß Bild 2–10 gleiten zu lassen, laufend die Produkte der Ordinatenwerte zu bilden und diese zu summieren, was einer weiteren Faltung entspricht. Es resultiert eine Übergangs-

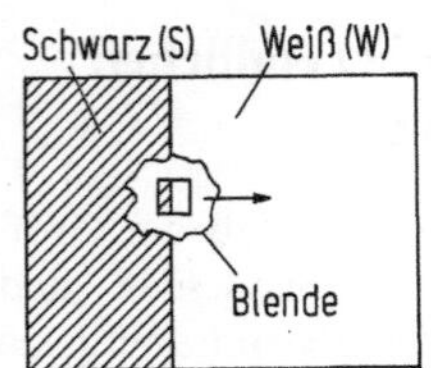

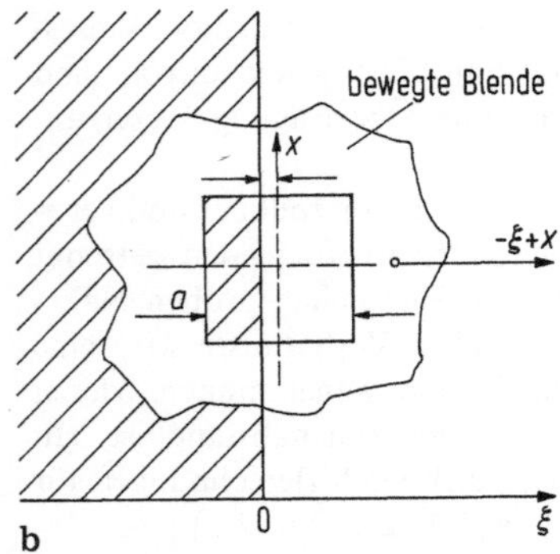

Bild 2-09. Abtastung einer vertikalen Hell-Dunkel-Kante mit einer homogenen rechteckförmigen Abtastblende. a) Übersichtsfigur, b) Ausschnitt. Die Übergangsfunktion (Bild 2-10) ergibt sich durch Anwendung des Faltungsintegrals, $f(x) = g(x) * h(x)$
$$= \int_{-\infty}^{x} g(\xi) \cdot h(x - \xi)\, d\xi.$$
Dabei stellt, in amplitudenmäßig normalisierter Darstellung, $g(\xi)$ den Einheitssprung und $h(x - \xi)$ die von $-\xi$ her über den Einheitssprung gezogene Impulsantwort der Blende dar. Letztere wird durch die Blendenfunktion selber verkörpert (einzelner Rechteckwechsel zwischen den Amplitudenwerten 0 und 1, Breite a)

funktion, die sich aus 2 antisymmetrischen Geraden und Parabelästen zusammensetzt. Die Gesamtzeit für den Schwarz-Weiß-Übergang ist nun örtlich $2a$ und zeitlich $2aH'/b'$ (Bild 2-11).
Nach dieser besonders einfachen zu reproduzierenden Bildvorlage sei noch ein etwas komplizierterer, aber sehr wichtiger Fall betrachtet: eine Szene, die horizontal eine sinusförmig schwankende Lichtverteilung mit örtlich veränderlicher

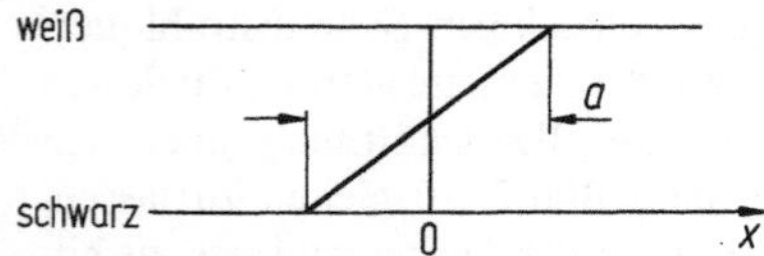

Bild 2-10. Örtliche Übergangsfunktion der homogenen rechteckförmigen Abtastblende (vgl. Bild 2-09)

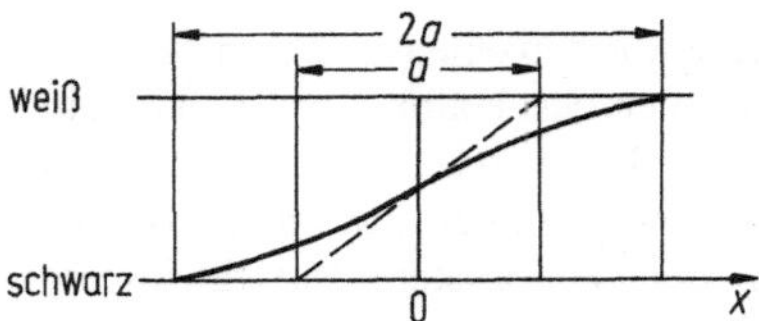

Bild 2-11. Übergangsfunktion bei nochmaliger Faltung des Verlaufs von Bild 2-10 mit der Blendenfunktion. Es ergeben sich zwei zentralsymmetrische Parabeläste, wobei sich die Gesamtübergangsbreite verdoppelt

Frequenz aufweist. Variable ist, genau genommen, die örtliche Periode der Lichtschwankung auf der lichtempfindlichen Schicht der Kameraröhre (Bild 2–12). Diese Untersuchung führt auf einen wichtigen Begriff aus der Technik der Bildgeber: die Modulationstiefe.
Auch hier können, analog zu früher, der Ortsfunktion eine Zeitfunktion und ein Frequenzgang zugeordnet werden. Letzterer ist in Beziehung zur Grenzfrequenz des Fernsehsystems zu setzen.
Die örtliche Breite der Abtastblende sei wiederum gleich a, die Höhe willkürlich gleich Eins angenommen. Für die örtliche Periode der sinusförmigen Leuchtdichteverteilung auf der lichtempfindlichen Schicht der Kameraröhre sei das Symbol q gewählt. Damit ergibt sich für einen kleinen Ausschnitt des optischen Originalbildes auf der lichtempfindlichen Schicht der Aufnahmeröhre das in Bild 2–13 gezeichnete Diagramm.
Das Licht, das beim Hinübergleiten der rechteckigen Abtastblende über die sinusförmige Lichtverteilung durch diese Blende hindurchtritt (schraffierte Fläche in Bild 2–13), ist durch das folgende Integral gegeben:

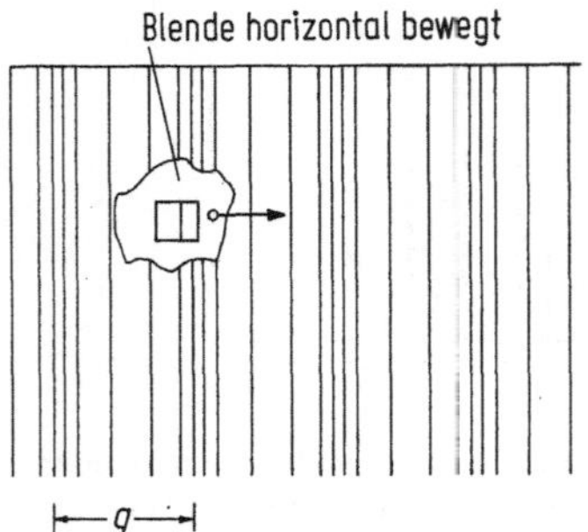

Bild 2-12. Abtastung einer sinusförmig variierenden Hell-Dunkel-Verteilung mit homogener, rechteckiger Abtastblende (Bildausschnitt). q örtliche Periode

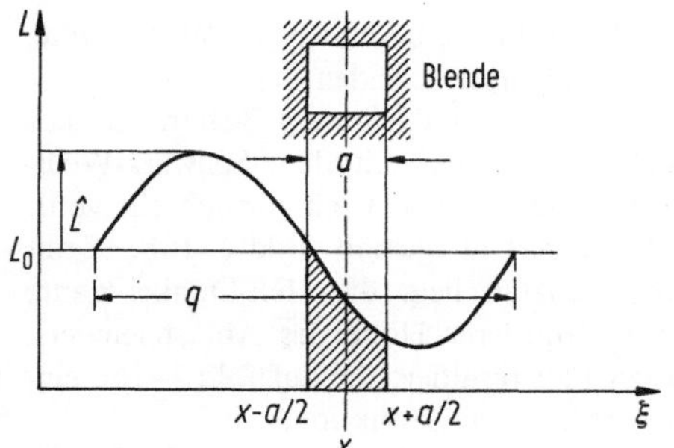

Bild 2-13. Details zu Bild 2-12. Analog zu den Bildern 2-09 bis 2-11 handelt es sich auch hier um eine Anwendung des Faltungssatzes, indem die Funktion der Rechteckblende (Breite a, Höhe 1) örtlich mit dem Sinussignal gefaltet wird

$$s(x) = \int_{x-(a/2)}^{x+(a/2)} L(\xi)\, d\xi = \int_{x-(a/2)}^{x+(a/2)} L_0 + \hat{L}\, \sin\frac{2\pi\xi}{q}\, d\xi \tag{2.11}$$

Die Integration — auch hier eine Anwendung des Faltungsintegrals — führt auf folgende Beziehung:

$$s(x) = \underbrace{L_0 a}_{\text{Konstante}} + \hat{L} a\, \underbrace{\frac{\sin(\pi a/q)}{\pi a/q}}_{\substack{\text{Amplitude}\\ \text{der über}\\ \text{den Spalt}\\ \text{integrierten}\\ \text{Licht-}\\ \text{schwankung}}} \underbrace{\sin(2\pi x/q)}_{\substack{\text{blenden-}\\ \text{unabhängige}\\ \text{Ortsfrequenz}\\ \text{der}\\ \text{Schwankung}}} \tag{2.12}$$

Die Funktion $\sin(\pi a/q)/(\pi a/q) = \mathrm{si}(\pi a/q)$ wird Spaltfunktion genannt. Für $a \to 0$ geht $\mathrm{si}\,\pi a/q \to 1$ (Bezugsamplitude). Die relative Amplitudenreduktion ergibt sich damit direkt aus dem Ausdruck $\mathrm{si}\,\pi a/q$ (Bild 2–14); der Betrag dieses Terms,

$$A(q) = |\mathrm{si}(\pi a/q)|, \tag{2.13}$$

entspricht dem Amplitudengang $(a, q > 0)$.

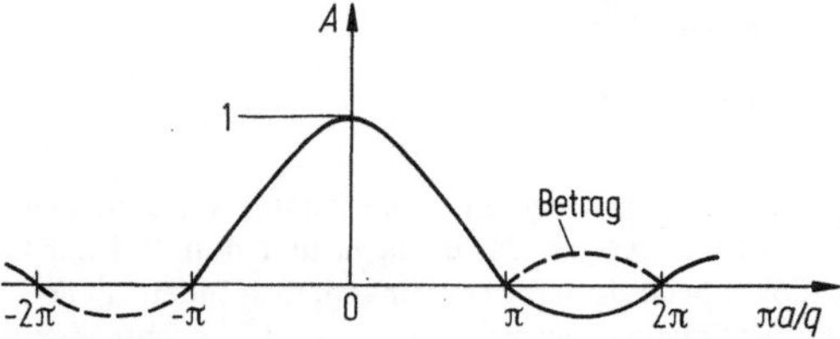

Bild 2-14. Amplitudengang A der homogenen rechteckigen Abtastblende. a Breite der Blende, q örtliche Periode der sinusförmigen Lichtschwankung

Mit den Zuordnungen $a \leftrightarrow aH'/b'$ und $q \leftrightarrow T = 1/f$ resultiert für den Amplituden-Frequenzgang im üblichen Sinn

$$A(f) = \left|\mathrm{si}\left(\pi H'\frac{a}{b'} f\right)\right|. \tag{2.14}$$

Während sich die horizontale aktive Zeilendauer H' aus dem gewählten Fernsehsystem ergibt, ist der Quotient a/b', d.h. das Verhältnis der Breite des Abtastelements zur Breite des Bildes auf der Kameraröhre, eine Gerätekonstante.

Man wird sich im allgemeinen bemühen, die äquivalente Breite a des Abtastspalts so klein wie möglich zu halten. Eine Aufnahmeröhre soll aber möglichst empfindlich sein — eine Forderung die, wie aus den abgeleiteten Beziehungen ersichtlich ist, um so leichter erfüllt werden kann, je größer a gewählt wird. Ein Kompromiß zwischen Auflösung und Empfindlichkeit ist damit unumgänglich. Man legt ihn im allgemeinen so, daß am oberen Ende des Übertragungsbandes ein Abfall des Modulationsgrades auf 40 bis 70 % resultiert. Im Abschnitt 2.5.3 wird gezeigt, daß es Möglichkeiten gibt, den Frequenzgang nachträglich durch schaltungstechnische Maßnahmen anzuheben (Aperturkorrektur).

Die bisherigen Betrachtungen galten für endliche Abmessungen des Abtastflecks auf der Bildgeberseite. Eine analoge Untersuchung über den Zusammenhang zwischen dem elektrischen Eingangssignal und der örtlich-zeitlichen Lichtmodulation auf dem Bildschirm der Wiedergaberöhre führt für sich genau zum gleichen Ergebnis, also ebenfalls auf eine Spaltfunktion.

Es sei nun noch kurz die ganze Übertragungskette betrachtet. Die beiden elektro-optischen Wandler der Aufnahme- und Wiedergabeseite können als

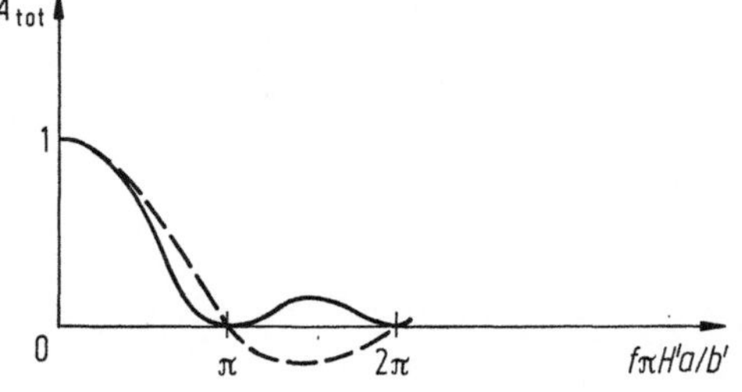

Bild 2-15. Gesamtamplitudengang A_{tot} eines Fernsehsystems mit homogenem rechteckförmigem Abtast- und Schreibfleck (gleiche Relativabmessungen). Gestrichelt: Amplitudengang der Sende- und Empfangsseite für sich

übertragungsfehlerbehaftete Vierpole angesehen werden, die in Kette geschaltet sind. Mit den Einzelamplitudengängen $A_1(f)$ und $A_2(f)$ ergibt sich zunächst ein Gesamtverlauf von

$$A(f) = A_1(f) \cdot A_2(f).$$

Man kann ein System dann als optimal bezeichnen, wenn die relativen Abmessungen des Abtast- und Schreibflecks gleich groß sind. In diesem Fall resultiert als Gesamtfrequenzgang (Bild 2–15)

$$A_{\text{tot}}(f) = \text{si}^2\left(\pi H' \frac{a}{b'} f\right) = \frac{1 - \cos(2\pi H' fa/b')}{2(\pi H' fa/b')^2}.$$

$$(2.15)$$

2.2.2 Vertikaler Abtastfehler

Es sei noch einmal auf das rechteckige Abtastelement zurückgekommen und angenommen, seine Höhe entspreche gerade dem Zeilenabstand im Vollraster des Fernsehbildes. Analog zu Abschnitt 2.2.1 sei ein Bildinhalt zu übertragen, der aus einer oberen schwarzen und einer unteren weißen Bildhälfte besteht (Bild 2–16a).

Bei genauer Betrachtung des Übergangs von Schwarz nach Weiß lassen sich, je nach relativer Lage des Fernsehrasters zur Schwarz-Weiß-Kante, zwei Grenzfälle unterscheiden.

Fällt die obere oder die untere Begrenzung des Abtastelements genau mit dem Schwarz-Weiß-Übergang zusammen, entsteht örtlich ein vertikaler Signalverlauf gemäß Bild 2–16b. Beim zweiten Grenzfall liegt die Hell-Dunkel-Kante gerade auf mittlerer Höhe des Abtastelements. In diesem Fall resultiert die auf Bild 2–16c eingezeichnete Übergangsfunktion.

In Anspielung an die Modulationstiefen-Untersuchung bei örtlich sinusförmig wechselndem Lichteinfall sei nun angenommen, der Bildinhalt bestehe aus lauter aufeinanderfolgenden horizontalen schwarzen und weißen Strichen, deren Breite gerade dem Abstand der Zeilen im Vollraster entspricht (Bild 2–17a).

Auch bei diesem hypothetischen Bildinhalt lassen sich zwei ausgeprägte Relativphasenlagen zum Raster erkennen. Im ersten Fall decken sich die Zeilen genau mit den Linien des Bildinhalts; man erhält ein Signal, das vollständig durchmoduliert ist (Bild 2–17b). Im andern Grenzfall fällt die Mitte des Abtastelements genau auf die Kante zweier benachbarter schwarzer und weißer Linien

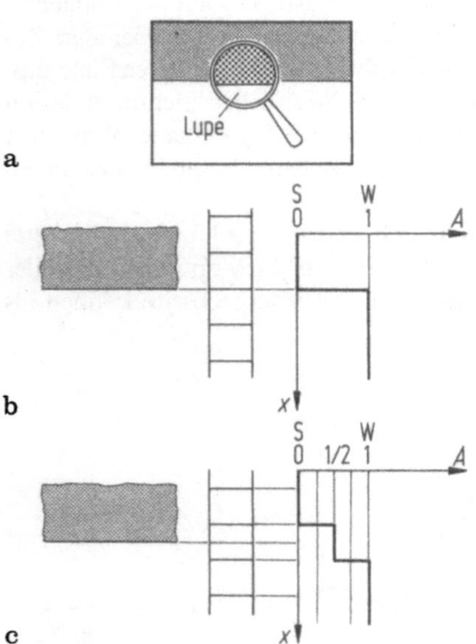

Bild 2-16. Abtastung einer horizontal verlaufenden Hell-Dunkel-Kante. a) Übersichtsfigur; b) günstigste, c) ungünstigste Relativlage des Zeilenrasters zum Bildinhalt, mit entsprechenden örtlichen Übergangsfunktionen $A(x)$

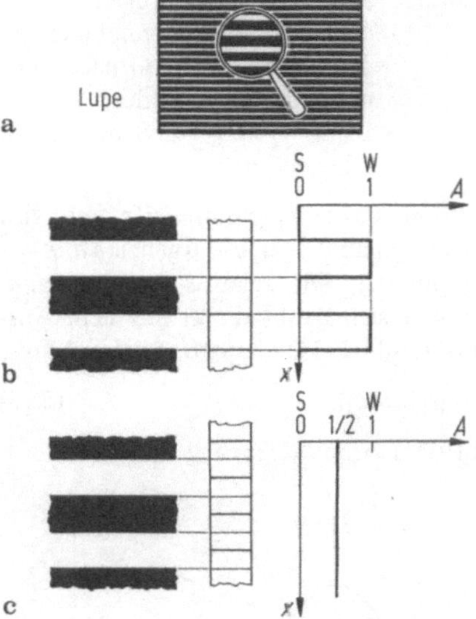

Bild 2-17. Abtastung eines horizontal verlaufenden feinen Strichrasters, dessen helle und dunkle Linien örtlich abstandsmäßig aufeinanderfolgenden Zeilen des Vollrasters entsprechen. a) Übersichtsfigur; b) günstigste, c) ungünstigste Relativ-Phasenlage zwischen Strich- und Zeilenraster, mit entsprechenden örtlichen Übergangsfunktionen $A(x)$

des Bildinhalts. Im Ausgangssignal ist nun keinerlei Modulation durch den Bildinhalt mehr festzustellen; es wird nur noch ein mittlerer Grauwert übertragen (Bild 2–17c).

2.2.3 Wirksame Bildpunktzahl, Kellfaktor

Abtastvorgänge solcher und ähnlicher Art sind schon verhältnismäßig früh untersucht worden. Die im Abschnitt 2.2.2 dargelegten Fälle lassen erwarten, daß die tatsächliche mittlere Vertikalauflösung unter derjenigen des Schachbrettmusters liegen muß.

Man kann nun die Frage stellen, welche Verminderung der Horizontalauflösung für ein mittleres quadratisches Bildelement zulässig ist. Der Natur nach handelt es sich hier um ein bildstatistisches Problem, das auf verschiedene Weise angegangen werden kann. Bekannt geworden sind vor allem Veröffentlichungen von Kell und Mitarbeitern [2.8].

Da die Form des Abtastflecks der Aufnahme- und Wiedergabeseite bis zu einem gewissen Grad in das Ergebnis mit eingeht, ist eine experimentelle Untersuchung naheliegend. Aufschlußreich ist hierfür z.B. eine Vorlage, die aus einem horizontalen, örtlich zusammenlaufenden Linienmuster besteht. In diesem Fall ergeben sich im Bereich der feineren Linien durch Interferenz mit dem zeilenförmigen Abtastmuster ausgeprägte Stör-

strukturen (Bild 2–18), welche die Güte der Bildwiedergabe einschränken.

Im Bereich rein vertikaler Hell-Dunkel-Barren können Effekte dieser Art nicht auftreten; hier kann demzufolge mit einer besseren Detailwiedergabe gerechnet werden.

Man kann nun postulieren, daß die Aufteilung der Horizontal- und Vertikalauflösung bei einem Fernsehsystem dann optimal ist, wenn feine Schwarz-Weiß-Streifen in horizontaler und vertikaler Richtung ungefähr gleich gut wiedergegeben werden. Dies führt auf eine zulässige Verminderung der Horizontalauflösung — und damit der Übertragungsbandbreite — um den Faktor $K = 0,6 \ldots 0,8$. Diese „Kellfaktor" genannte Größe ist heute zahlenmäßig meist wie folgt definiert [2.9]:

$$K = f_{\mathrm{g}}/f'_{\mathrm{gs}}, \qquad (2.16)$$

wobei f_{g} die Videobandbreite des Übertragungssystems und f'_{gs} die Grenzfrequenz des nach der Schachbrett-Methode berechneten realen Fernsehsystems (Abschnitt 2.1.3) ist.

Die vielerorts eingeführten CCIR-B/G-Normen (Abschnitt 2.4.2) haben eine Übertragungsbandbreite von 5 MHz und damit einen Kellfaktor von 0,68.

Als effektive, d.h. subjektiv im Mittel wirksame Bildpunktzahl, läßt sich schreiben:

$$P'_{\mathrm{eff}} = K^2 P' = K^2 Z'^2 b'/h'. \qquad (2.17)$$

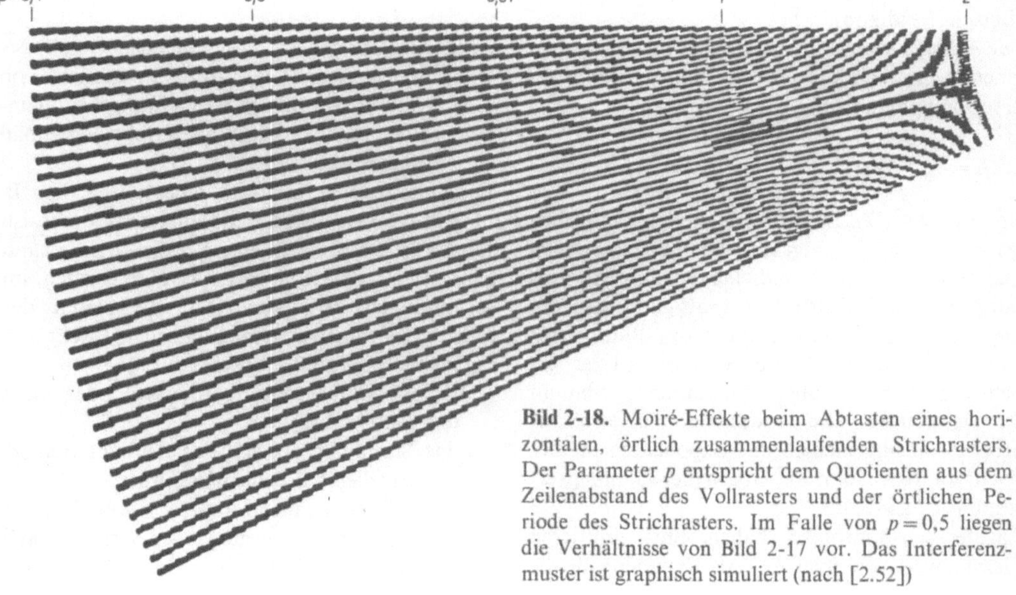

Bild 2-18. Moiré-Effekte beim Abtasten eines horizontalen, örtlich zusammenlaufenden Strichrasters. Der Parameter p entspricht dem Quotienten aus dem Zeilenabstand des Vollrasters und der örtlichen Periode des Strichrasters. Im Falle von $p = 0,5$ liegen die Verhältnisse von Bild 2-17 vor. Das Interferenzmuster ist graphisch simuliert (nach [2.52])

Darin sind K der Kellfaktor; P' die Bildpunktzahl, berechnet nach der Schachbrettmethode; Z' die Zeilenzahl des aktiven Bildes; b' die aktive Bildbreite und h' die aktive Bildhöhe.

Beispiel: Mit $K = 0{,}68$, $Z = 625$, $Z' = 575$ und $b'/h' = 4/3$ ergeben sich folgende Bildpunktzahlen:
$P' = 441\,000$, $P'_{\text{eff}} = 204\,000$.

Bei der Planung von Fernsehsystemen — z. B. in der Digitaltechnik — pflegt man hinsichtlich der Bildpunktzahl Werte in der Nähe von P' anzunehmen.

Untersuchungen von Baldwin [2.10] haben im übrigen gezeigt, daß der Schärfeeindruck eines Fernsehbildes in erster Linie von der Anzahl und nicht so sehr von der Form der Bildelemente abhängt, was die Bedeutung des Kellfaktors etwas relativiert.

Mittels Aperturkorrekturschaltungen lassen sich Auflösungsverluste in beiden Ablenkrichtungen weitgehend ausgleichen (Abschnitt 2.5.3). Interferenzen zwischen Bildinhalt und Zeilenstruktur sind dagegen kaum zu vermeiden.

2.3 Gradations-Vorentzerrung (Gamma-Korrektur)

Wie die elektronische Verstärkerröhre weist auch die Kathodenstrahl-Bildwiedergaberöhre eine nichtlineare Aussteuerungscharakteristik auf. Auch Bildgeberröhren arbeiten nicht immer linear (Beispiel: Vidikon).

Die Aussteuerungskurve der Bildröhre läßt sich in einem weiten mittleren Bereich durch ein Potenzgesetz annähern (Bild 2–19):

$$i_{\text{a}} \cong (u_{\text{g}} - U_0)^{\gamma}. \tag{2.18}$$

Im untersten Teil ist der Verlauf exponentiell abgeflacht (Anlaufstromgebiet), im obersten Bereich nimmt die Schirmleuchtdichte nicht mehr proportional zum Strahlstrom zu (Sättigungsbereich). Der nutzbare Kontrastumfang des Bildschirms liegt um etwa $40:1$. Für diesen Fall ist bei Schwarz-Weiß-Bildröhren mit Gammawerten um 2,5 zu rechnen. Die sendeseitige Vorkorrektur arbeitet im allgemeinen mit Exponenten im Bereich von $0{,}5\ldots0{,}6$; als Über-Alles-Gammawert resultiert $1{,}25\ldots1{,}5$.
Farbfernseh-Bildröhren haben einen mittleren Gammawert von etwa 2,8. Als Exponent für die

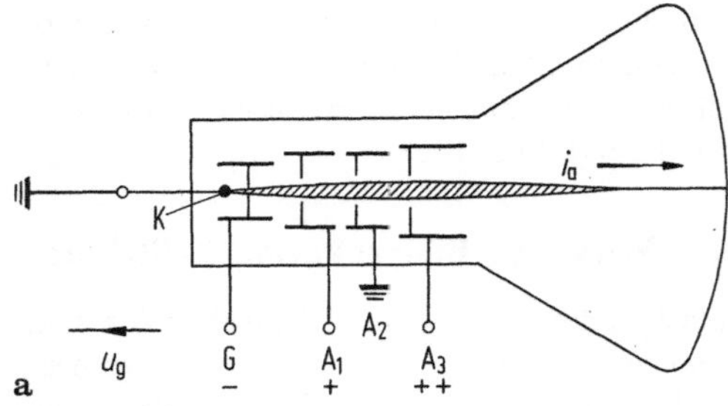

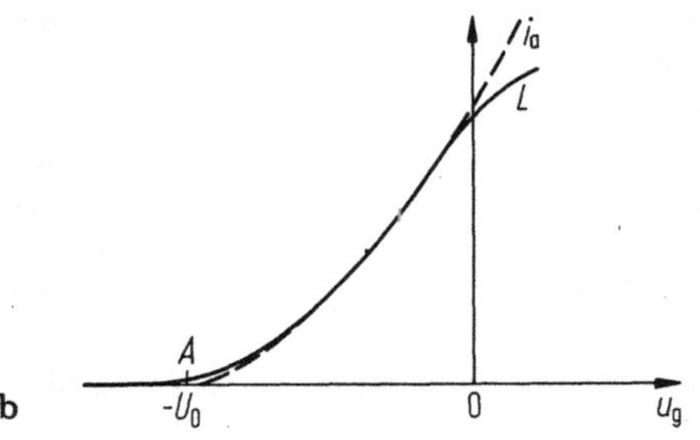

Bild 2-19. a) Aufbau einer Schwarzweiß-Bildwiedergaberöhre (schematisch). Es bedeuten: u_{g} Steuerspannung, i_{a} Strahlstrom, K Kathode, G Steuerelektrode (Gitter, Wehnelt-Zylinder); A_1, A_3 Beschleunigungselektroden, A_2 Bremselektrode (alle zylindrisch). A_2 und A_3 bilden zusammen eine Immersionslinse zur Strahlfokussierung. —
b) Aussteuerkennlinie einer solchen Kathodenstrahlröhre. u_{g} Steuerspannung, $-U_0$ Steuerspannung für Bildschwarz, i_{a} Anodenstrom (Strahlstrom), A Anlaufstromgebiet, L Schirmleuchtdichte

Gradations-Vorentzerrung wird hier oft 0,45 gewählt, was auf einen Über-Alles-Gammawert von 1,3 führt. Unter normalen Betrachtungsbedingungen ergibt sich auf diese Weise erfahrungsgemäß ein optimaler Bildeindruck [2.11].
Damit ist auf eine Kuriosität hingewiesen, die z. B. in Kinokreisen schon seit langem bekannt ist. Dort arbeitet man mit einem optimalen Gesamtgamma von etwa 1,5. Vier Faktoren dürften, im gegenseitigen Zusammenspiel, für diesen der höheren Farbmetrik zuzurechnenden Effekt verantwortlich sein (vgl. Abschnitt 1.8):
— die Bildfeldbegrenzung (dunkles oder nicht dunkles Umfeld);
— das Streulicht, speziell das Auflicht fremder Lichtquellen auf dem Bildschirm;
— Unvollkommenheiten anderer Natur im reproduzierten Bild (ungenügender verarbeitbarer Kontrastumfang, beschränkte Bildschärfe);

— Wunsch nach „brillanten" Bildern (der Betrachter kennt das Original im allg. nicht).

Der Fernsehteilnehmer kann durch Betätigen der entsprechenden Handregler die Gradation des wiedergegebenen Bildes maßgeblich mitbeeinflussen (Grundhelligkeit, Kontrast). Auch die Beleuchtung des Wiedergaberaumes geht stark in das Ergebnis ein.

Es ist zweckmäßig, Eingangs- und Ausgangsleuchtdichte in einem Diagramm im doppeltlogarithmischen Maßstab miteinander in Beziehung zu bringen; man spricht von der Transferkennlinie des Systems (Bild 2–20).

Ist der Empfängerschwarzwert (Grundhelligkeit) hoch eingestellt oder viel Raumstreulicht auf dem Bildschirm, ergeben sich Kurven, die im unteren Teil abgeflacht sind. Der mittlere Gammawert ist klein, das Bild wirkt flau (gestrichelte Gerade).

Ist umgekehrt die Grundhelligkeit am Empfänger zu tief eingestellt, gehen die dunkleren Bildpartien im Schwarz verloren. Die Kurve verläuft unten steil, der mittlere Gammawert ist hoch, das Bild wirkt hart.

Im Falle $\gamma \neq 1$ kann man hier — streng genommen — nur noch von einem mittleren Gamma sprechen, da die Kurven z.T. keine Potenzfunktionen mehr sind.

Aufgrund von Bild 2–21 sei nachfolgend die Gammaverzerrung auf der Empfangsseite und deren Vorkorrektur auf der Sendeseite noch formelmäßig dargestellt. (Auf die Schaltungstechnik wird im Abschnitt 2.5.5 eingegangen.)

Mit L_s als Leuchtdichteverlauf am Kameraeingang, S_s als Signal aus Ausgang von Kamera und

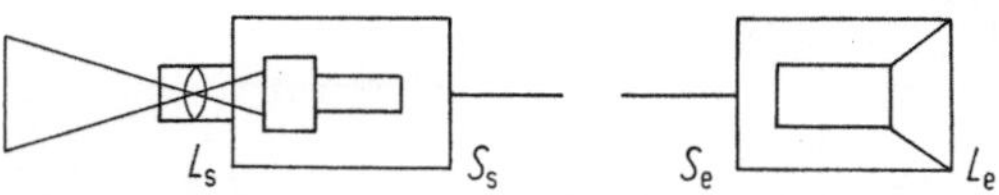

Bild 2-21. Prinzipschaltbild einer einfachen Schwarz-Weiß-Fernsehübertragung. L_s Szenenleuchtdichte, S_s Bildgebersignal, S_e Eingangssignal der Wiedergaberöhre, L_e Wiedergabe-Leuchtdichte

Gammavorkorrektur, γ_s als Exponent der Sendeseite (Kamera und Gammavorkorrektur), S_e als Empfänger-Eingangssignal, L_e als Leuchtdichteverlauf auf dem Schirm der Wiedergaberöhre, γ_e als Exponent der Charakteristik der Wiedergaberöhre und $k_1 \ldots k_4$ als z.T. dimensionsbehaftete Konstanten gilt zunächst für die Sendeseite

$$S_s = k_1 L_s^{\gamma_s}$$

und für die Empfangsseite

$$L_e = k_2 S_e^{\gamma_e}.$$

Mit $S_e = k_3 S_s$ wird schließlich

$$L_e = (k_1 k_2 k_3 L_s^{\gamma_s})^{\gamma_e} = k_4 L_s^{\gamma_s \cdot \gamma_e}, \qquad (2.19)$$

worin $k_4 = (k_1 k_2 k_3)^{\gamma_e}$.

Als Sonderfall der linearen Übertragung ergibt sich, mit $\gamma_s = 1/\gamma_e$

$$L_e = k_4 L_s.$$

2.4 Das videofrequente Fernsehsignal

2.4.1 Allgemeines

Das videofrequente Fernsehsignal entspricht dem niederfrequenten Signal der Tontechnik. Es setzt sich im Bereich der Übertragung aus drei Anteilen zusammen:

— dem eigentlichen Bildsignal (B-Signal),
— dem Austastsignal (A-Signal),
· dem Synchronsignal (S-Signal).

Beim Farbfernsehen kommt noch ein besonderes Farbsynchronsignal dazu (Kapitel 3) [2.12].

Über eine einzelne Zeile hat das zusammengesetzte videofrequente Fernsehsignal (BAS-Signal) die in Bild 2–22 gezeigte Form (die Zahlenangaben entsprechen den 625-Zeilen-Normen des CCIR, vgl. Abschnitt 2.9.1)[1].

<hr>

[1] Das CCIR (Comité Consultatif International des Radiocommunications) ist, als Zweigorganisation der UIT (Union Internationale des Télécommunications), weltweit für das Normungswesen auf dem Rundfunkgebiet zuständig.

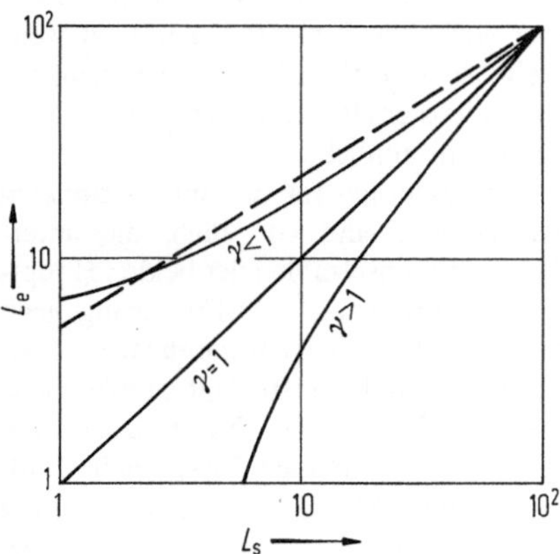

Bild 2-20. Transferkennlinien von Fernseh-Übertragungssystemen (schematisch). L_s Szenen-, L_e Bildschirm-Leuchtdichte

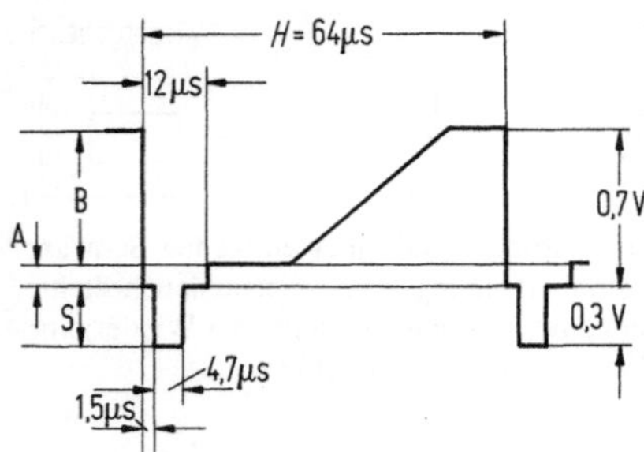

Bild 2-22. Fernsehsignal (Zeilensägezahn) der 625-Zeilen-Fernsehnormen des CCIR (Schnittstelle für Übertragungen). S Synchron-, A Austast-, B Bild-Signalanteil. Der Maximalwert für das BA-Signal ist, wie eingezeichnet, $0{,}7\,\mathrm{V_{ss}}$

Das Synchronsignal für die Vertikalablenkung ist im vertikalen Austastintervall untergebracht und hat die aus Bild 2-23 ersichtliche Struktur (auch hier 625-Zeilen-Normen des CCIR). 5 breite Synchronimpulse sind zwischen je 5 schmale Hilfsimpulse (Vor- und Nachtrabanten) eingefügt. Der zeitliche Abstand dieser Signale entspricht einer halben Zeilenperiode. Auf diese Weise läßt sich der Einfluß der durch das Zwischenzeilenverfahren zeitlich verschobenen Zeilen aufeinanderfolgender Halbraster auf die vertikale Synchronisierung vermindern.

Das Bildsignal weist im Bereich der Übertragung stets eine positive Polarität auf, d. h. ein von Schwarz nach Weiß verlaufender Bildinhalt ergibt eine nach positiveren Werten verlaufende Spannung. Der maximale Spitzen-Spitzen-Wert des Bildsignals beträgt, zusammen mit dem Austastsignal, $0{,}7\,\mathrm{V}$. Dem Austastsignal fällt die Aufgabe zu, die Wiedergaberöhre während des horizontalen und vertikalen Rücklaufs der Strahlen-

ablenkung auf Schwarz zu tasten. Im Studio- und Übertragungsbereich liefert das Austastsignal zudem einen zuverlässigen Bezugspegel für Klemmpegelungen (Abschnitt 2.5.4). Der nominelle Schwarzwert des Bildsignals kann etwas über dem pegelmäßig genau definierten Austastwert liegen.

Das Synchronsignal schließlich dient zur Erzielung des erforderlichen Gleichlaufs für die horizontale und vertikale Rasterablenkung im Empfänger. Sein Pegel beträgt $0{,}3\,\mathrm{V_{ss}}$. Der Synchronimpuls liegt, auf den Bildinhalt bezogen, bei „schwärzer als schwarz" und kann deshalb im wiedergegebenen Bild nicht störend in Erscheinung treten.

2.4.2 Fernsehnormen im Videobereich

Wenn man von den alten europäischen Schwarz-Weiß-Normen (Großbritannien 405, Frankreich 819 Zeilen) absieht, die durch Farbfernseh-Normen mit 625 Zeilen abgelöst werden, gibt es weltweit zwei große Gruppen von Systemen:

— Die 625-Zeilen-Normen mit 50 Halb- und 25 Vollrastern je Sekunde bei Videobandbreiten von 4,2, 5, 5,5 und 6 MHz (Europa, Afrika, Australien, viele Länder Asiens und einzelne Südamerikas);

— die 525-Zeilen-Normen mit 60 Halb- und 30 Vollrastern je Sekunde bei einer Videobandbreite von 4,2 MHz (Nord- und Zentralamerika; Teile von Südamerika; Japan, Philippinen usw.).

Alle Fernsehstandards haben ein einheitliches Bildformat: Breite zu Höhe $= 4 : 3$. Auch bezüglich anderer wichtiger Parameter war man weltweit bestrebt, so viel als möglich zu vereinheitlichen. Die Videosignale der verschiedenen Normen sind sich sehr ähnlich.

Unschön und hinderlich für den internationalen Programmaustausch sind vor allem die unterschiedlichen Bildwechselzahlen der beiden Hauptnormen, die historisch aus der Forderung nach quasi-netzsynchroner Betriebsmöglichkeit gewachsen sind. Weicht die vertikale Rasterfrequenz in stärkerem Maße von der Netzfrequenz ab, können sich durch Brummeinflüsse leicht Bildstörungen ergeben. Mit der Transistorisierung sind die Verhältnisse aber weniger kritisch geworden.

Streng netzsynchron arbeitete man nur in der Anfangszeit des Fernsehens. Die engen vorge-

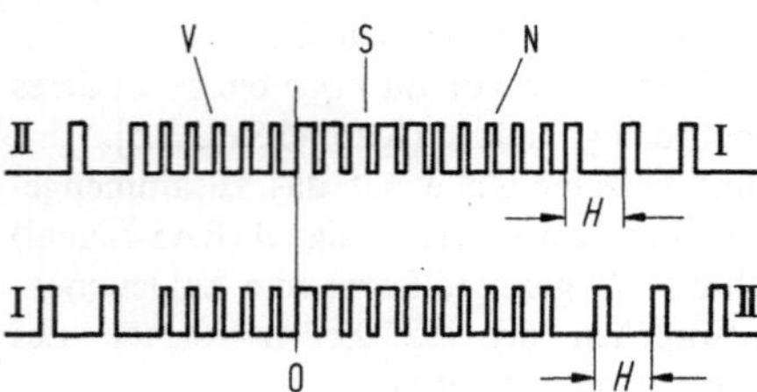

Bild 2-23. Gestaltung des vertikalen Synchronzeichens bei den 625-Zeilen-Normen. I) erstes, II) zweites Halbraster; V Vortrabanten, S Synchronimpulse, N Nachtrabanten (je 5 an der Zahl); H horizontales Rasterintervall; 0 Rasterbeginn bzw. -ende

schriebenen Frequenztoleranzen erfordern heute auch für das monochrome Fernsehen, u. a. aus Gründen der Magnetbandaufzeichnung, eine quarzstabile Taktfrequenz.

Die meisten westeuropäischen Länder wenden die CCIR-B/G-Normen an (Deutschland, Italien, Jugoslawien, Niederlande, Österreich, Schweiz, Skandinavien, Spanien usw.). B bezieht sich auf die Meter- und G auf die Dezimeter-Ausstrahlungen (Abschnitt 2.6). In videofrequenter Hinsicht sind die beiden Varianten identisch (625 Zeilen, 50 Halbraster je Sekunde, Zeilensprung 2:1, Videobandbreite für die Übertragung 5 MHz). Einzelheiten über Fernsehnormen sind den einschlägigen Akten der Studienkommission 11 (Fernsehen) des CCIR zu entnehmen [2.12]. Grunddaten sind im Abschnitt 2.9.1 zusammengestellt.

2.5 Elemente der Video-Schaltungstechnik

Unter den Begriff der Videotechnik fallen im allgemeinen alle nichtgeträgerten Fernsehsignal-Verarbeitungen, mit Einschluß der Codierungs- und Decodierungsschaltungen beim Farbfernsehen. Auch Impulsgeber und Ablenkschaltungen werden dazu gerechnet. Die Schaltungstechnik ist außerordentlich variantenreich. Im folgenden sollen lediglich eine Reihe wichtiger Grundschaltungen zur Darstellung kommen [2.1; 2.13–2.17].

2.5.1 Der Breitbandverstärker mit RC-Gliedern

Die aktiven Schaltteile (Transistoren, integrierte Schaltungen, Röhren) können bei zweckmäßiger Wahl (Grenzfrequenz mindestens eine Größenordnung über höchster Videofrequenz) noch als annähernd ideal betrachtet werden. Deren Eigenkapazitäten sind indessen nicht zu vernachlässigen. Zusammen mit den unvermeidlichen Kapazitäten der übrigen Schaltung begrenzen sie die Übertragungsbandbreite. Bei Transistoren wird normalerweise die Emitter-, bei Röhren die analoge Kathodenschaltung, angewendet. Mit der Kollektorschaltung (Röhren: Kathodenfolger-Schaltung) lassen sich sehr kleine Innenwiderstände verwirklichen.

Die im Fernsehen bei der Signalaufbereitung zu berücksichtigenden Frequenzen liegen theoretisch zwischen der Vollbildfrequenz und etwa 6 bis

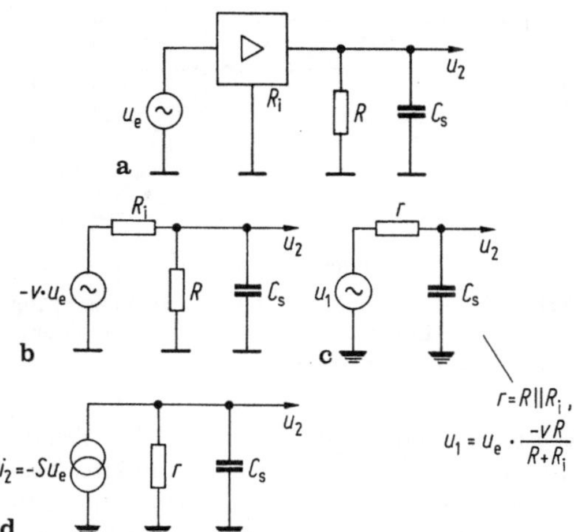

Bild 2-24. Spannungsgesteuerte Verstärkerstufe (a) und deren vereinfachte Ersatzschaltungen (b), (c), (d). C_s Schaltkapazität, R Arbeitswiderstand, R_i Innenwiderstand, v Leerlauf-Spannungsverstärkungsfaktor; u_e Eingangsspannung, u_1 Ersatz-Eingangsspannung, r Ersatz-Quellenwiderstand (Wert siehe Figur), S Kurzschluß-Steilheit. Speise- und Hilfsspannungen (nicht eingezeichnet) richten sich nach aktiver Komponente und Schaltung. Genaue Berechnungen erfordern eine Vierpoldarstellung (Lit.: z.B. [2.13; 2.16; 2.17; 2.20])

8 MHz, umfassen also 5 bis 6 Dekaden. Die Streuinduktivitäten der Schaltung können in diesem Bereich im allgemeinen noch vernachlässigt werden. Phasenfehler an den Bandgrenzen verschlechtern den Einschwingvorgang, weshalb im Studiobereich bei hohen Frequenzen ein langsamer Amplitudengang-Abfall bevorzugt wird. Im einfachsten Fall des gleichstromgekoppelten RC-Verstärkers ergeben sich näherungsweise die im Bild 2–24 dargestellten Ersatzschaltungen.

Für die weitere Berechnung sei als Parameter die charakteristische Kreisfrequenz

$$\omega_s = 1/rC_s$$

eingeführt. Ein solcher Verstärker hat gegen die obere Frequenzgrenze hin den folgenden komplexen Übertragungsfaktor bzw. Amplituden- und Phasengang (Bild 2–25):

$$\left. \begin{aligned} \underline{H}(j\omega) &= \underline{u}_2(j\omega)/\underline{u}_1(j\omega) = \frac{1}{1+j\omega/\omega_s}, \\ H(\omega) &= |\underline{H}(j\omega)|; \quad \varphi(\omega) = \sphericalangle\,\underline{H}(j\omega). \end{aligned} \right\} \quad (2.20)$$

Wird die Zeit als unabhängige Variable gewählt, ergibt sich als Antwort der Verstärkerstufe auf den idealen Sprung eine exponentiell ansteigende Spannung. Wichtig ist hier der Begriff der Zeit-

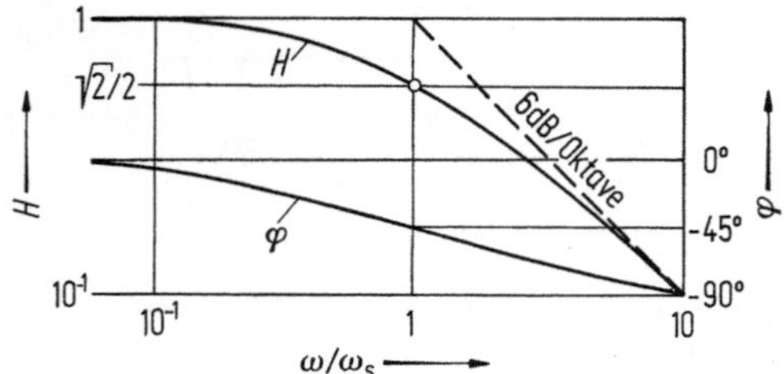

Bild 2-25. Amplitudengang $H(\omega)$ und Phasengang $\varphi(\omega)$ des Verstärkers nach Bild 2-24. ω_s obere Grenzfrequenz des Fernsehsystems

konstante. Man versteht darunter den Zeitabschnitt, den die Ursprungstangente in ihrer Verlängerung bis zum eingeschwungenen Spannungswert auf der Zeitachse einnimmt. Man kann zeigen, daß sie gleich dem Produkt aus dem Innenwiderstand r der Quelle und der Schaltkapazität C_s ist; $T_s = r C_s$. Der Ladestrom i_c des Kondensators nimmt nach einer Exponentialfunktion ab, $i_c = I_0 \exp(-t/T_s)$. Zur Zeit $t = 0+$ beträgt er $I_0 = u_1/r$. Mit $u_1(t \le 0) = 0$, $u_1(t > 0) = 1$ (Einheitssprung) resultiert für $t > 0$ als Ausgangsspannung (Bild 2-26; s. auch Abschnitt 2.9.4)

$$u_2(t) = 1 - \exp(-t/T_s). \qquad (2.21)$$

Beispiel: Mit einer Schaltkapazität von $C_s = 30$ pF und einem Ersatzwiderstand von $r = 1000\ \Omega$ ergibt sich eine obere Grenzfrequenz von $f_s = \omega_s/2\pi = 5,31$ MHz und eine Zeitkonstante von $T_s = 30$ ns.

Videoverstärker sind häufig wechselstromgekoppelt, weil auf diese Weise die Speisungs- und Stabilitätsprobleme einfacher zu meistern sind. Die Gleichstromkomponente des Fernsehsignals geht so allerdings verloren. (Im Abschnitt 2.5.4 werden Schaltungen beschrieben, mit denen sie zurückgewonnen werden kann.) Die Wechselstromkopplung wird in der Videotechnik fast immer mit einem Kondensator bewerkstelligt. Dieser beeinflußt den Frequenzgang

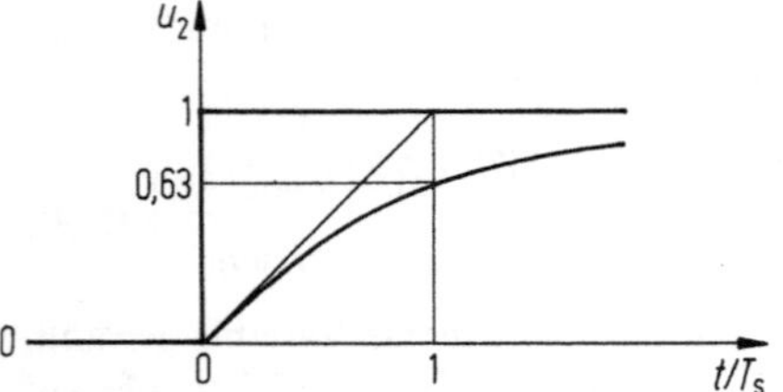

Bild 2-26. Sprungantwort des Verstärkers nach Bild 2-25. T_s Zeitkonstante des Spannungsanstiegs

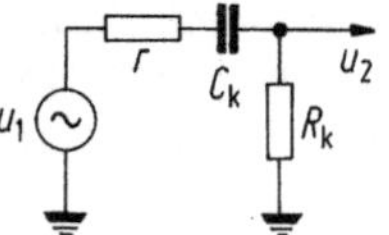

Bild 2-27. Vereinfachtes Ersatzschaltbild einer wechselstromgekoppelten Verstärkerstufe im Bereich tiefer Frequenzen. C_k Kopplungskapazität, R_k Eingangswiderstand der nachfolgenden Schaltung, u_1 Ersatz-Eingangsspannung (vgl. Bild 2-25)

bei den tiefen Frequenzen, hat aber keinen direkten Einfluß auf die obere Frequenzgrenze. Für eine erste Betrachtung darf deshalb die Streukapazität außer acht gelassen werden. Die Summe des Innenwiderstandes r der Quelle und des Eingangswiderstandes R_k der Folgestufe sei mit R bezeichnet (Bild 2-27).

Analog zu den das obere Bandende betreffenden Ausführungen wird als Parameter die charakteristische Kreisfrequenz

$$\omega_k = 1/RC_k$$

eingeführt. Als komplexer Übertragungsfaktor bzw. Amplituden- und Phasenfrequenzgang ergibt sich für $r \ll R_k$ (Bild 2-28)

$$\left.\begin{aligned} \underline{H}(j\omega) &= \underline{u}_2(j\omega)/\underline{u}_1(j\omega) \cong \frac{1}{1 - j\omega_k/\omega}, \\ H(\omega) &= |\underline{H}(j\omega)|; \quad \varphi(\omega) = \sphericalangle\, \underline{H}(j\omega) \end{aligned}\right\} \quad (2.22)$$

In praktischen Schaltungen ist oft r nicht sehr viel kleiner als R_k; die Ausgangsspannung vermindert sich dann im Verhältnis von $R_k/(r + R_k)$. Für den Einschwingvorgang (Antwort auf den Einheitssprung am Eingang) gelten folgende Überlegungen. Die Ausgangsspannung ist gleich dem Produkt aus Widerstand R und Kondensator-Ladestrom i_c, wobei dieser zeitlich nach einer Exponentialfunktion abnimmt,

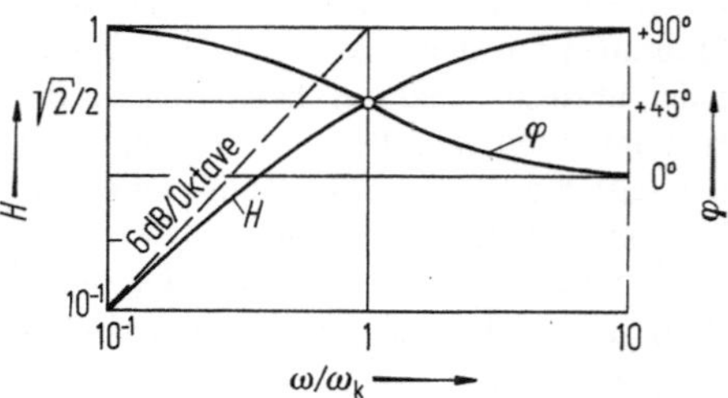

Bild 2-28. Amplitudengang $H(\omega)$ und Phasengang $\varphi(\omega)$ der wechselstromgekoppelten Verstärkerstufe nach Bild 2-27. ω_k untere Grenzfrequenz

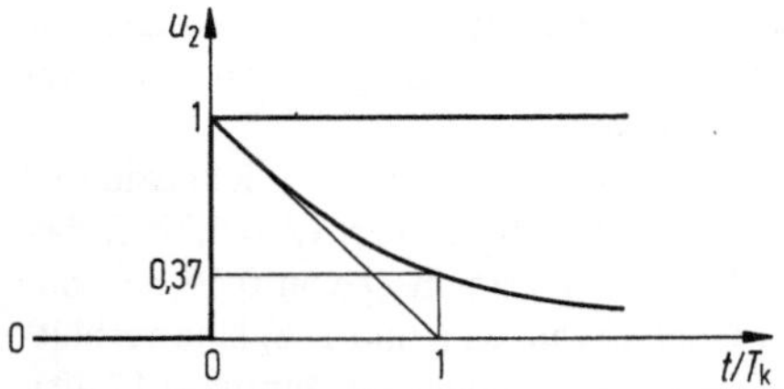

Bild 2-29. Sprungantwort der wechselstromgekoppelten Verstärkerstufe. T_k Kopplungs-Zeitkonstante

$$i_c = I_0 \exp(-t/T_k).$$

Darin sind

$$I_0 = i(0+) = 1/R; \quad T_k = RC_k.$$

Für die Ausgangsspannung folgt ($t > 0$, $r \ll R_k$, Bild 2–29)

$$u_2(t) = i_c R \cong \exp(-t/RC_k). \tag{2.23}$$

Falls $r \ll R_k$, ergibt sich auch hier die genannte Spannungsteilung.

Beispiel: Bei einer Kopplungskapazität von $C_k = 20\,\mu\mathrm{F}$ und einem Gesamtwiderstand von $R = 5\,\mathrm{k\Omega}$ resultiert als untere Grenzfrequenz $f_k = \omega_k/2\pi = 1{,}6\,\mathrm{Hz}$ und eine Zeitkonstante von $T_k = 0{,}1\,\mathrm{s}$.

Der Gesamtamplitudengang des wechselstromgekoppelten RC-Verstärkers hat damit den in Bild 2–30 angegebenen Verlauf. Die untere Grenzfrequenz f_k soll wesentlich unter der Halbrasterfrequenz f_V, die obere Grenzfrequenz f_s über der Grenzfrequenz f_g des Systems liegen.

Im Bild 2–31 ist am Beispiel einer Impulsübertragung der Gesamteinschwingvorgang eines wechselstromgekoppelten RC-Verstärkers dargestellt (Impulsbreite τ). Bei Breitbandverstärkern ist stets $T_k \gg T_s$, so daß die Verzerrungen geringer als im Bild dargestellt ausfallen.

Berechnungen dieser Art werden zweckmäßig nach dem Prinzip der Superposition ausgeführt. In einem linearen System läßt sich ein Impuls als Überlagerung zweier gegenpoliger, zeitlich

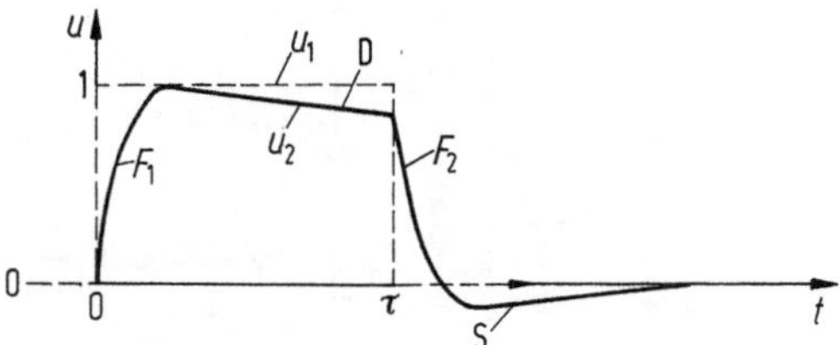

Bild 2-31. Typischer Verlauf einer Impulsübertragung. F_1, F_2 endliche Flankensteilheiten; D Dachschräge, S Unterschwingen

versetzter Sprungsignale auffassen (Bild 2–32). Man kann nun so vorgehen, daß man zunächst lediglich eine einzelne Sprungantwort berechnet und hierauf das um die Impulsbreite verschobene und umgepolte Ergebnis zur ursprünglichen Sprungantwort hinzufügt,

$$f(t) = f_1(t) + f_2(t).$$

Die Bedingungen, die in der Fernsehtechnik an einen Breitbandverstärker zu stellen sind, lauten im Zeitbereich:

— tiefe Frequenzen: $T_k = RC_k > V$;
— hohe Frequenzen: $T_s' = (r \| R_k)\, C_s < \tau_g$, wobei $\tau_g = 1/2 f_g$.

Darin bedeuten V die vertikale Halbrasterperiode, τ_g die Steigzeit und f_g die Grenzfrequenz des Fernsehsystems.

Wie bei den früheren Röhrenschaltungen können auch bei Transistorschaltungen die Streukapazitäten beträchtliche Werte annehmen. Im Falle der Emitterschaltung liefert die Kollektor-Basis-Kapazität den Hauptanteil. Infolge des „Millereffekts" (Abschnitt 2.5.7) ist deren dynamischer Wert etwa um den Spannungsverstärkungsfaktor der Anordnung vergrößert. Sie belastet den Eingangskreis. In vielen Fällen ist es deshalb notwendig, den Einfluß der Schaltkapazität über kritische Frequenzbereiche zu kompensieren. Dazu

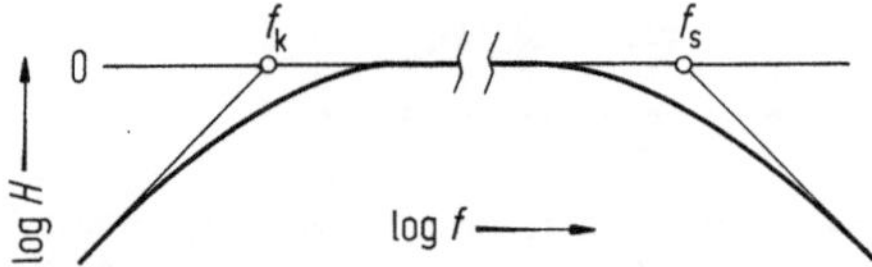

Bild 2-30. Typischer Gesamtamplitudengang eines Fernseh-Breitbandverstärkers mit RC-Gliedern. $f_k \ll 50\,\mathrm{Hz}$, $f_s = 5 \ldots 10\,\mathrm{MHz}$

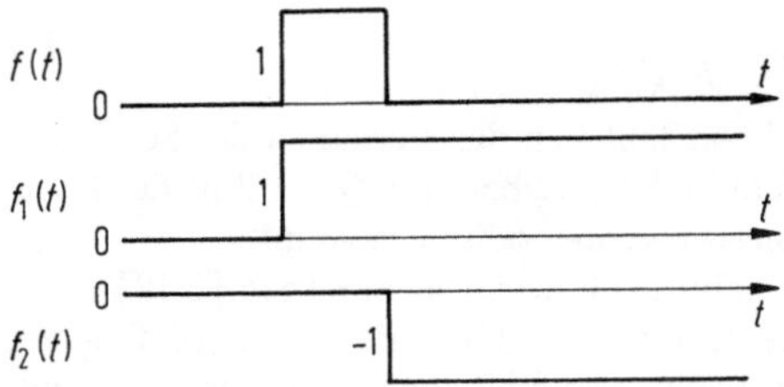

Bild 2-32. Superpositionsprinzip: Impuls als Summe zweier gegenpoliger Sprungfunktionen

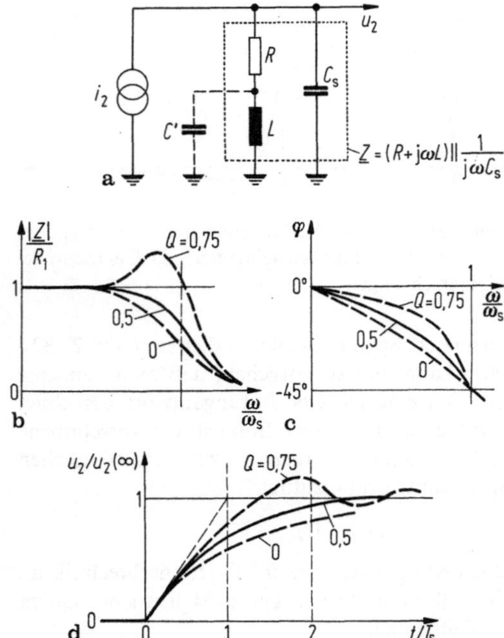

Bild 2-33. Breitbandverstärkerstufe mit Induktivität L zur teilweisen Kompensation der durch die Streukapazität C_s verursachten Bandbreitereduktion; Parameter: Kreisgüte $Q = \frac{1}{R}\sqrt{L/C_s}$. a) Netzwerk, b) Amplitudengang, c) Phasengang, d) Sprungantwort (vgl. Abschnitt 2.9.4)

sind viele Schaltungen bekannt geworden [2.1; 2.13 bis 2.15; 2.18; 2.49; 2.50]. Im folgenden sei auf den RLC-Zweipol näher eingegangen.

2.5.2 Schaltungen zur Kompensation der Streukapazität

Der schädliche Einfluß der Streukapazität läßt sich z.B. durch eine kleine in Serie zum Arbeitswiderstand liegende Induktivität herabsetzen (Bild 2–33). Ein zweckmäßiger Schaltungsparameter ist dabei die Kreisgüte:

$$Q = \frac{1}{R}\sqrt{\frac{L}{C_s}}. \tag{2.24}$$

Mit dieser läßt sich das Verhalten der Schaltung vollständig beschreiben. Bei $Q = 1/2$ ist der Kreis beispielsweise aperiodisch gedämpft.

Man kann nach gewissen Kriterien [2.18] einen flachsten Amplituden- und Phasengang definieren. Jener ergibt sich bei einer Kreisgüte von 0,64, dieser bei einer solchen von 0,56. Im zweiten Fall stellt sich bei der Sprungantwort kein Über-

schwingen ein. Die analytischen Beziehungen für Amplituden- und Phasengang gehen aus Abschnitt 2.9.4 hervor.

Durch Parallelschalten einer kleinen Kapazität C' zur Induktivität L, deren Wert $C' = 0,22\,C_s$ beträgt, ergibt sich mit einem Q von 0,59 bei sehr geringem Überschwingen (rund 1 %) eine verhältnismäßig steil ansteigende Sprungantwort [2.49]. Die Zusatzkapazität bewirkt eine gewisse Linearisierung des Phasengangs bei den hohen Frequenzen. Die Transferfunktion dieses optimierten Zweipols lautet mit $T = RC_s$ und $p = j\omega + \delta$ (stationärer Zustand: $\delta = 0$)

$$\frac{Z(p)}{R} = \frac{0,077\,p^2\,T^2 + 0,35\,pT + 1}{0,077\,p^3\,T^3 + 0,427\,p^2\,T^2 + pT + 1}. \tag{2.25}$$

Kompliziertere Kopplungsnetzwerke ergeben noch etwas breitere Übertragungsfrequenzbänder. Durch Einführen einer Längsimpedanz besteht die Möglichkeit, die schädliche Schaltkapazität aufzuteilen. Das Netzwerk kann dann den Charakter eines Tiefpaß-Kettengliedes haben. Mit solchen Anordnungen läßt sich, bezogen auf den einfachen RC-Verstärker, die obere Grenze des Übertragungsbandes um rund einen Faktor 3 erweitern. Im Grenzfall ist der Phasengang nicht mehr optimal, was sich ungünstig auf den Einschwingvorgang auswirkt.

Bild 2–34 zeigt zwei auf optimalen Einschwingvorgang ausgelegte Netzwerke dieser Art.

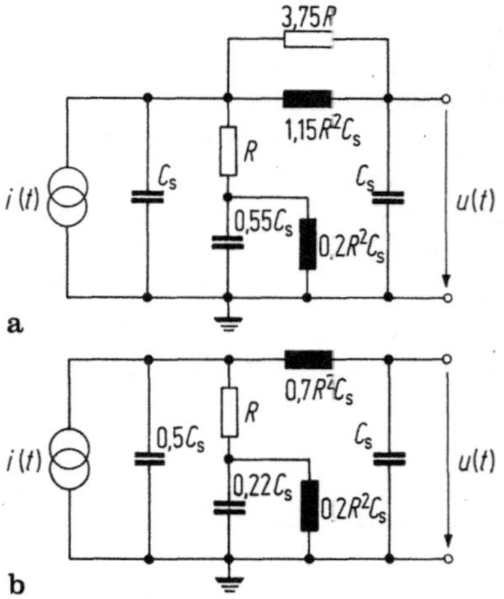

Bild 2-34. Vierpol-Netzwerke für Breitbandverstärker-Schaltungen [2.49]. a) Schaltung für gleiche Streukapazitätswerte beidseits der Längsimpedanz (nach Schramm); b) ähnliche Schaltung für ungleiche Schaltkapazitätswerte (nach Dietzold)

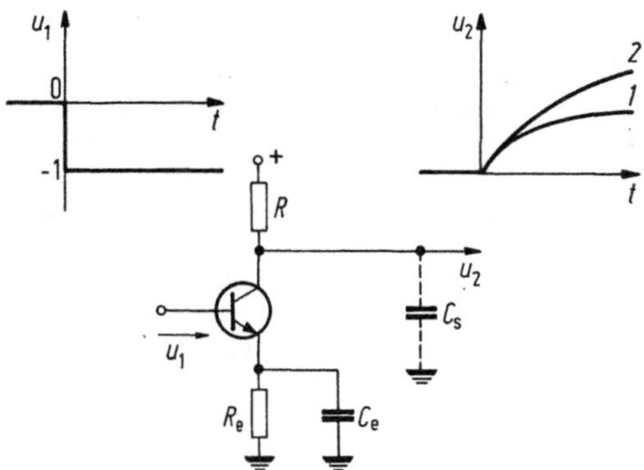

Bild 2-35. Transistor-Verstärkerstufe mit Stromgegenkopplung durch RC-Glied im Emitterkreis. Sprungantwort _1_ mit, _2_ ohne RC-Glied. Als Faustregel für die Bemessung gilt: $R_e C_e = (1 \ldots 1,3) \, RC_s$

Schaltung a) gilt für den Fall, daß Ausgangs- und Eingangs-Schaltkapazität der in Kette geschaltet gedachten Verstärkerstufen gleich groß sind. In Transistorverstärkern (auch Triodenverstärkern) ergibt sich durch den „Millereffekt" (Abschnitt 2.5.7, Bild 2–49) über die Kollektor-Basis- bzw. Anoden-Gitter-Streukapazität eine verhältnismäßig hohe kapazitive Eingangsbelastung. Diesem Umstand trägt Netzwerk b) von Bild 2–34 Rechnung, dessen Ausgangskapazität doppelt so groß wie die Eingangskapazität zu sein hat.

In Breitbandverstärkern mit Kopplungsvierpolen wie auch in kettengeschalteten Breitbandverstärkern mit Zweipolnetzwerken verläuft die Sprungantwort nach einer S-Kurve. Die Steigzeit wird dann zweckmäßigerweise als Intervall zwischen dem 10%- und dem 90%-Wert des eingeschwungenen Sprungsignals definiert. (Diese Kennzeichnung findet z.B. in der Weitverkehrstechnik des CCIR Anwendung.) In überschwingfreien Systemen addieren sich die Steigzeiten annähernd quadratisch (Folge des zentralen Grenzwertsatzes der Statistik, vgl. [2.6; 2.49]).

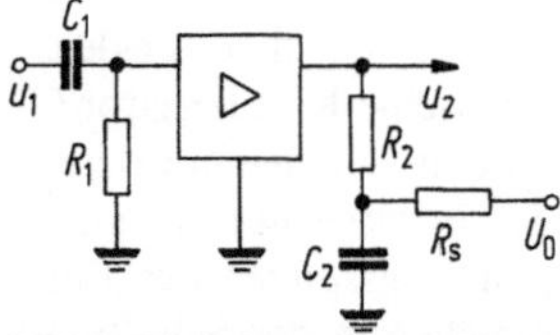

Bild 2-36. Schaltung zur Kompensation des Einflusses der Koppelzeitkonstanten $R_1 C_1$ der Vorstufe. Für $R_1 C_1 = R_2 C_2$ und $R_s \gg R_2$ wird bei hoher Ein- und Ausgangsimpedanz des Verstärkers die Transferfunktion für tiefe Frequenzen näherungsweise frequenzunabhängig

In der nachfolgenden Zusammenstellung sind Steigzeiten τ (10...90% des Signal-Endwertes) und Überschwingen $ü$ (in Prozenten des Signalendwertes) für einige Netzwerke aufgeführt.

RC-Zweipol (Bild 2–24): $\qquad \tau/RC_s = 2,20; ü = 0$
RLC-Zweipol, $Q = 0,59, C' = 0$: $\tau/RC_s = 1,4; \quad ü \cong 2\%$
Idem, $Q = 0,59, C' = 0,22\,C_s$: $\tau/RC_s = 1,35; ü \cong 1\%$
Vierpol gemäß Bild 2 – 34a: $\tau/2\,RC_s = 1,07; ü \cong 2\%$
Vierpol gemäß Bild 2–34b: $2\tau/3\,RC_s = 0,93; ü \cong 1\%$

Oft macht man zur Erweiterung des Frequenzbereichs auch vom Prinzip der Gegenkopplung Gebrauch. Bei Stromgegenkopplung durch ein RC-Glied im Emitterkreis eines Transistors (Kathodenkreis einer Röhre) hat man zu beachten, daß die Steilheit der Sprungantwort dadurch nicht verbessert wird (Bild 2–35).

Eine Möglichkeit zur Erweiterung des Frequenzbereichs RC-gekoppelter Wechselstromverstärker gegen tiefe Frequenzen hin zeigt Bild 2–36. Bei hinreichend großem Stromzuleitungswiderstand R_s wird unter den angegebenen Bemessungsvorschriften die frequenzbandbeschränkende Wirkung von R_1 und C_1 weitgehend aufgehoben. Dies deshalb, weil dann die durch R_1, C_1 und R_2, C_2 gebildeten Netzwerke bis auf einen reellen Faktor annähernd dual sind.

Daten über kettengeschaltete Breitbandnetzwerke finden sich z.B. in [2.6].

Die Schaltkapazitäten bewegen sich in der Praxis bei Breitbandverstärkern im allgemeinen im Bereich von etwa 20 bis 50 pF. Die Quellenwiderstände können, je nach Art der aktiven Komponente und Schaltung, sehr stark variieren. Mit geeigneten Spannungsgegenkopplungen sind z.B. extrem kleine Werte realisierbar. Schaltungen haben aber häufig Stromquellen-Charakter.

Entsprechend den sehr unterschiedlichen Eingangsimpedanzen der anzusteuernden Schaltteile — im besonderen deren aktiver Komponenten — sind bei Wechselstromverstärkern Kopplungskapazitäten im Bereich von 0,1 bis 100 µF erforderlich.

Videoverstärker sind, wie andere elektronische Schaltungen, oft in integrierter Technik ausgeführt.

2.5.3 Aperturkorrektur-Schaltung (Kosinus-Entzerrer)

Durch die endlichen Abmessungen des Abtast- und Schreibflecks reduziert sich beim Fernsehen die Bildauflösung. Der resultierende Gesamtfrequenzgang hat die Form $si(kf)$ (k: Konstante), was für niedrigere Frequenzwerte grob genähert einer Kosinus-Funktion entspricht.

Inhärente Übermittlungsfehler dieser Art lassen sich dadurch kompensieren, daß man am Ausgang des Bildgebers eine inverse Frequenzganganhebung vornimmt. Da Aperturfehler immer frei von Phasenfehlern sind, hat die Frequenzgangkorrektur laufzeitfehlerfrei zu erfolgen.

Dieses Ziel kann auf verschiedene Weise erreicht werden. So kann man beispielsweise durch doppelte Differentiation und Phasenumkehr des ursprünglichen Zeichens ein geeignetes Signal zur Kantenschärfung gewinnen.

Eine besonders zweckmäßige Schaltung läßt sich auf der Grundlage des Transversalfilters verwirklichen [2.19]. Das Signal wird dabei auf zwei kurze Verzögerungsleitungen gegeben, die in Serie geschaltet sind. Das Hauptsignal wird in der Mitte dieser Leitungen abgenommen. Am Eingang der ersten und Ausgang der zweiten Leitung entstehen Korrektursignale mit gegenläufiger Phasenlage (Bild 2–37). Sie ergeben zusammen für das Hauptsignal einen phasenreinen Korrekturvektor. Bild 2–37 zeigt außerdem den Frequenzgang der Amplitude und Phase sowie charakteristische Vektorlagen auf.

Die Laufzeit τ der beiden Verzögerungsleitungen hat ungefähr der in Zeiteinheiten umgerechneten horizontalen Breite der Abtastblende, d.h. der Bildpunktdauer, zu entsprechen. Für $f = 1/\tau$ ergibt sich im allgemeinen ein Wert um 10 MHz.

Wie bereits im Abschnitt 2.2.2 erwähnt, läßt sich diese im Prinzip recht einfache Schaltung auch zur Verbesserung der vertikalen Bildauflösung anwenden. Die Laufzeit τ hat dann der Zeilendauer zu entsprechen.

In praktischen Schaltungen wünscht man gewöhnlich eine variable Frequenzganganhebung. Die Gesamtanordnung kann grundsätzlich Bild 2–37d entsprechen.

2.5.4 Pegelungsschaltungen

Bei der Übertragung der Fernsehsignale geht im allgemeinen deren Gleichstromkomponente, d.h. der mittlere Signalwert, verloren. Damit man im Studio, bei der Übertragung und im Fernsehempfänger bei Bedarf diesen Gleichstromanteil wieder hinzufügen kann, sind besondere Anordnungen, die Pegelungsschaltungen genannt werden, notwendig. Diese enthalten nichtlineare Schaltelemente.

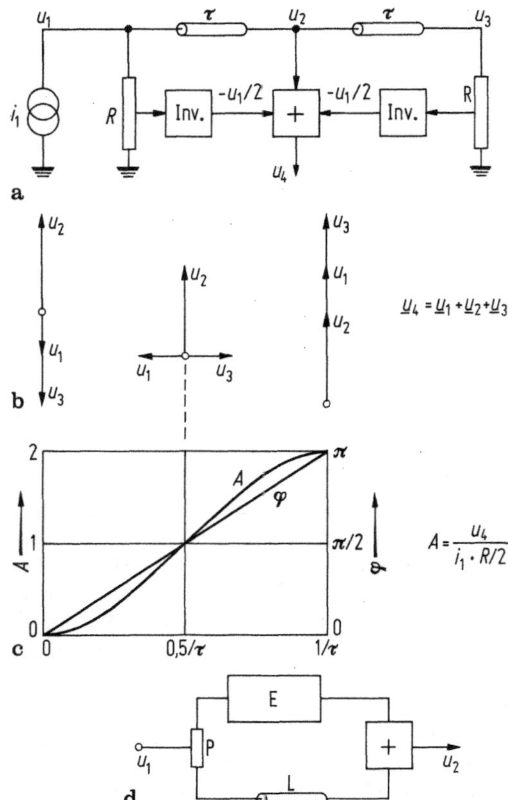

Bild 2-37. Aperturkorrekturschaltung (a) und deren elektrisches Verhalten (b), (c). Die Vektorbilder gelten für die charakteristischen Frequenzen $f = 0$; $0{,}5/\tau$; $1/\tau$. τ Laufzeit des einzelnen Verzögerungsgliedes. Amplitudengang $A(f) = 1 - \cos \pi \tau f$, Phasengang $\varphi(f) = \pi \tau f$ (linear!). d) Praktische Schaltung mit variabler Entzerrung (Arbeitsprinzip). E Entzerrer, P Potentiometer, L Verzögerungsleitung für den Laufzeitausgleich

Einfache Diodenpegelung

Die Schaltung für die ungesteuerte Diodenpegelung ist sehr einfach. Man findet sie gelegentlich in Heimempfängern (Bild 2–38). Die Dimensionierungsvorschriften gehen aus dem Begleittext zur Figur hervor. Der kleine Kondensator C wird über die Diode laufend auf den mittleren Gleichspannungspegel des Fernsehsignals umgeladen. Die negativen Spannungsspitzen des Eingangssignals — sie entsprechen in der Schaltung den Synchronwerten — können dabei am Ausgang nicht negativer als das Erdpotential werden, da sich sonst der kleine Kondensator C sehr rasch über den geringen Leitwiderstand der Diode entladen würde. Während der aktiven Zeile sperrt

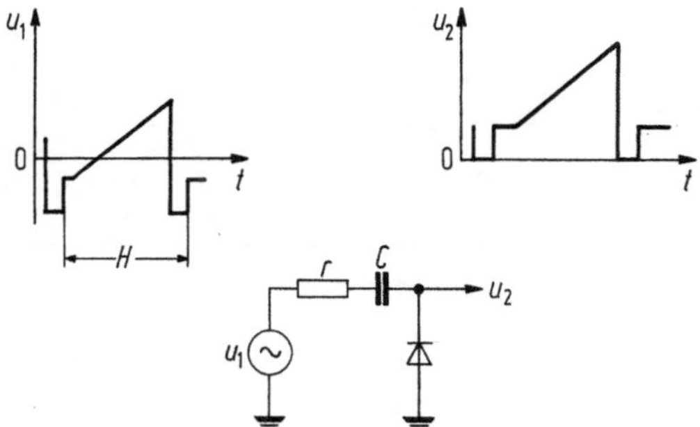

Bild 2-38. Einfache Pegelungsschaltung mit Diode zur Wiedereinführung der Gleichstromkomponente. Als Eingangsspannung ist ein Zeilensägezahn angenommen

die Diode wegen des dann stets positiven Pegels des Ausgangssignals.

Unter gewissen plötzlichen Änderungen des Bildsignals (im vorliegenden Fall bei einem Sprung von Weiß nach Schwarz) arbeitet diese einfache Diodenpegelung über ein Intervall, das eine größere Anzahl Zeilen umfassen kann, nicht mehr fehlerfrei. Beim Heimempfang ist dies an sich ohne große Bedeutung, da das Auge bei einem Szenenwechsel ohnehin einen Sekundenbruchteil Zeit benötigt, um den neuen Bildinhalt wahrzunehmen. Bei impulsförmig gestörtem Bildsignal können sich aber ungünstige Verhältnisse ergeben, weshalb man fast immer Gleichstromkopplung vorzieht. Farbfernsehgeräte sind praktisch stets gleichstromgekoppelt.

Klemmpegelung

Für das Fernsehstudio und den Fernsehsender kommen aus verschiedenen Gründen nur perfekt arbeitende Pegelungsschaltungen in Frage. Solche lassen sich nach dem Prinzip der Klemmpegelung verwirklichen. Dabei wird gewöhnlich der Austastwert des Signals, der ja annähernd dem Schwarzwert entspricht, im Bereich der horizontalen Austastlücke auf ein gewünschtes Potential festgeklemmt, wozu eine Diodenbrücke oder ein Schalttransistor benötigt wird (Bild 2–39). An die Stelle des unteren Diodenpaares können im Bild 2–39a auch Widerstände treten.

2.5.5 Schaltungen für die Gradations-Vorentzerrung

Zur Durchführung der Gamma-Vorkorrektur auf der Studioseite sind eine Reihe von Schaltungen bekannt geworden. Nach einer häufig ange-

wandten Methode wird das Fernsehsignal mit spannungsmäßig genau definiertem Schwarz- und Weißpegel über einen festen Widerstand, z.B. den Innenwiderstand der Quelle, an einen spannungsabhängigen Widerstand angelegt (Bild 2–40).

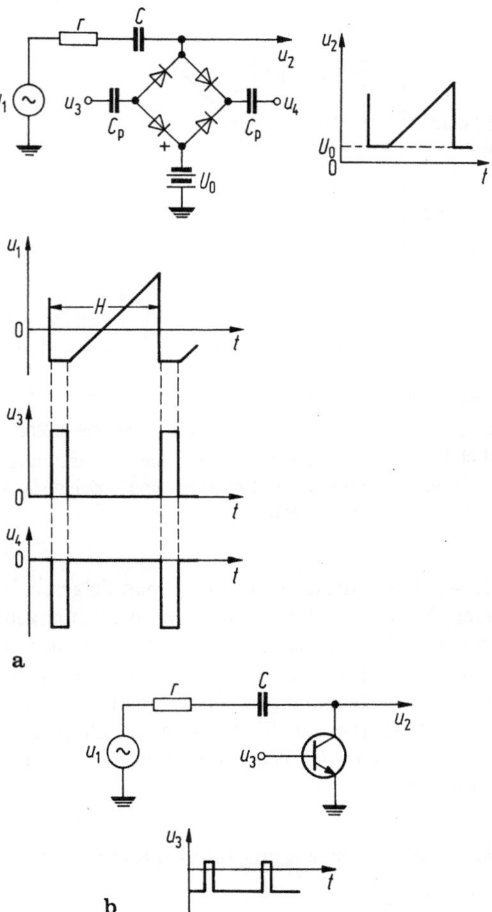

Bild 2-39. Getastete Pegelungsschaltungen; a) mit Diodenbrücke, b) mit Schalttransistor. Funktionsweise: Als Eingangsspannung $u_1(t)$ ist auch hier ein Zeilensägezahn angenommen; $u_3(t)$ und $u_4(t)$ sind Hilfsimpulse, die im Zeilenaustastintervall wirksam sind und den Schalttransistor bzw. die Diodenbrücke leitend machen. Mit ϱ_1, ϱ_s als Widerstand des Transistors oder der einzelnen Diode in Leit- bzw. Sperrrichtung und H als Zeilendauer gelten die folgenden Bemessungsvorschriften: Pegelungsintervall $T_1 = (r + \varrho_1)\,C \ll H$; aktive Zeile: $T_2 = (r + \varrho_s)\,C \gg H$. Das untere Diodenpaar läßt sich bei geeigneter Dimensionierung der übrigen Komponenten durch ein Widerstandspaar ersetzen

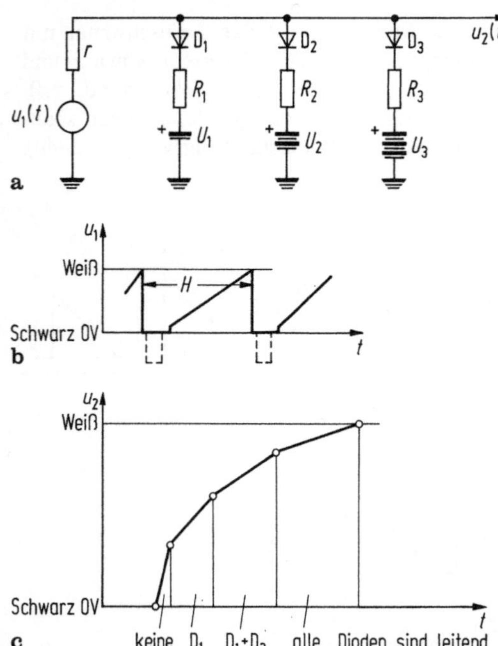

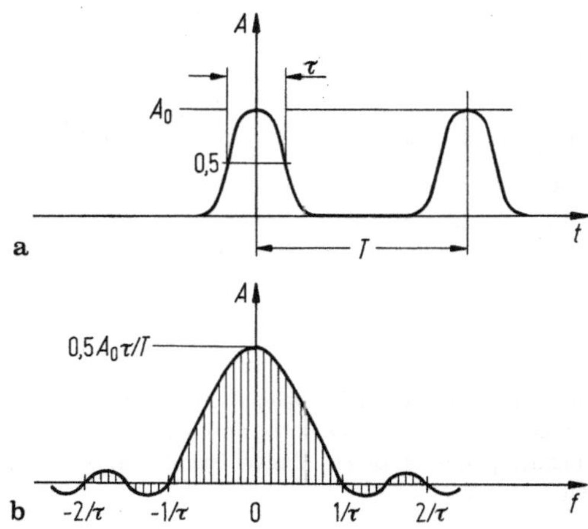

Bild 2-40. Anordnung zur Gradationsvorentzerrung.
a) Prinzipschaltbild, b) Eingangssignal (Zeilensägezahn), c) Ausgangssignal

Bild 2-41. a) Zeitfunktion, b) Spektrum des Kosinusquadrat-Impulses. Betrag der n. Harmonischen:
$$|C_n| = (A_0\tau/T)\,|si(\pi f_n\tau)/[1-(f_n\tau)^2]|$$

Dieser kann durch eine Reihe parallelgeschalteter Batterie-Widerstand-Dioden-Anordnungen realisiert werden. Die gewünschte Wurzelfunktion wird so durch einen Streckenzug angenähert. In praktischen Schaltungen findet man vier und mehr Diodenzweige. Eine mathematisch genaue Verwirklichung der Wurzelfunktion ist nicht erforderlich.

2.5.6 Impulserzeugung und -verarbeitung

Allgemeines

Die Impulserzeugung und -verarbeitung umfaßt ein sehr weites Sondergebiet, dem nicht nur beim Fernsehen, sondern beispielsweise auch in der Radartechnik und ganz besonders in der Digitaltechnik große Bedeutung zukommt. Die theoretischen Grundlagen der Impulstechnik finden sich in einer Reihe guter Lehrbücher der Nachrichtentechnik (Abschnitt 2.9.2). Das Rüstzeug zur rechnerischen Behandlung der Materie stellt die Fourier- und Laplacetransformation dar [2.2; 2.3; 2.6; 2.7; 2.31; 2.38; 2.41–2.43].
In bandbeschränkten Übertragungssystemen und in der Meßtechnik wird häufig mit dem Kosinus-

quadrat-Impuls gearbeitet (Bild 2–41). Sein Spektrum entspricht einer modifizierten Spaltfunktion mit geringem Energieanteil in den höherfrequenten Nebenmaxima.
Die nachfolgenden Ausführungen beschränken sich auf die Beschreibung des Multivibrators und einiger fernsehtechnischer Grundschaltungen. Impulserzeugung und -verarbeitung sind eine Domäne der integrierten Schaltungen [2.1; 2.13; 2.16; 2.20].

Taktgeberschaltungen

In der Fernsehtechnik werden für die Rastererzeugung sehr stabile Ausgangsfrequenzen benötigt. Das „Herz" einer Studio-Impulszentrale ist deshalb ein Quarzoszillator. Er schwingt beim monochromen Fernsehen auf einem Vielfachen der doppelten Zeilenfrequenz, beim Farbfernsehen auf der Farbträgerfrequenz. Die Zeilen- und Bildablenkfrequenzen werden durch Frequenzteilung und teilweise auch -vervielfachung gewonnen (Bild 2–42).

Impulsgeneratoren

Es sind eine Reihe von Schaltungen zur direkten Erzeugung von Impulsen bekannt geworden. Allen gemeinsam ist eine verhältnismäßig schlechte Frequenzkonstanz (es fehlt meist ein frequenzbestimmender Schwingkreis). Dafür ist aber Fremdsynchronisierung (engl. triggering) durch Steuerimpulse möglich.

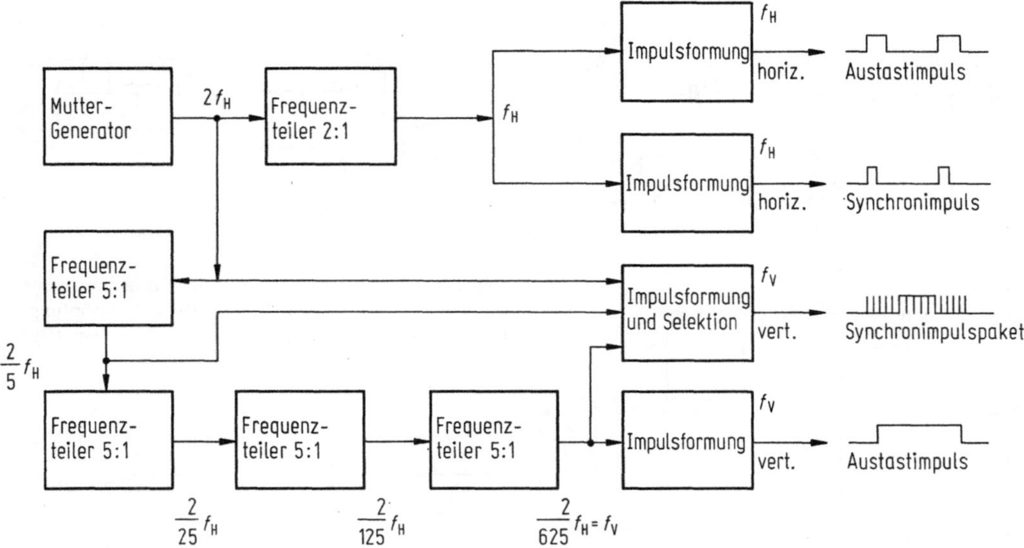

Bild 2-42. Blockschema eines Taktgebers für das Schwarz-Weiß-Fernsehen („klassische" Bauweise mit Frequenzteilern 2 : 1 und 5 : 1). f_H Zeilen-, f_V Halbrasterfrequenz

Die zwei wichtigsten Gruppen von aktiven Impulsgeneratoren sind der Multivibrator und der Sperrschwinger. Je nach Zweck und Auslegung der Schaltung sind solche Anordnungen
— selbstschwingend (astabil),
— teilweise selbstschwingend (monostabil),
— nicht selbstschwingend (bistabil).
Eine häufig anzutreffende Schaltung ist der fremdgesteuerte astabile Multivibrator. Er arbeitet wie folgt (Bild 2–43):
— Ein negativer Synchronimpuls u_1 leitet über C_s und C_1 beim zweiten (rechten) Transistor die Sperrphase ein.
— Dieser Vorgang wird durch die Rückkopplung des Kollektors dieses zweiten Transistors über C_2 auf die Basis des ersten Transistors noch verstärkt.
— Nun wird über den Basis-Ableitwiderstand R_1 des zweiten Transistors C_1 nach positiver Spannung hin umgeladen.
— Nach einer kritischen Zeit, welche proportional zur Zeitkonstante $T_1 = C_1 R_1$ ist, wird der zweite Transistor leitend und sperrt über C_2 den ersten (linken) Transistor.
— Maßgeblich für die Sperrung dieses ersten aktiven Elements ist die Zeitkonstante $T_2 = C_2 R_2$. Nach Ablauf einer entsprechenden Zeit beginnt der erste Transistor wieder zu leiten, wodurch der zweite gesperrt wird, usw.

— Der Synchronimpuls u_1 trifft zeitlich etwas vor dem natürlichen Umkippen der Schaltung ein und zwingt dadurch dem Multivibrator die Repetitionsfrequenz auf.
Impulse können, wie Bild 2–44 zeigt, auch aus einer Sinusschwingung durch Begrenzen und Differenzieren gewonnen werden.

Logische Verknüpfungen

Bei der Impulsaufbereitung im Taktgeber finden häufig Anordnungen mit logischen Signalverknüpfungen Anwendung.
Eine wichtige Art der UND-Verknüpfung ist die Koinzidenzschaltung. Sie erlaubt z.B. Impuls-Phasenschwankungen, die von Untersetzerstufen herrühren, zu eliminieren. Zu diesem Zweck werden zwei synchron laufende Impulsfolgen in passender Phasenlage einander überlagert, wobei nur Signalanteile, die zeitlich übereinstimmen, weiter verarbeitet werden (Bild 2–45).

2.5.7 Elektrostatische und elektromagnetische Strahlablenkung

Allgemeines

Die Ablenkung des Elektronenstrahls in der Bildaufnahme- und -wiedergaberöhre kann im Prinzip sowohl mit elektrischen als auch mit magnetischen Mitteln bewerkstelligt werden. Die grundlegenden

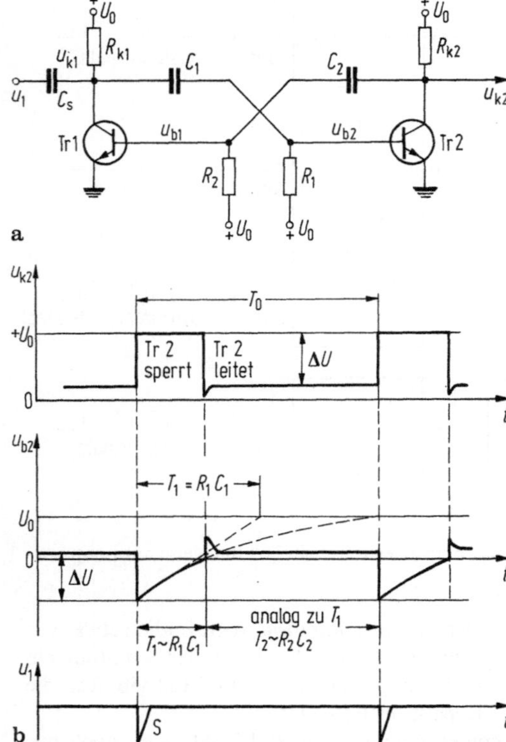

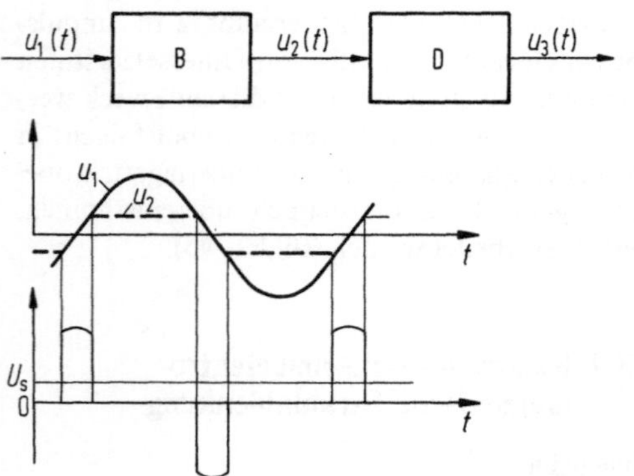

Bild 2-43. Impulserzeugung oder -formung mit Multivibrator. a) Schaltung, b) Synchronisierimpulse $u_1(t)$ sowie zeitlicher Verlauf der Spannungen am zweiten Transistor. T_0 Periode der Grundschwingung. (Die Arbeitsweise ist im Textteil erläutert)

Bild 2-44. Erzeugung von Impulsen aus einem Sinussignal. a) Blockschaltbild, b) Zeitfunktionen. B Begrenzer, D Differenzierer, U_s Abschneidepegel der Folgestufe (Signalbegrenzung auf Bereich $0 \ldots U_s$)

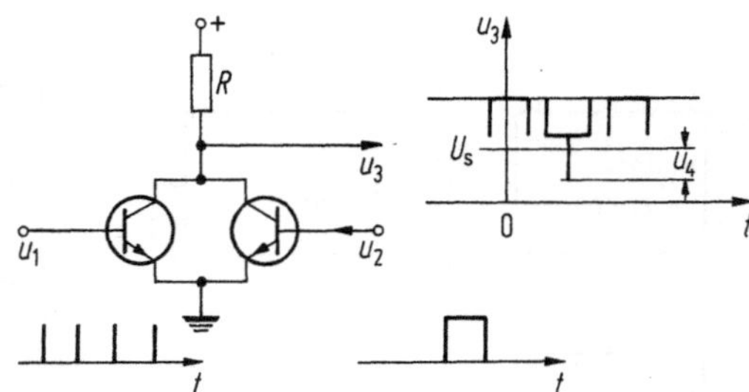

Bild 2-45. Arbeitsweise der z.B. in Taktgebern angewendeten Koinzidenzschaltung (UND-Verknüpfung). Die Folgestufe übernimmt nur den unter dem Pegel U_s liegenden Signalanteil

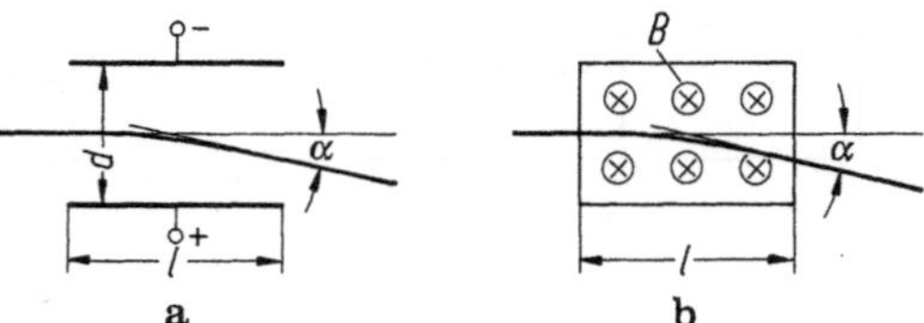

Bild 2-46. Ablenkung des Elektronenstrahls a) im elektrischen, b) im magnetischen Feld. Für die elektrische Auslenkung gilt: $\tan \alpha = l U_p/2 d U_0$, für die

magnetische: $\tan \alpha = l B (e/2 m U)^{\frac{1}{2}} = 29{,}6 \cdot 10^{-4}$

$\times l B / U_0^{\frac{1}{2}}$, wobei U_0 Beschleunigungsspannung des Elektronenstrahls, U_p Plattenspannung, beides in V; l wirksame Länge des Ablenkfeldes, d Abstand der Ablenkplatten, beides in m; e Elementarladung des Elektrons in C, B magnetische Flußdichte in T, α Ablenkwinkel in rad

physikalischen Beziehungen gehen aus Bild 2–46 hervor (links elektrische, rechts magnetische Ablenkung).

Kameraröhren sind vornehmlich für magnetische Ablenkung ausgelegt. Wenn hohe Anforderungen an die Fleckschärfe gestellt werden müssen, hat diese Ablenkungsart Vorteile. Für Wiedergaberöhren kommt bei den gebräuchlichen großen Ablenkwinkeln aus dem gleichen Grunde nur die magnetische Ablenkung in Frage. Bei großen Beschleunigungsspannungen müßte diese grundsätzlich auch in bezug auf die erforderliche Blindenergie gewisse Vorteile haben (elektrische Ablenkung indirekt proportional zur Beschleunigungsspannung, magnetische Ablenkung indirekt proportional zur Wurzel aus dieser Größe).

Grundschaltungen

Für die Ablenkung benötigt man über Zeilen und Halbraster zeitlinear ansteigende Signale. Am Ende der Zeile oder des Halbrasters soll die

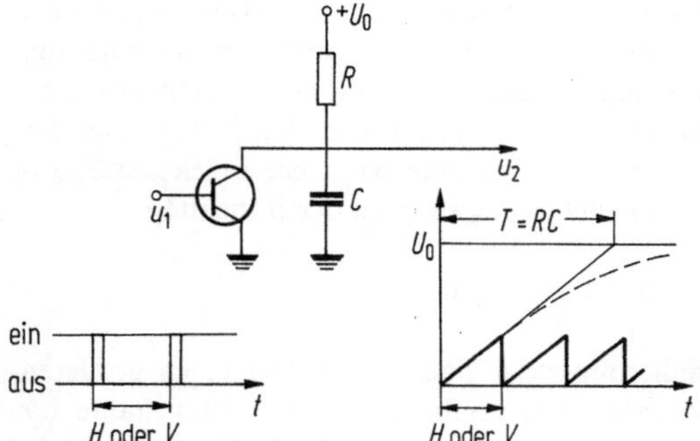

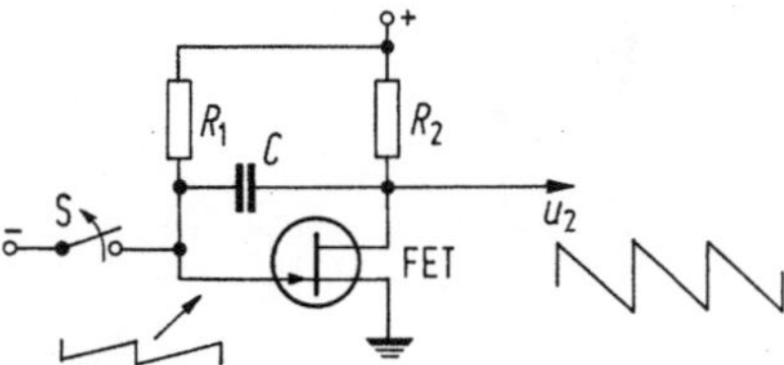

Bild 2-49. Linearisierung der Ablenkspannung durch starke Gegenkopplung (Miller-Schaltung). *S* Elektronenschalter, während Zeilen- oder Bildrücklauf geschlossen; FET Feldeffekt-Transistor

Bild 2-47. Grundschaltung zur Erzeugung quasi-zeitlinearer Ablenkspannungen. Dimensionierungsvorschrift: $RC \gg H$ bzw. $RC \gg V$ (H Zeilen-, V Halbrasterperiode)

Spannung oder der Strom wieder auf den Ursprungswert zurückfallen. Dies ergibt einen sägezahnförmigen Verlauf. Ein zeitlinearer Signalanstieg kann durch Integration eines Sprungsignals gewonnen werden.

Die Grundschaltung zur Erzeugung sägezahnförmiger Ablenkspannungen ist sehr einfach: ein Kondensator wird über eine Stromquelle mit konstantem Strom aufgeladen und mittels eines elektronischen Schalters periodisch rastersynchron entladen. Für die Entladung werden die Zeilen- und Bildsynchronimpulse herangezogen [2.1; 2.13].

Aus der Zeitfunktion erkennt man, daß der Spannungsanstieg in dieser einfachen Schaltung streng genommen nach einer Exponentialfunktion erfolgt. Solange der Spitzen-Spitzen-Wert der Sägezahnspannung viel kleiner als die Speisespannung ist, weicht die Ablenkspannung nur wenig vom zeitlinearen Verlauf ab (Bild 2–47).

Der zeitliche Spannungsanstieg läßt sich bei Be-

darf durch besondere Maßnahmen weiter linearisieren. Im Falle der Bootstrap-Schaltung (Bild 2–48) wird die Spannung am Ladewiderstand über einen Emitterfolger konstant gehalten, was auf einen konstanten Ladestrom führt. Beim Miller-Integrator (Bild 2–49) ergibt sich durch Gegenkopplung eine scheinbare Ladekapazität von $(1 + |v|)\,C$ und eine scheinbare Ladespannung von $|v|\,U_0$, wobei v der Verstärkungsfaktor der Schaltung ohne C ist. Die beiden Schaltungen sind eng miteinander verwandt.

Die einfachste Art der Anspeisung einer Ablenkspule ist im Falle der magnetischen Ablenkung die direkte Stromspeisung. Eine solche kann beispielsweise mittels einer Penthode, die einen hohen Innenwiderstand hat, verwirklicht werden.

Vertikalablenkung

Vertikalablenkschaltungen arbeiten, zumindest näherungsweise, nach dem Prinzip der Strom-

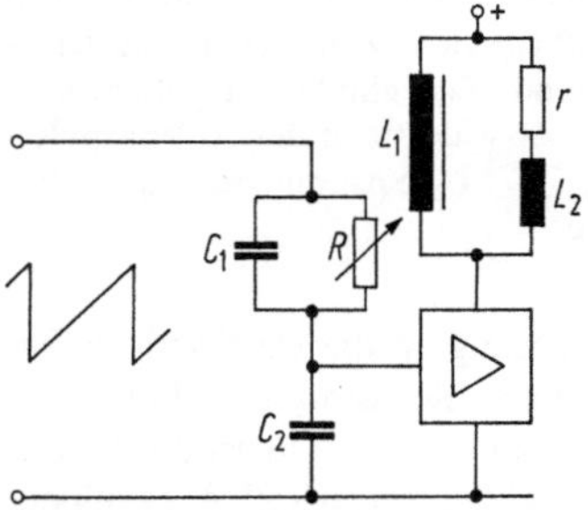

Bild 2-50. Vertikale Ablenkschaltung mit dualem Netzwerk zur Vorentzerrung des Einflusses der Querinduktivität des Anpassungstransformators (Ein- und Ausgangsimpedanz des Verstärkers hoch gegenüber restlicher Schaltung). Nach [2.14] gilt die Bemessungsvorschrift: $C_2 \gg C_1$, $RC_1 = (L_1 + L_2)/r$, worin L_1 Querinduktivität des Transformators; L_2 Induktivität, r Ersatzwiderstand der Ablenkspule. Der Spannungssägezahn am Eingang kann z.B. mit einer Schaltung gemäß Bild 2-48 erzeugt werden

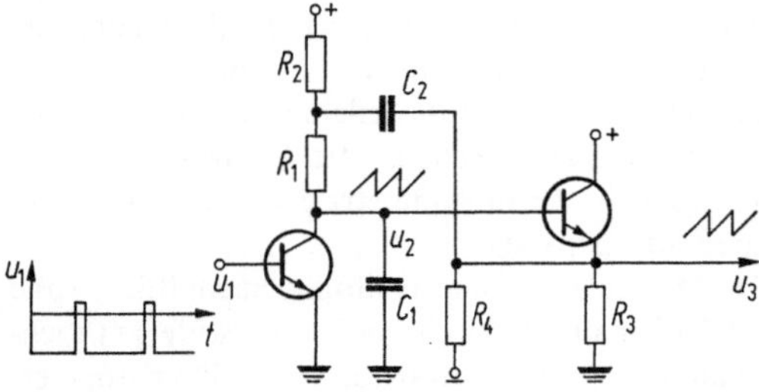

Bild 2-48. Ablenkschaltung mit Zusatz zur Verbesserung der Zeitlinearität. R_3 und R_4 sind so zu bemessen, daß $u_3(t)$ annähernd $u_2(t)$ entspricht (Bootstrap-Prinzip)

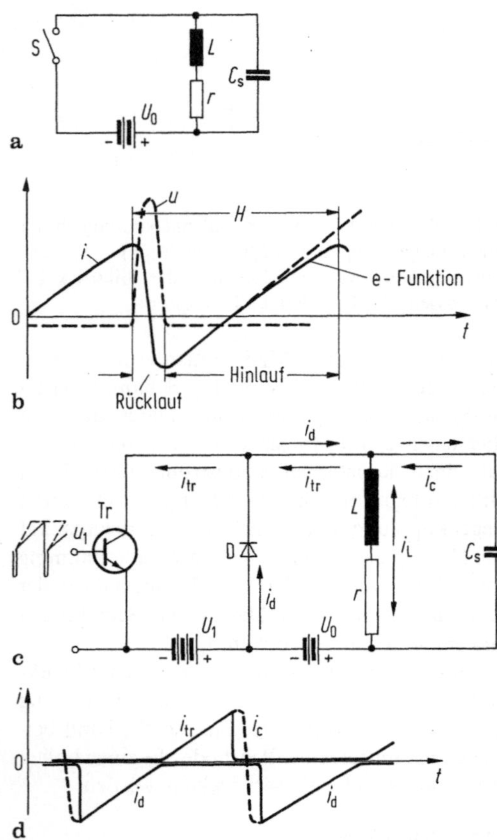

Bild 2-51. Spannungsquellenprinzip für die Horizontalablenkung. a) Prinzipschaltung; b) Stromverlauf in der Ablenkspule über eine Zeile, c) praktische Schaltung (stark vereinfacht), d) Stromverlauf bei dieser Schaltung über eine Zeile (schematisiert). S Schalter (während Zeilenhinlauf geschlossen); L Induktivität, r Ersatzwiderstand der Ablenkspule; C_s Schaltkapazität; U_0, U_1 Spannungsquellen; Tr Transistor, D Diode

speisung. Zur Anpassung an die verhältnismäßig niederohmige Ablenkspule kann ein Transformator erforderlich sein. Dessen Querinduktivität verschlechtert die Ablenklinearität. Um einen großen und damit teuren Transformator zu umgehen, macht man z.B. vom Prinzip der Vorkorrektur Gebrauch. Eine solche läßt sich im Bereich des Vorkreises mit billigen Komponenten vollziehen (Bild 2–50). Auch Gegenkopplungsschaltungen sind gebräuchlich [2.14; 2.21; 2.22].

Horizontalablenkung

Für die Horizontalablenkung im Empfänger

kommt die Stromspeisung, vor allem wegen ihres geringen Wirkungsgrades, nicht zur Anwendung. Bei hinreichend hoher Güte der Ablenkspulen (große Zeitkonstante L/r in Bild 2–51) steigt der Strom in einer Induktivität bei angelegter Spannungsquelle entsprechend der Beziehung

$$i(t) = \frac{1}{L} \int u_L \, dt$$

näherungsweise linear an. (Über einen größeren Zeitabschnitt ergibt sich, der Zeitkonstante L/r folgend, ein exponentieller Verlauf.)
In geeigneter Schaltung kann ein Großteil der am Ende der Ablenkperiode in der Spule gespeicherten magnetischen Energie für den darauffolgenden Ablenkzyklus zurückgewonnen werden; man spricht von Spannungsspeisung. Am Ende der Zeile wird in der Ersatzschaltung a) der Schalter S kurzzeitig geöffnet. Dabei setzt sich die in der Spule gespeicherte magnetische Energie in elektrische um, was über die Streukapazität C_s zu einer hohen Spannungsspitze führt

$$(L\hat{i}^2/2 \rightarrow C_s\hat{u}^2/2 \rightarrow L\hat{i}^2/2 \text{ usw.}).$$

Diese Spannungsspitze kann, im Sinne einer wichtigen Nebenfunktion, über einen Transformator weiter erhöht und, nach Gleichrichtung und Siebung, zur Speisung der Anode der Bildröhre verwendet werden. Hierfür ist eine Spannung von etwa 10 bis 25 kV erforderlich. Der mitttlere Strombedarf ist dabei gering (etwa 0,1 bis 1 mA), so daß nur eine mäßige Bedämpfung des durch L, C_s und r gebildeten Kreises eintritt.
Der Rücklauf dauert eine halbe Periode der Eigenschwingung des Kreises. An dessen Ende hat sich, wie angeschrieben, die elektrische Energie wieder in magnetische umgesetzt; der Strom hat jetzt aber das umgekehrte Vorzeichen. In der Ersatzschaltung a) muß nun der Schalter S wieder geschlossen werden. Der Strom fließt dann zunächst zeitlinear abnehmend in die Spannungsquelle zurück und erreicht in Zeilenmitte den Nullwert. Über die zweite Zeilenhälfte bewirkt die Spannungsquelle einen symmetrischen quasi-zeit-linearen Stromanstieg.
In der realen Grundschaltung nach Bild 2–51c ist der Schalter S durch eine Treiberstufe Tr (hochspannungsfester Transistor oder Thyristor) ersetzt. Diese übernimmt auch teilweise die Funktion der Spannungsquelle und deckt die Verluste. Eine entsprechend gepolte Diode leitet über die erste Zeilenhälfte und erzeugt so in diesem Inter-

vall über der Ablenkspule die notwendige niedrige Impedanz. Die Quelle U_0 läßt sich in der praktischen Schaltung über einen Transformator durch ein RC-Glied großer Zeitkonstante ersetzen. Der Transformator paßt die Ablenkspulen an die Schaltung an und liefert über eine besondere Wicklung auch die Hochspannung für den Bildröhren-Gleichrichter. Die Treiberstufe muß im Mittel nur ein Viertel des Spitzenstroms liefern, was in Verbindung mit verlustarmen Halbleitern zu einem hohen Wirkungsgrad führt. Dieser aktive als Spannungsquelle wirkende Schaltteil kann — zur guten Bedämpfung der Ablenkspule — bereits über die erste Zeilenhälfte wirksam sein; der zeitliche Verlauf der Basisspannung ist nicht kritisch [2.1; 2.14; 2.21; 2.23; 2.24].

2.5.8 Nichtlineare Kennlinien für die Signalaufbereitung und -verarbeitung

Stark nichtlineare Kennlinien sind beim Fernsehen meist verknüpft mit impuls- oder ablenktechnischen Schaltungsfunktionen. Sie werden auch benötigt, um Bildsignalanteile von Impulsanteilen zu trennen, sie werden dann Amplitudensiebe genannt. Ein solches wird z. B. im Fernsehempfänger benötigt, um die Synchronisierimpulse für die Ablenkschaltungen vom Bildinhalt zu trennen. Es kann schaltungsmäßig entsprechend Bild 2–52 ausgelegt sein.

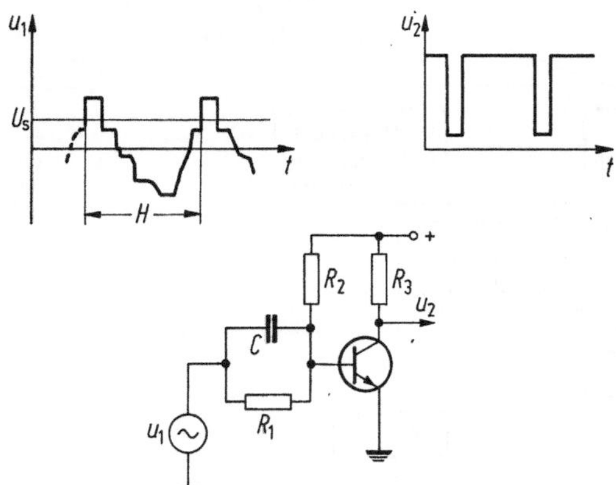

Bild 2-52. Schaltung zur Trennung des Synchrongemischs vom Bildinhalt. R_1 und C bilden, zusammen mit der Basis-Emitter-Strecke des Transistors, ein Audionglied, das für selbsttätige negative Vorspannung sorgt. U_s Abschneidepegel der Anordnung. Bemessungsvorschrift für das Audionglied: $(R_1 \| R_2) C \gg H$

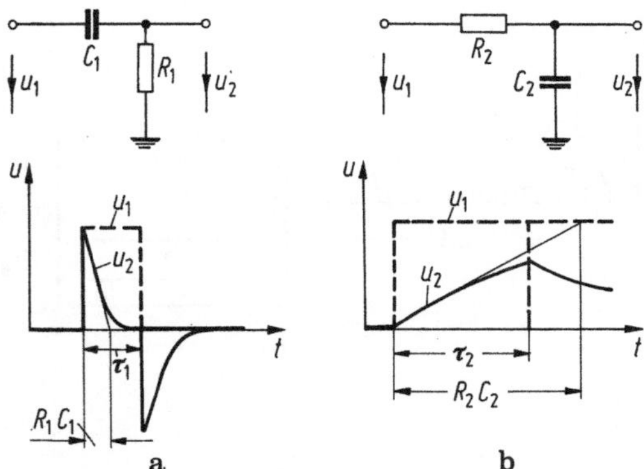

Bild 2-53. Grundschaltung zur Trennung der horizontalen und vertikalen Synchronzeichen im Empfänger. a) Differenzierglied zur Gewinnung der horizontalen, b) Integrierglied zur Ausfilterung der vertikalen Gleichlaufsignale, mit zugeordneten Zeitfunktionen bei Impulsbeschaltung. Für die Quasi-Differentiation des Zeilensynchronimpulses (Breite τ_1) muß $R_1 C_1 < \tau_1$, für die Quasi-Integration des Bildsynchronzeichens (Breite des einzelnen Impulses τ_2) $R_2 C_2 > \tau_2$ sein

Wichtige Begriffe sind Impuls-Differentiation und -Integration. Die entsprechenden Grundschaltungen (Bild 2–53) wurden bereits im Abschnitt 2.5.1 behandelt (RC-Verstärker).
Integrier- und Differenziernetzwerke solcher Art werden zur Trennung der Zeilen- und Bildsynchronimpulse im Empfänger benötigt. Die Schaltanordnung hat dabei den in Bild 2–54 gezeigten prinzipiellen Aufbau [2.1; 2.13; 2.16].

2.6 Elemente und Varianten der Fernsehübertragung, Restseitenband-Amplitudenmodulation

Die Übertragung der Fernsehsignale wird in diesem Unterabschnitt nur sehr summarisch behandelt. Eine Ausnahme bildet die Trägerung der videofrequenten Signale im Zusammenhang mit der drahtlosen Verteilung von Programmen.

2.6.1 Der Gesamtübertragungsweg

Im Bild 2–55 sind eine Reihe von Alternativen für den Gesamtübertragungsweg vom Studio zum Teilnehmer wiedergegeben.
An den Ausgangsklemmen des Fernsehstudios liegt ein videofrequentes Fernsehsignal vor. Es

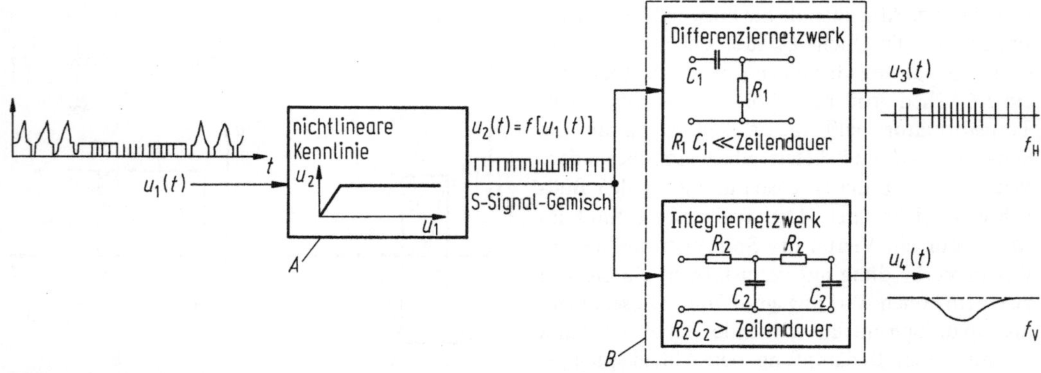

Bild 2-54. Blockschema der Gesamtschaltung zur Wiedergewinnung der Zeilen- und Halbraster-Synchronsignale aus dem zusammengesetzten Fernsehsignal (BAS-Signal). Hinsichtlich der nichtlinearen Kennlinie des Blocks A wird auf Bild 2-52, bezüglich der darauf folgenden Auftrennung in Zeilen- und Bildsynchronimpulse (Block B) auf Bild 2-53 verwiesen. u_3 Zeilensynchronzeichen (mit Signalanteilen der doppelten Zeilenfrequenz im Bereich der Bildsynchronsignale, die ohne schädlichen Einfluß sind), u_4 Halbraster-Synchronisiersignal

gelangt von dort im allgemeinen zunächst über eine frequenzmodulierte Richtfunk-Zubringerstrecke zu einem Einspeisepunkt des nationalen Richtfunk-Verteilnetzes.

Richtfunk-(Richtstrahl-)Anlagen erlauben eine gezielte und damit wirtschaftliche Verteilung von Fernsehsignalen an eine begrenzte Zahl von Empfangsstationen. Sie bewerkstelligen — zumindest im kontinentalen Rahmen — auch den direkten internationalen Programmaustausch. Drahtlose Übertragungseinrichtungen mit scharfer Strahlbündelung erfordern Antennenabmessungen, die groß gegen die Wellenlänge sind, was auf Zentimeterwellen führt [2.25].

Der direkte weltweite Fernseh-Programmaustausch wird vorwiegend über Nachrichtensatelli-

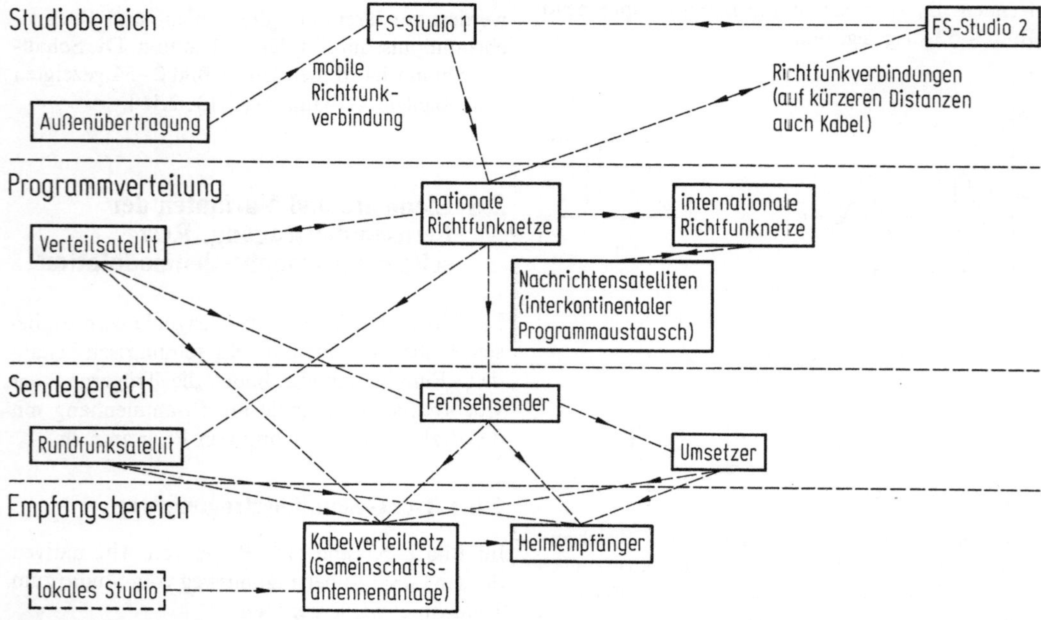

Bild 2-55. Übertragungsabschnitte und mögliche Kombinationen von Gesamtübertragungswegen von der Bildquelle bis zum Teilnehmer (vereinfachte Übersichtsskizze)

ten vollzogen. Wenn Weltmeere zwischen den Kontinenten liegen (Beispiel Europa — Amerika), gibt es dazu keine technische Alternative.

Im nationalen Rahmen unterscheidet man bei den Richtfunkverbindungen zwischen Studio-Verbindungsnetz und Sender-Verteilnetz. Ein Netz von Hauptsendern versorgt anschließend im Meter- und Dezimeterwellenbereich den Hauptteil der Bevölkerung mit Fernsehprogrammen. Es wird durch ein Umsetzernetz ergänzt, das vor allem Versorgungslücken in bergigen Gegenden schließt. Die Umsetzer empfangen das Programm von einem Hauptsender und geben es auf einer anderen Frequenz an das zu versorgende Gebiet weiter. Über eine Empfangsantenne gelangt das Signal schließlich — entweder direkt oder über ein Kabelverteilnetz (Gemeinschaftsantennenanlage) — auf den Heimempfänger.

Der leitergebundenen Fernsehversorgung kommt steigende Bedeutung zu. Im Gegensatz zur drahtlosen Programmverteilung, die in den dafür freigegebenen Wellenbereichen nur eine beschränkte Anzahl von Programmen zuläßt, gibt es beim Kabelfernsehen von der technischen Seite her in bezug auf die Anzahl der übertragbaren Kanäle kaum Beschränkungen. In den kleineren Ländern ergeben sich so attraktive Möglichkeiten zur Übertragung ausländischer Programme.

Kabelverteilnetze eignen sich auch für die Vermittlung von Lokalprogrammen und für Signale, die von Verteil- oder Rundfunksatelliten ausgestrahlt werden [2.26]. In technologischer Hinsicht erwächst dem Koaxialkabel in der Glasfaser langfristig ein ernsthafter Konkurrent.

Eine Erweiterung des Programmangebots von ganz anderer Art bringt der Satelliten-Fernseh- und -Tonrundfunk, für den im 12-GHz-Bereich ein breites Spektrum reserviert ist. Dem Genfer Abkommen von 1977 entsprechend stehen jedem nichtamerikanischen Land fünf nationale Breitbandkanäle zur Verfügung [2.27].

2.6.2 Das Fernsehstudio

Der Begriff „Fernsehstudio" wird sowohl auf einen gesamten Studio-(Sende-)Komplex als auch auf eine einzelne Produktionseinheit innerhalb eines solchen Sendehauses angewendet. Eine Produktionseinheit besteht aus Aufnahmestudio, Geräteraum sowie Bild- und Tonregie [2.28].

Man findet zwei Grundtypen von Fernseh-Studiokomplexen. Der erste ist charakterisiert durch eine kleinere oder größere Anzahl autonomer Produktionszentren, von denen jede über einen eigenen Gerätepark verfügt. Beim zweiten Typ findet sich ein großer zentraler Geräteraum mit peripher angeordneten Studios und Regieräumen. Ein solches Konzept erfordert ein umfangreiches Kommunikations-, Kommando-, Kontroll- und Steuerleitungsnetz, läßt aber eine etwas bessere Gerätenutzung zu.

Kamerabilder wechseln im Programm oft mit Magnetbandaufzeichnungen und Filmbildern ab. Es ist deshalb notwendig, rasch und störungsfrei von einer Bildquelle auf eine andere umschalten zu können. Dabei muß genau darauf geachtet werden, daß die verschiedenen Bildsignale keine unzulässigen Pegel- und Laufzeitunterschiede aufweisen. Beim Farbfernsehen nach dem NTSC- und PAL-System gilt diese Forderung auch für die Farbträger-Bezugsschwingung; Laufzeitfehler dürfen dort den ns-Bereich oft nicht überschreiten. Bild 2–56 vermittelt — stark vereinfacht — die wichtigsten Elemente einer Bild-Produktionseinheit.

2.6.3 Die drahtlose Ausstrahlung von Fernsehsignalen

Bild 2–57 zeigt das vereinfachte Blockschaltbild eines Fernsehsenders mit gemeinsamer Bild-Ton-Endverstärkung [2.29]. Anlagen dieser Art werden von videofrequenten Fernseh- und nieder-

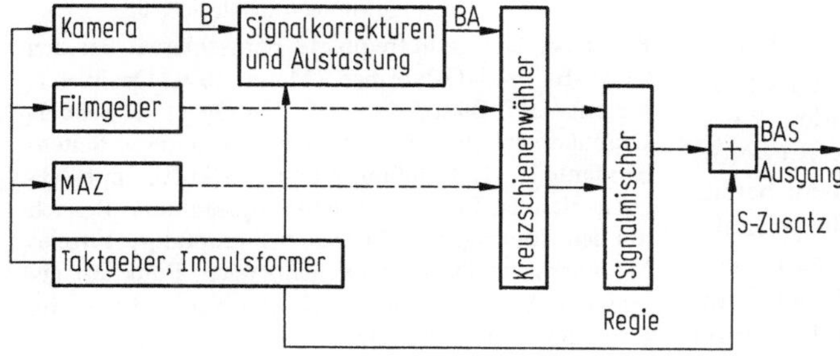

Bild 2-56. Aufbau einer Bildproduktionseinheit in einem Fernsehstudio (stark vereinfacht). MAZ Magnetbandaufzeichnungsanlage, B Bildsignal, BA ausgetastetes Bildsignal, BAS vollständiges Videosignal für die Übertragung

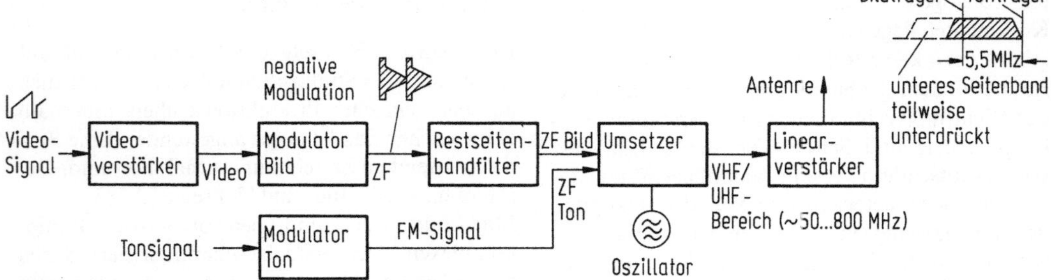

Bild 2-57. Blockschaltbild eines Fernsehsenders mit Signalaufbereitung im Zwischenfrequenz-Bereich und linearem Endverstärker für Bild und Ton

frequenten Begleittonsignalen angespiesen. Die Modulation des Bild- und Tonsignals erfolgt auf der Zwischenfrequenz-(ZF-)Ebene. Bei den meisten Fernsehnormen ist der Ton frequenzmoduliert.

Das untere Seitenband des amplitudenmäßig geträgerten Videosignals wird durch das Restseitenbandfilter stark beschnitten. Bild- und Tonsignal werden anschließend gemeinsam oder getrennt Endverstärkern zugeführt. Für die üblichen Senderausgangsleistungen (in Europa bis etwa 20 kW) werden Tetroden oder Klystrons eingesetzt. Kleinsender sind vollständig in Halbleitertechnik ausgelegt. Bei getrennter Bild-/Ton-Verstärkung ist zwischen Endstufen und Antenne zur Signalzusammenführung ein Diplexer notwendig.

Die Sendeantenne hat, je nach dem zu versorgenden Gebiet, entweder Rundstrahlcharakteristik oder sendet vorwiegend in einem vorgegebenen azimutalen Bereich.

Fernsehumsetzer weisen einen hochwertigen Fernsehempfangsteil und einen Sendeteil kleiner Leistung auf. Die Bild- und Tonsignale werden nicht demoduliert, sondern auf Zwischenfrequenzebene umgesetzt, was sich auf deren Qualität günstig auswirkt [2.30].

2.6.4 Die Restseitenband-Amplitudenmodulation

Aus der Modulationstheorie ist bekannt, daß ein amplitudenmoduliertes Signal (AM-Signal) die doppelte Bandbreite des entsprechenden Basisband-Signals aufweist. Bei den CCIR-B/G-Normen ergäbe dies für das Bildsignal allein bereits eine Bandbreite von 10 MHz. Durch die gewählte Restseitenbandübertragung kommt man demgegenüber für die Bild- und Tonübertragung mit 7 MHz Bandbreite aus. Der geträgerte Begleitton

liegt dabei ein halbes Megahertz oberhalb der Bandgrenze des unbeschnitten übermittelten oberen AM-Seitenbandes. Das untere Seitenband ist — auf die Bildträgerfrequenz bezogen — unterhalb von 1,25 MHz auf 1/10 oder weniger des ursprünglichen Wertes abzusenken. Über alles ergibt sich damit das in Bild 2–58 aufgezeigte Sendespektrum (ausgezogene Linie).

Um für das demodulierte Signal auf der Empfangsseite wieder einen flachen Amplitudenfrequenzgang zu erhalten, wird von einem von Nyquist in den Zwanzigerjahren vorgeschlagenen Kunstgriff Gebrauch gemacht: Man führt empfangsseitig im Zweiseitenbandbereich der Übertragung — d.h. im Bereich von $\pm 0,75$ MHz um den Bildträger — einen von Null bis zum vollen Wert antisymmetrisch ansteigenden Amplitudengang ein. Die Durchlaßkurve des radio- und zwischenfrequenten Empfangsteils hat damit den im Bild 2–58

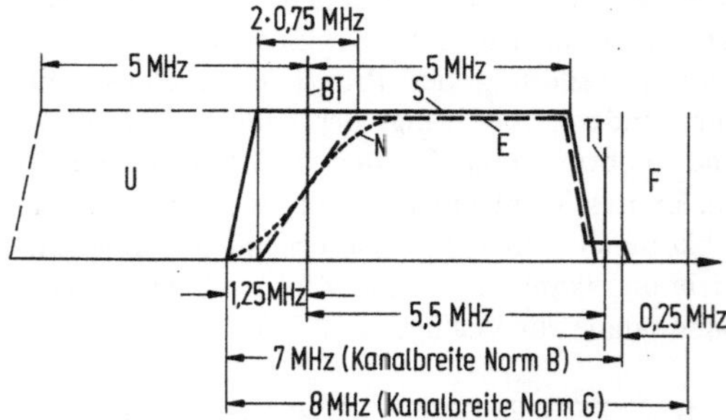

Bild 2-58. Der radiofrequente Fernsehkanal bei den CCIR-B- und -G-Normen (Meter- bzw. Dezimeterwellen). BT Bildträger, TT Tonträger; S Sender-Durchlaßbereich; U unterdrückter unterer Seitenbandanteil; E Empfänger-Durchlaßkurve, mit Nyquist-Flanken-Bereich N und abgesenktem Bereich um den Tonträger für Intercarrier-Empfang; F freies Megahertz im Dezimeterwellenbereich. Punktiert gezeichnet: Erlaubter Verlauf für die Nyquistflanke im Empfänger. Die Filterflanken sind idealisiert

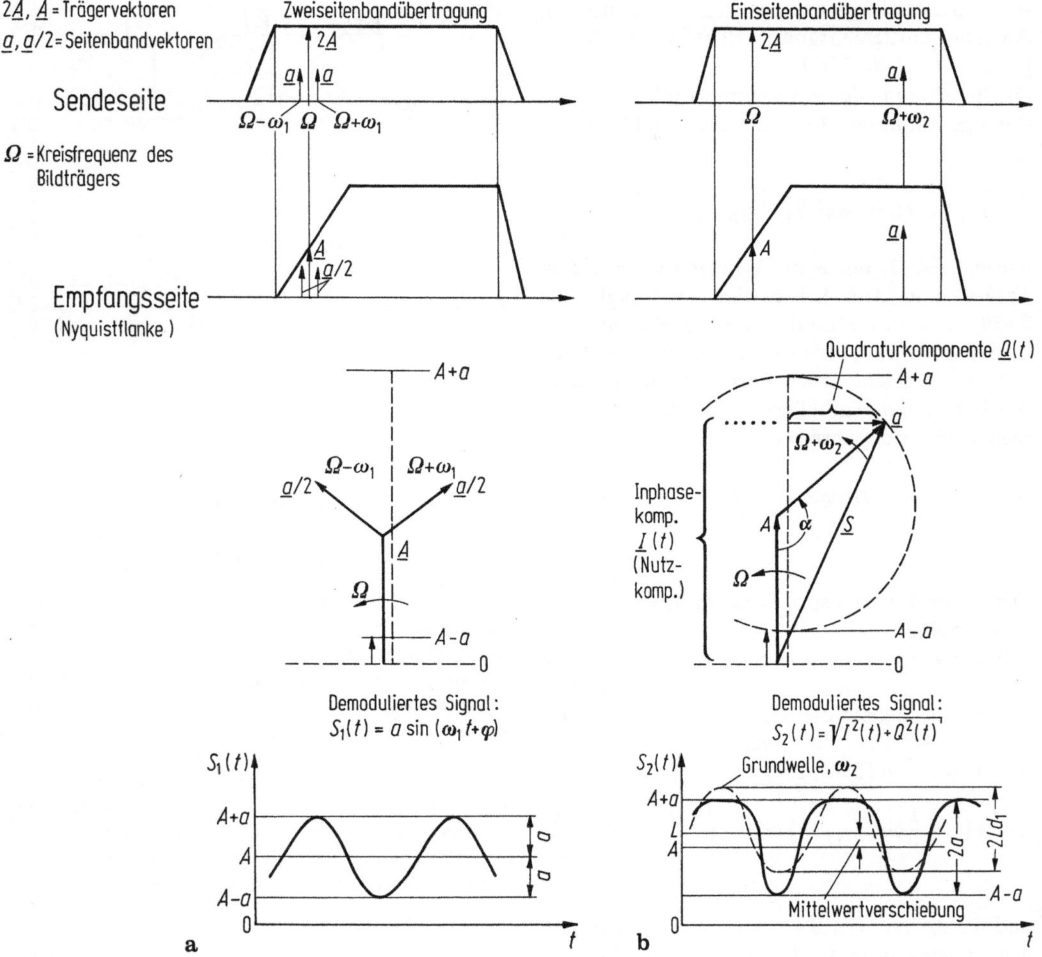

Bild 2-59. Prinzip der amplitudenmodulierten Restseitenband-Übertragung mit Nyquistflanke im Empfänger. Erläuterung der Arbeitsweise am Beispiel der Übertragung einer sinusförmigen Schwingung niedriger (ω_1) und hoher (ω_2) Video-Kreisfrequenz. $2A$, A Trägervektoren, a, $a/2$ Seitenbandvektoren, Ω Kreisfrequenz des Bildträgers. a) niedrige Kreisfrequenz (annähernd Zweiseitenband-Übertragung), b) hohe Kreisfrequenz (Einseitenband-Übertragung), mit entsprechenden Spektren, Vektorbildern und Zeitfunktionen

gestrichelt gezeichneten Verlauf. Der schräge Teil im Bereich des Bildträgers wird Nyquistflanke genannt.

Aufgrund von Vektorbildern kann man sich leicht vergewissern, daß ein solches Gesamtübertragungssystem einen flachen Amplitudenfrequenzgang aufweist (Bild 2–59). Bei genauerer Betrachtung ist aber ersichtlich, daß diese Übertragungsart bei einfacher Enveloppen-Demodulation nicht ganz frei von inhärenten d.h. dem System anhaftenden Verzerrungen ist.

Der für die Hüllkurven-Demodulation maßgeb-liche Summenvektor wird zweckmäßigerweise in eine Inphasen- und in eine Quadraturkomponente zerlegt. Der Inphasenanteil entspricht dem unverzerrten Modulationssignal der Zweiseitenbandübertragung. Der Quadraturanteil bewirkt die erwähnten aus der figürlichen Darstellung ersichtlichen Signalverzerrungen. Bei großem Modulationsgrad wird die ursprüngliche Sinusschwingung stark verzerrt wiedergegeben. Im Videobereich oberhalb von 2,5 MHz gelangt nur die Grundschwingung des verzerrten Signals auf die Bildröhre, die in der Amplitude — auf die ursprüngliche Schwingung bezogen — reduziert ist. Auch der mittlere Grauwert ist etwas verschoben [2.31–2.33; 2.46; 2.53].

Die Berechnung der Verzerrungen führt auf vollständige elliptische Integrale erster und zweiter Art, d. h. vom Typ

$$\int_0^{\pi/2} [1 - f(m) \cdot \sin^2 \beta]^{\pm\frac{1}{2}} \, d\beta, \qquad (2.26)$$

worin $\beta = \alpha/2$, mit α als Winkel zwischen dem Träger- und dem Seitenbandvektor (vgl. Bild 2–59). Für den Modulationsgrad gilt: $m = a/A$ (a: Seitenband-, A: Trägervektor). Integrale dieser Art sind in geschlossener Form nicht auswertbar. Als Betrag der Umhüllenden des demodulierten Signals läßt sich schreiben:

$$S = A(1 + m^2 - 2m \cos \alpha)^{\frac{1}{2}} = L\left(1 + \sum_{i=1}^{n} d_i \cos i\alpha\right).$$

$$(2.27)$$

Der rechte Term entspricht einem Ansatz für eine Fourierreihe.

Für die numerische Auswertung finden sich in der Literatur rasch konvergierende Reihen. Der verfälschte Signalmittelwert L (Bild 2–59, rechts unten) läßt sich nach folgender Reihenentwicklung berechnen [2.44; 2.45]:

$$L = A\left(1 + \frac{1}{2^2} m^2 + \frac{1^2}{2^2 \cdot 4^2} m^4 + \frac{1^2 \cdot 3^2}{2^2 \cdot 4^2 \cdot 6^2} m^6 + \cdots\right),$$

$$(2.28\,a)$$

und für die reduzierte Grundwelle des ursprünglich sinusförmigen Modulationssignals gilt

$$d_1 L = a\left(1 - \frac{1}{2} \cdot \frac{1}{4} m^2 - \frac{1}{2 \cdot 4} \cdot \frac{3}{4 \cdot 6} m^4\right.$$

$$\left. - \frac{1 \cdot 3}{2 \cdot 4 \cdot 6} \cdot \frac{3 \cdot 5}{4 \cdot 6 \cdot 8} m^6 - \cdots\right). \quad (2.28\,b)$$

Die Summe der Teilglieder mit m^2, $m^4 \ldots$, ergibt in beiden Formeln die relativen (d. h. auf Eins bezogenen) Verzerrungsanteile. Für $m = 1$ resultiert für S eine kommutierte Sinuskurve; dabei ist $L = 4A/\pi$ und $d_1 L = 8a/3\pi$.

Nachfolgend seien für die CCIR-Normen B/G noch die Zusammenhänge zwischen Videobereich und geträgertem Bereich aufgeführt. Sie gelten für den Fall, daß der Schwarzwert bei 75 % und der Weißwert bei 11 % der maximalen Trägeramplitude liegen. Für die Trägeramplitude ergibt sich dann

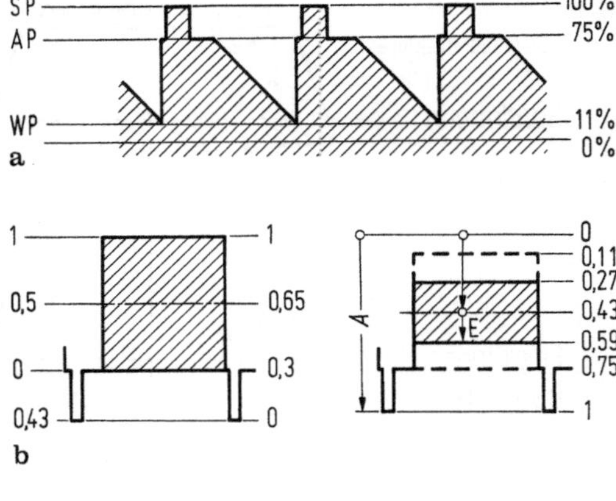

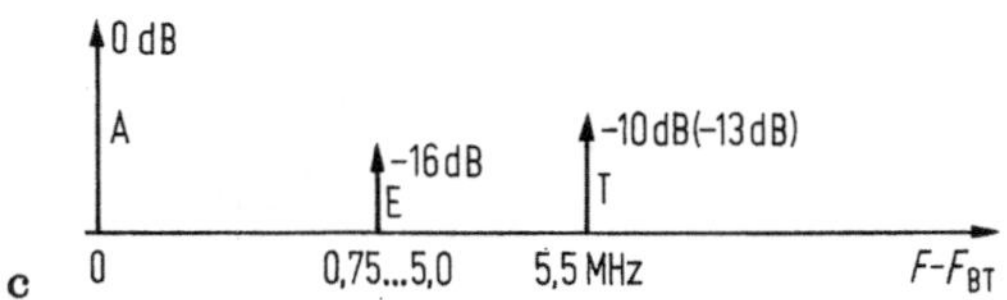

Bild 2-60. Charakteristische Pegelwerte bei den CCIR-625-Zeilennormen B und G (negative Modulation). a) Zeilensägezahn maximaler Aussteuerung. SP Synchronpegel, AP Austastpegel, WP Weißpegel; rechts entsprechende relative Trägerpegel. b) Videosignal mit Sinus maximaler Amplitude, rechts: entsprechendes geträgertes Signal (Einseitenbandbereich). c) Maximalpegel für Bildträger A, Einseitenbandkomponente E und Tonträger T (wichtige Signalkombination für Intermodulationsuntersuchungen). Der in Klammern gesetzte Tonträger-Relativpegel gilt für die Bundesrepublik Deutschland. F_{BT} Bildträgerfrequenz

$$A = 0{,}75 - 0{,}64\,Y,$$

und die Seitenbandamplitude wird $\qquad\left.\begin{array}{c}\end{array}\right\}$ (2.29)

$$a = 0{,}64\,C.$$

Darin sind Y der mittlere Leuchtdichtewert und C der Amplitudenwert der überlagerten Sinusschwingung (Einheit: Schwarz-Weiß-Sprung). Quadraturverzerrungen dieser Art führen beim NTSC- und PAL-Farbfernsehsystem im Bereich satter Farben größerer Leuchtdichte auf leichte Fehler in der Farbsättigung. Sie verschlechtern allgemein auch den Einschwingvorgang, was sich z. B. in einer Verminderung der Lesbarkeit kleiner, stark ausmodulierter Schriften (Untertitel bei Filmen) äußert.

Im Bild 2–60 sind charakteristische Maximalpegel für das ausgestrahlte Signal aufgezeigt (vgl. auch Abschnitt 2.9.1).

2.7 Der Schwarzweiß-Heimempfänger

In Bild 2–61 ist das vereinfachte Blockschaltbild eines monochromen Heimfernsehempfängers wiedergegeben. Die einzelnen Funktionsblöcke werden im folgenden kurz beschrieben. Die Angaben gelten für die CCIR-B/G-Normen. Vieles hat sinngemäß auch für andere Normen sowie für Farbfernsehempfänger Gültigkeit [2.1; 2.13; 2.14; 2.21–2.24].

2.7.1 Kanalwähler

Der Kanalwähler (engl. tuner) hat die Aufgabe, den gewünschten radiofrequenten (RF) Meterwellen-(VHF-) oder Dezimeterwellen-(UHF-)Fernsehkanal in den Zwischenfrequenz-(ZF-)Bereich umzusetzen. Auf eine Vorstufe folgt eine Mischstufe, die im VHF-Bereich mit der Oszillatorstufe für die Frequenzumsetzung gekoppelt ist. Im Kanalwähler für den UHF-Bereich ist ein getrennter Oszillator vorhanden. Die radiofrequente Vorstufe dient auch der Vorselektion sowie der Verminderung der Oszillator-Rückstrahlung auf die Antenne. Die ursprünglich mechanischen Abstimmeinheiten sind durch elektronische ersetzt, welche Varactordioden enthalten. Diese eignen sich gut für die Fernabstimmung. Der Oszillator besitzt zum Teil eine selbsttätige Frequenzregelung. Die Vorstufe ist in die automatische Amplitudenregelung miteinbezogen. Die Abstimmeinheit ist voll transistorisiert, der Eingang koaxial ausgelegt (Impedanz nominell 75 Ω). Ein Beispiel für einen Eingangsmischer zeigt Bild 2–82 in Abschnitt 2.9.4.

2.7.2 Zwischenfrequenz-Verstärker

Im Zwischenfrequenzverstärker werden die umgesetzten Bild- und Tonsignale verstärkt, gefiltert und das Ausgangssignal — unabhängig vom Eingangssignal — auf einen konstanten Pegel gebracht. Die Zwischenfrequenzen sind genormt (Bild-ZF: 38,9 MHz, Ton-ZF: 33,4 MHz). Der Verstärker enthält 2 bis 3 Stufen und ist transistorisiert.

Die geforderte Durchlaßkurve wird mit Einzelkreisen oder Bandfiltern erzielt, die gegeneinander verstimmt sind. Allfällig vorhandene Reste des Tonträgers des unteren sowie des Bildträgers des oberen Nachbarkanals werden durch gekoppelte Kreise — Fallen genannt — ausgesiebt. Die Gruppenlaufzeitfehler des RF- und ZF-Teils des Empfängers werden sendeseitig teilweise vorkorrigiert (s. Abschnitt 2.9.1, Tabelle 2–III). Integrierte Schaltungen in Verbindung mit keramischen Filtern dürften die „klassischen" transistorbestückten Filterkreise ablösen [2.17; 2.34; 2.35]. Bild 2–83 in Abschnitt 2.9.4 zeigt eine ZF-Verstärker-Schaltung. Bild 2–84 deren Übertragungscharakteristiken.

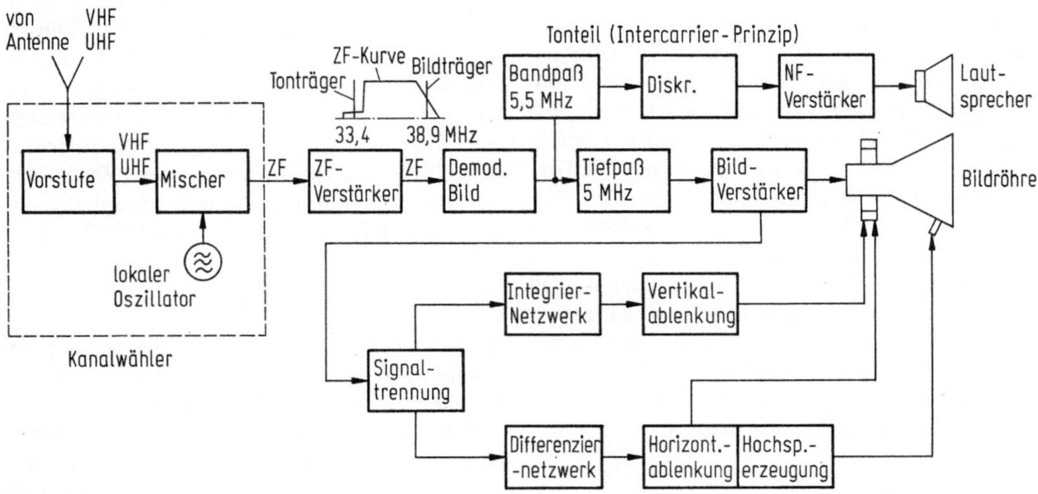

Bild 2-61. Blockschema eines Schwarz-Weiß-Heimempfängers (automatische Amplituden- und Frequenzregelung nicht eingezeichnet)

2.7.3 Tonteil

Der frequenzmodulierte Tonträger wird am Ausgang des ZF-Teils zunächst im Spannungspegel auf etwa 5 bis 10 % des ursprünglichen Werts reduziert und hierauf, zusammen mit dem Bildträger, dem Demodulator zugeführt. An dessen Ausgang ergibt sich ein frequenzmoduliertes 5,5 MHz-Tonsignal (Differenzfrequenz zwischen Bild- und Tonträger); man spricht vom Zwischenträger — (engl. Intercarrier-)Verfahren. Dieses Tonsignal wird mittels eines Bandfilters von den restlichen Bildsignalanteilen getrennt und hierauf in gewohnter Weise einem Diskriminator zugeführt.

Gelegentlich wird anstelle des Intercarrier-Prinzips auch das „klassische" Paralleltonverfahren angewendet (getrennter Ton-ZF-Verstärker auf 33,4 MHz). Beim amplitudenmodulierten Begleitton (CCIR-Norm L, Frankreich) ist das Zwischenträgerprinzip nicht zulässig. Im Tonteil finden integrierte Schaltungen Anwendung. Oft besorgt ein IC-Baustein auch die Bild- und Ton-Demodulation (getrennte Ausgänge). Dabei wird meist pseudosynchron demoduliert, wodurch sich im Bildteil die durch die Restseitenbandübertragung bedingten Modulationsverzerrungen vermindern lassen [2.34; 2.36].

2.7.4 Videoverstärker

Der Bildverstärker — er entspricht im Farbempfänger dem Y-Verstärker — ist ein- bis zweistufig ausgelegt und oft gleichstromgekoppelt. Zur Wiedereinführung des Signalmittelwertes bei Wechselstromkopplung wird eher selten vom Prinzip der einfachen Diodenpegelung Gebrauch gemacht. Billige monochrome Geräte arbeiten gelegentlich mit Wechselstromkopplung. Die Tonträgerschwingungen müssen mit einem 5,5 MHz-Sperrkreis unterdrückt werden. Grundhelligkeit und Kontrast werden über Handregler im Videoteil eingestellt. Auch der Bildverstärker ist voll transistorisiert. Die Funktionen werden, soweit dies leistungsmäßig möglich ist, von integrierten Schaltungen übernommen [2.17]. Ein mit Transistoren bestückter Videoverstärker ist in Bild 2–85, Abschnitt 2.9.4, aufgezeigt.

2.7.5 Amplitudensieb

Im Amplitudensieb wird das Synchrongemisch vom Bildinhalt getrennt. Auch hierfür gibt es integrierte Schaltkreise. Besondere Störunterdrückungsmaßnahmen dienen der Sicherstellung einer kontinuierlichen Synchronimpulsfolge. Über Differenzier- und Integrierkreise werden hierauf die Zeilen- und Bildsynchronzeichen gewonnen und den entsprechenden Ablenkschaltungen zugeführt (vgl. Abschnitt 2.5.8).

2.7.6 Selbsttätige Verstärkungsregelung

Die Schaltung zur Gewinnung der Regelspannung für den RF- und ZF-Teil ist so ausgelegt, daß deren Arbeitsweise durch Störimpulse — z. B. von Motorfahrzeugen — möglichst nicht beeinträchtigt wird. Dazu wird das Prinzip der getasteten Regelung angewendet. Die Tastimpulse werden vom Rücklaufimpuls des Zeilenablenkgenerators abgeleitet. Sie fallen zeitlich mit dem Zeilensynchronzeichen und damit — bei negativer Modulation — mit dem Spitzenwert des Bildträgers zusammen. Störsignale, die zeitlich außerhalb der Tastimpulse liegen, beeinflussen die Regelung nicht. Um einen guten mittleren Rauschfaktor zu erzielen, wird die RF-Vorstufe verzögert geregelt. Auch für die automatische Verstärkungsregelung wurden spezielle integrierte Schaltungen entwickelt.

2.7.7 Ablenkteile

Die Ablenkteile sind vollständig mit Halbleitern bestückt. Für Stufen mit niedrigem Leistungspegel wurden besondere integrierte Schaltungen gebaut. In der Leistungsendstufe für die Zeilenablenkung werden spezielle Thyristoren oder Sondertransistoren mit hoher Spannungsfestigkeit eingesetzt. Die Hochspannung für die Bildröhre (Bereich 10 bis 25 kV) wird aus den Zeilenrückschlagimpulsen gewonnen (z. B. Spannungsverdreifachung mit Siliziumdioden) [2.21–2.24].

2.7.8 Stromversorgung

Durch die vollständige Beschaltung der Empfänger mit Halbleitern entfallen die Heizströme; die Wiedergaberöhre bildet dabei eine Ausnahme. Die klassischen Netzteile werden mehr und mehr durch gepulste ersetzt. Dabei wird die Netzspannung zunächst über einen Brückengleichrichter in Gleichspannung verwandelt und hierauf über Thyristoren mit der Zeilenfrequenz gepulst.

In besonderen mit dem Zeilenablenktransformator gekoppelten Schaltungen werden daraus, über weitere Gleichrichter, die verschiedenen Betriebsspannungen und -ströme gewonnen. So läßt sich erreichen, daß trotz Fehlens eines eigentlichen Netztransformators ein Großteil der Schaltung netzfrei wird. Die Thyristoren ermöglichen auch auf einfache Weise eine Stabilisierung der Betriebsspannungen.

2.7.9 Bildröhre

Moderne Bildröhren haben eine kurze Baulänge und damit einen großen Ablenkwinkel (meist 110°). Durch den kurzen Röhrenhals ergeben sich gefällige Gehäuseformen. Die Betriebsbereitschaft wurde durch Schnellheizkathoden oder dauernd beheizte Kathoden erhöht. Die Bildfläche ist annähernd rechteckig gestaltet.

2.7.10 Bedienungserleichterungen, Benützerfazilitäten

Während Sensortasten auch bei einzelnen kleineren Geräten anzutreffen sind, beschränken sich Fernbedienungen auf die gehobenere Geräteklasse. Geräte der letztgenannten Art arbeiten im Infrarotbereich. Integrierte Schaltungen, die eigens für solche Zwecke entwickelt wurden, erlauben die drahtlose Einstellung fast aller Bedienungsfunktionen. Ein Mikroprozessor in Verbindung mit einer eingebauten digitalen Schaltuhr ermöglicht die wochenweise Vorprogrammierung der Kanalwahl.

Die teureren Geräte (es sind ausschließlich Farbfernseher) werden mehr und mehr mit zusätzlichen Peripherie-Fazilitäten ausgerüstet. Die Mikroprozessortechnik erlaubt den Einbau variantenreicher Fernsehspiele. Eine zunehmende Aufwertung erfährt der Heimempfänger auch durch die weite Verbreitung preisgünstiger Bildaufzeichnungsanlagen.

Ausbaumöglichkeiten des Fernsehens

Den wichtigsten Ausbau erlebte das Fernsehen in systemtechnischer Hinsicht durch die Einführung des Farbfernsehens. Darüber wird im Kapitel 3 ausführlich berichtet.

Durch Mitübertragung von Datenpaketen auf Leerzeilen des vertikalen Austastintervalls kann der Fernseh-Bildschirm auch zur Darstellung alphanumerischer und grafischer Zeichen herangezogen werden (Teletext, Videotext, usw.) [2.37].

Bei vielen Fernsehnormen besteht die Möglichkeit, etwas oberhalb des normalen Begleittons ein zweites Tonsignal zu übertragen. Auf diese Weise läßt sich entweder eine stereofone Wiedergabe erreichen oder ein zweisprachiger Kommentar vermitteln. Nebst einfachen Systemen mit einem zweiten FM-Tonträger sind auch kompliziertere Anordnungen bekannt geworden [2.38].

Im Studio- und Übertragungsbereich dürfte — langfristig gesehen — die Fernseh-Digitaltechnik mehr und mehr Fuß fassen.

2.9 Anhang

2.9.1 Auszug aus den Fernsehnormen des CCIR [2.12]

Tabelle 2–I. Videofrequente Basisnormen der 625-Zeilen-Systeme [nach CCIR-Bericht 624–1] (Comité Consultatif International des Radiocommunications) (vgl. Bild 2-62)

Parameter	Nennwert, Toleranz
Zeilenzahl je Vollraster Z	625
Vollrasterfrequenz $f_V/2$	25 Hz
Halbrasterfrequenz f_V	50 Hz
Zeilendauer H	64 μs[a]
Zeilenfrequenz f_H	15 625 Hz $\begin{cases} \text{SW: } \pm 0{,}02\,\% \\ \text{Farbe: } \pm 0{,}0001\,\% \end{cases}$
Videobandbreite f_g	s.[b]

Zeitintervalle im horizontalen Austastintervall (vgl. Bild 2–62)

Austastintervall a	12 μs $\pm$ 0,3 μs
Intervall b (berechn. Mittelwert)	10,5 μs
Intervall c (vordere Schwarzschulter)	1,5 μs[c] $\pm$ 0,2 μs[c]
Zeilensynchronimpuls d	4,7 μs $\pm$ 0,2 μs
Steig-/Fallzeit der Kanten e des horizontalen Austastintervalls	0,3 μs $\pm$ 0,1 μs
Idem, Zeilensynchronimpuls f	0,2 μs[c] $\pm$ 0,1 μs[c]

Zeitintervalle im vertikalen Austastintervall (vgl. Bild 2–62)

Austastintervall j	25 H + a
Steig-/Fallzeit der Kanten j' des vertikalen Austastintervalls	0,3 μs $\pm$ 0,1 μs
Intervall zwischen erster Flanke des vertikalen Austastintervalls und erster Kante des ersten Ausgleichsimpulses k	3 μs $\pm$ 2 μs
Erste Sequenz von Ausgleichsimpulsen l	2,5 H
Vertikale Synchronimpulse m	2,5 H
Zweite Sequenz von Ausgleichsimpulsen n	2,5 H
Ausgleichsimpulse p	2,35 μs $\pm$ 0,1 μs
Vertikaler Synchronimpuls q	27,3 μs[c]
Intervall zwischen vertikalen Synchronisierimpulsen r	4,7 μs $\pm$ 0,2 μs[c]
Steig-/Fallzeit der Synchron- und Ausgleichsimpulse s	0,2 μs[c] $\pm$ 0,1 μs[c]

[a] Frankreich und Osteuropa: Kurzzeittoleranz $\pm$ 0,032 μs.

[b] Normen B und G (Westeuropa und andere Länder, ohne Frankreich und Großbritannien): 5 MHz, übrige Normen s. Tabellen 2–IV und 2–IX.

[c] I-Norm: c: 1,65 $\pm$ 0,032; f: 0,25 $\pm$ 0,05; q: 27,3 $\pm$ 0,1; r: 4,7 $\pm$ 0,1; s: 0,25 $\pm$ 0,05.

Tabelle 2–II. Weitere Basisdaten für die B/G-Normen (625 Zeilen; nach CCIR-Bericht 624–1)

Relativpegel BAS-Signal: 2 Darstellungsarten:

Austastwert A	30 %	(0)
Weiß (peak white)	100 %	(100)
Synchronwert	0 %	($-$43)
Differenz zwischen Schwarzwert und Austastwert	0; Toleranz $\begin{cases} +5\,\% \\ -0 \end{cases}$	

Mittleres γ der Wiedergabeseite 2,8 ($\gamma_{tot} \cong 1{,}2$)
Modulation und RF-Kanal:

Art und Polarität der Bildmodulation:	A5C negativ
Bild-/Ton-Trägerabstand	5,5 MHz
Breite Übertragungskanal	B: 7; G: 8 MHz
Bildträger über unterer Kanalgrenze	1,25 MHz
Breite des Restseitenbandes	0,75 MHz

Tonmodulation: Art: F 3 (Frequenzmodulation)

Hub	$\pm$ 50 KHz
Pre-Emphase	50 μs
Bildträgerleistung (Synchronspitze)/Tonträgerleistung	10/1[a]

Ausgestrahltes Signal in % des Spitzenträgers

Synchronpegel	100
Austastpegel	75 $\pm$ 2,5
Differenz zwischen Schwarz- und Austastpegel	0 bis 2
Weißpegel	10 bis 12,5

[a] Bundesrepublik Deutschland 20 : 1.

Tabelle 2–III. Sendeseitige Vorentzerrung der Gruppenlaufzeit-Charakteristik des Empfängers in μs (nach CCIR-Bericht 624–1)

f_{Video} in MHz	B/G-Normen A^a	B/G-Normen B^b	M-Normen (Farbsysteme)
0,25	—	5 $\pm$ 0	0 $\pm$ 100
1,00	30 $\pm$ 50	53 $\pm$ 40	0 $\pm$ 100
2,00	60 $\pm$ 50	90 $\pm$ 40	0 $\pm$ 100
3,00	60 $\pm$ 50	75 $\pm$ 40	0 $\pm$ 60
3,75	0 $\pm$ 50	0 $\pm$ 40	—
3,58	—	—	$-$170 $\pm$ 30
4,00	—	—	$-$295 $\pm$ 85
4,43	$-$170 $\pm$ 35	$-$170 $\pm$ 40	—
4,80	$-$260 $\pm$ 75	$-$400 $\pm$ 90	—

[a] Niederlande, Spanien.

[b] Bundesrepublik Deutschland und andere Länder.

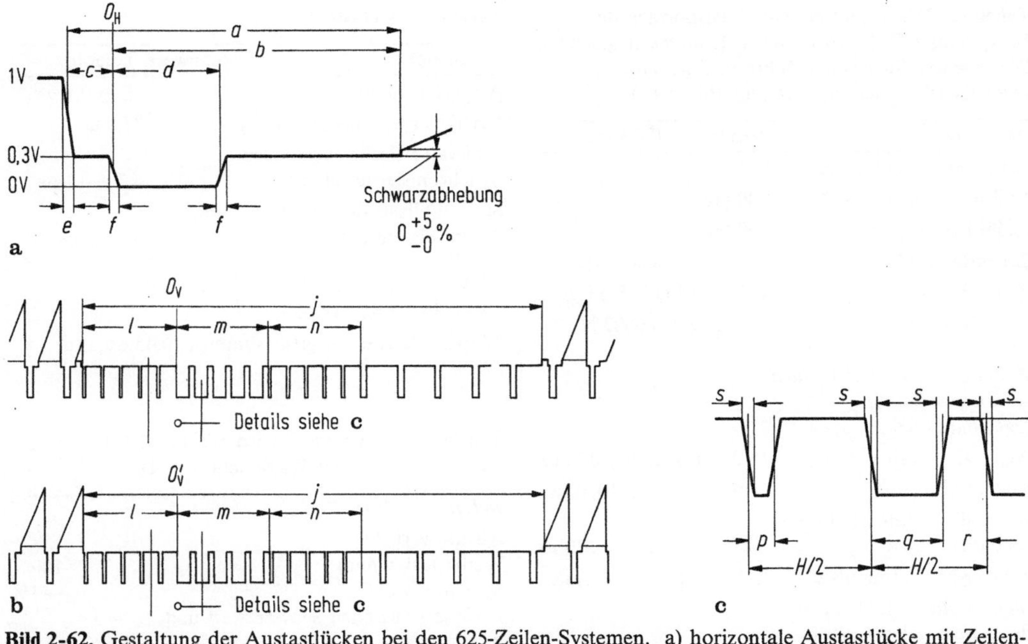

Bild 2-62. Gestaltung der Austastlücken bei den 625-Zeilen-Systemen. a) horizontale Austastlücke mit Zeilensynchronzeichen, O_H Zeilenbeginn; b), c) vertikale Austastlücke mit entsprechendem Synchronzeichen (beide Halbraster). O_V Beginn des ersten, O_V' Beginn des zweiten Halbrasters. Zahlenwerte entsprechend Tabelle 2-I

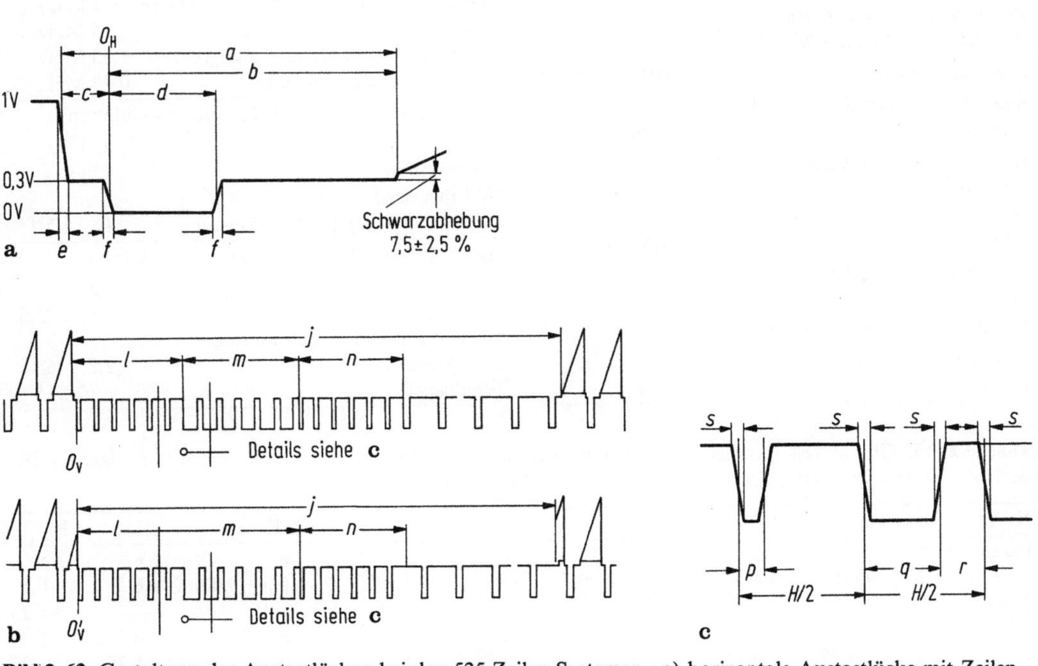

Bild 2-63. Gestaltung der Austastlücken bei den 525-Zeilen-Systemen. a) horizontale Austastlücke mit Zeilensynchronzeichen, O_H Zeilenbeginn; b), c) vertikale Austastlücke mit entsprechenden Synchronzeichen (beide Halbraster). O_V Beginn des ersten, O_V' Beginn des zweiten Halbrasters. Zahlenwerte entsprechend Tabelle 2-IV

Tabelle 2–IV. Videofrequente Basisnormen des M-Systems (525 Zeilen). Die in Klammern gesetzten Werte gelten für das monochrome Fernsehen (nach CCIR-Bericht 624–1) (vgl. Bild 2-63)

Parameter	Nennwert, Toleranz
Zeilenzahl je Vollraster Z	525
Vollrasterfrequenz $f_V/2$	30 Hz
Halbrasterfrequenz f_V	60 Hz
Zeilendauer H	63,5555 (63,492) µs
Zeilenfrequenz f_H	15 734,264 (15 750) Hz
Videobandbreite f_g	4,2 MHz $\pm$ 0,0003 %

Zeitintervalle im horizontalen Austastintervall (vgl. Bild 2–63)

Austastintervall a	10,2...11,4 (10,9 $\pm$ 0,2) µs
Intervall b	8,9...10,3 (9,2...10,3) µs
Intervall c (vordere Schwarz-schulter)	1,27...2,54 (1,27...2,22) µs
Zeilensynchronimpuls d	4,19...5,71 (4,7 $\pm$ 0,1) µs
Steig-/Fallzeit der Kanten e des horizontalen Austast-intervalls	$\leq 0{,}64$ ($\leq 0{,}48$) µs
Idem, Zeilensynchron-impuls f	$\leq 0{,}25$ µs

Zeitintervalle im vertikalen Austastintervall (vgl. Bild 2–63)

Austastintervall j	$(19...21)\cdot H + a^{\text{a}}$
Steig-/Fallzeit der Kanten j' des vertikalen Austastintervalls	$\leq 6{,}35$ µs
Intervall zwischen erster Flanke des vertikalen Austastintervalls und erster Kante des ersten Ausgleichs-impulses k	1,5 $\pm$ 0,1 µs
Erste Sequenz von Ausgleichs-impulsen l	3 H
Vertikale Synchronimpulse m	3 H
Zweite Sequenz von Ausgleichs-impulsen n	3 H

Tabelle 2–IV (Forts.)

Parameter	Nennwert, Toleranz
Ausgleichsimpulse p	2,3 $\pm$ 0,1 µs[b]
Vertikaler Synchronimpuls q	27,1 µs
Intervall zwischen vertikalen Synchronisierimpulsen r	4,7 $\pm$ 0,1 µs
Steig-/Fallzeit der Synchron- und Ausgleichsimpulse s	$\leq 0{,}25$ µs

[a] Japan: $0{,}07 \text{ V}_{-0}^{+0,01}$ V $(0{,}05 \text{ V}_{-0}^{+0,03}$ V); V = Halbrasterperiode.

[b] Japan: Breite Ausgleichsimpulse (0,45...0,5) d.

Tabelle 2–V. Weitere Basisdaten für die M-Norm (525 Zeilen; nach CCIR-Bericht 624–1)

Relativpegel BAS-Signal:

Austastwert A	0
Weiß (peak white)	100 %
Synchronwert	-43 %
Differenz zwischen Schwarzwert und Austastwert	7,5 % $\pm$ 2,5 %
Mittleres γ der Wiedergabeseite	2,2

Modulation und RF-Kanal:

Art und Polarität der Bildmodulation: A5C negativ
Bild-/Ton-Trägerabstand 4,5 MHz (Japan $\pm$ 1 kHz)

Breite des Übertragungskanals	6 MHz
Bildträger über unterer Kanalgrenze	1,25 MHz
Breite des Restseitenbandes	0,75 MHz

Tonmodulation: Art: F 3 (Frequenzmodulation)

Hub	$\pm$ 25 kHz
Pre-Emphase	75 µs
Bildträgerleistung (Synchronspitze)/Tonträgerleistung	10/1...5/1

Ausgestrahltes Signal in % des Spitzenträgers

Synchronpegel	100
Austastpegel	72,5...77,5
Differenz zwischen Schwarzpegel und Austastpegel	2,88...6,75
Weißpegel	10...15

Tabelle 2–VI. Charakteristiken des ausgestrahlten Signals (monochromes und farbiges Fernsehen; nach CCIR-Bericht 624–1). Nennwerte, Frequenzen in MHz (vgl. Bild 2-64)

Norm		M	N	B, G	H	I	D, K	K 1	L
Parameter	1	6	6	7; 8	8	8	8	8	8
(s. Bild	2	+4,5	+4,5	+5,5 $\pm$ 0,001	+5,5	+5,9996[a]	+6,5 $\pm$ 0,00	+6,5	+6,5
2–64)	3	−1,25	−1,25	−1,25	−1,25	−1,25	−1,25	−1,25	−1,25
	4	4,2	4,2	5	5	5,5	6	6	6
	5	0,75	0,75	0,75	1,25	1,25	0,75	1,25	1,25
Zeilenzahl		525	625	625	625	625	625	625	625
Halbraster/s		60	50	50	50	50	50	50	50

[a] Toleranz $\pm$ 0,0005.

Tabelle 2–VII. Kanalraster der B-Norm (Meterwellen) und G-Norm (Dezimeterwellen). In Europa haben auf den Dezimeterwellen alle Fernsehsysteme das gleiche 8-MHz-Kanalraster. Frequenzen in MHz.

Kanal	Bildträger	Tonträger
Bereich I (Meterwellen		
2	48,25	53,75
3	55,25	60,75
4	62,25	67,75
Bereich II (UKW-Hörfunk)		
Bereich III (Meterwellen)		
5	175,25	180,75
6	182,25	187,75
7	189,25	194,75
8	196,25	201,75
9	203,25	208,75
10	210,25	215,75
11	217,25	222,75
12[a]	224,25	229,75
Bereich IV (Dezimeterwellen)		
21	471,25	476,75
22	479,25	484,75
23	487,25	492,75
.	.	.
.	.	.
i	$471,25 + 8\,(i - 21)$ (Bildträger)	Bildträger + 5,5 MHz
.	.	.
37	599,25	604,75
Bereich V (Dezimeterwellen)		
38	607,25	612,75
39	615,25	620,75
40	623,25	628,75
.	.	.
.	.	.
j Bildungsgesetz wie oben		.
59	775,25	780,75
60	783,25	788,75

[a] Nicht in allen Ländern für das Fernsehen genutzt.

Tabelle 2–VIII. Kanäle des italienischen Meterwellen-Fernsehens (Basisnorm: CCIR B). Frequenzen in MHz

Kanal	Bildträger	Tonträger
A	53,25	58,75
B	62,25	67,75
C	182,25	87,75
D	175,25	180,75
E	184,25	189,75
F	192,25	197,75
G	201,25	206,75
H	210,25	215,75

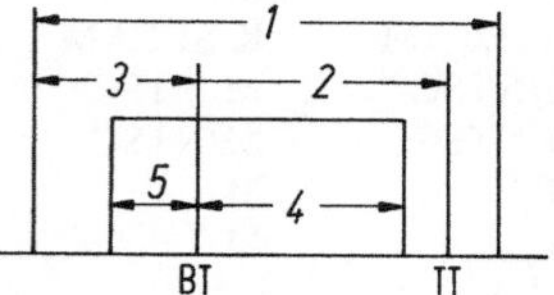

Bild 2-64. Trägerlagen und Bandgrenzen des ausgestrahlten Signals. *1* Kanalbreite; *2* Bild-/Ton-Trägerabstand; *3* Abstand Bildträger – untere Kanalgrenze; *4* Haupt-, *5* Rest-Seitenband. BT Bild-, TT Tonträger. Zahlenwerte entsprechend Tabelle 2-VI

Tabelle 2–IX. Länder und deren Fernsehnormen (willkürliche Auswahl aus der umfangreichen Liste des CCIR-Berichts 624–1). Viele Länder haben in Fußnoten Präzisierungen oder Reserven angebracht, worauf hier nicht eingegangen werden kann. Soweit bekannt, sind in der Liste auch die Farbfernsehsysteme eingetragen. Eine Reihe von Nationen haben sich in der Tabelle des CCIR noch nicht eintragen lassen.

Land	System im Bereich		Land	System im Bereich	
	I/III	IV/V		I/III	IV/V
Algerien	B, E/PAL	$G^a H^a$/PAL	Irland	I/PAL	I/PAL
BR Deutschland	B/PAL	G/PAL	Island	—	G^a
Saudiarabien	B/SECAM	G/SECAM	Israel	B	G
Argentinien	$N/^b$	$N/^b$	Italien	B/PAL	G/PAL
Australien	B/PAL	^{a}/PAL	Japan	M/NTSC	M/NTSC
Österreich	B/PAL	G/PAL	Marokko	B	H^a
Belgien	C, B/PAL	H/PAL	Mexiko	M	—
Brasilien	$M/^b$	$M/^b$	Norwegen	B/PAL	G^a
Bulgarien	D/SECAM	K/SECAM	Neuseeland	B/PAL	—
Kanada	M/NTSC	M/NTSC	Pakistan	B	—
Chile	M/NTSC	M/NTSC	Niederlande	B/PAL	G/PAL
Kolumbien	M	M	Peru	M	M
Kuba	M	M	Polen	D/SECAM	K/SECAM
Dänemark	B/PAL	G^a	Portugal	B	G
Ägypten	B	$G^a H^a$	DDR	B/SECAM	G/SECAM
Spanien	B/PAL	G/PAL	Rumänien	D	K^a
USA	M/NTSC	M/NTSC	Ungarn	D/SECAM	K/SECAM
Finnland	B/PAL	G/PAL	Südafrika	I^a	I^a
Frankreich	E (819 Z.)	L/SECAM	Schweden	B/PAL	G/PAL
Griechenland	B^a	G^a	Schweiz	B/PAL	G/PAL
Indien	B	—	CSSR	D/SECAM	K/SECAM
Indonesien	B/PAL	—	Türkei	B	G^a
Iran	B/SECAM	G/SECAM	Yugoslawien	B/PAL	G/PAL
Großbritannien	A (405 Z.)	I/PAL	Venezuela	M	
Luxemburg	C	L^a	UdSSR	D/SECAM	K/SECAM
Libyen	B^a	G^a	Uruguay	N	

[a] Geplant.   [b] PAL-Variante.

Tabelle 2–X. Satelliten-Fernseh- und Tonrundfunk im Bereich VI (11,7…12,5 GHz; Funkregionen 1 und 3, d. h. alle Kontinente außer Nord- und Südamerika). Wichtigste Systemdaten [2.27].

<table>
<tr><td rowspan="11" valign="middle">Basisbanddaten gelten für Fernsehen</td><td colspan="4" align="center">System-Grunddaten</td></tr>
<tr><td colspan="2">Modulationsart</td><td colspan="2">FM, mit Pre-Emphase</td></tr>
<tr><td colspan="2">Basisnorm am Modulatoreingang</td><td colspan="2">Videosignal + geträgertes Begleittonsignal</td></tr>
<tr><td colspan="2">Spitzen-Spitzen-Hub</td><td colspan="2">13,3 MHz</td></tr>
<tr><td colspan="2">Polarisation</td><td colspan="2">zirkular</td></tr>
<tr><td colspan="2">Leistungsflußdichte[a]</td><td colspan="2">-103 dBW/m^2 bzw. -111 dBW/m^2</td></tr>
<tr><td colspan="2">Durchmesser der Empfangsantenne[a]</td><td colspan="2">0,9 bzw. 1,8 m</td></tr>
<tr><td colspan="2">Rauschbandbreite</td><td colspan="2">27 MHz</td></tr>
<tr><td colspan="2">Träger-Rauschabstand[b]</td><td colspan="2">14 dB</td></tr>
<tr><td colspan="2">Luminanz-Rauschabstand[b]</td><td colspan="2">33…34 dB</td></tr>
<tr><td colspan="2">Begleittonübertragung[c]</td><td colspan="2">FM oder digital</td></tr>
<tr><td rowspan="24" valign="middle">Allgemein</td><td colspan="4" align="center">Kanalraster</td></tr>
<tr><td colspan="2" align="center">Kanal</td><td colspan="2">Frequenz in MHz</td></tr>
<tr><td colspan="2" align="center">1</td><td colspan="2">11 727,48</td></tr>
<tr><td colspan="2" align="center">2</td><td colspan="2">11 746,66</td></tr>
<tr><td colspan="2" align="center">3</td><td colspan="2">11 765,84</td></tr>
<tr><td colspan="2" align="center">⋮</td><td colspan="2">⋮</td></tr>
<tr><td colspan="2" align="center">i</td><td colspan="2">$11\,727{,}48 + 19{,}18\,(i-1)$</td></tr>
<tr><td colspan="2" align="center">⋮</td><td colspan="2">⋮</td></tr>
<tr><td colspan="2" align="center">40</td><td colspan="2">12 475,50</td></tr>
<tr><td colspan="4" align="center">Orbitlagen (6°-Raster, auf Greenwich bezogen) für einige europäische Zonen und Länder</td></tr>
<tr><td colspan="2" align="center">5° E</td><td colspan="2">Skandinavien</td></tr>
<tr><td colspan="2" align="center">1° W</td><td colspan="2">Osteuropa</td></tr>
<tr><td colspan="2" align="center">19° W</td><td colspan="2">Mehrzahl der Länder Westeuropas</td></tr>
<tr><td colspan="2" align="center">31° W</td><td colspan="2">Großbritannien, Irland,
Spanien, Portugal</td></tr>
<tr><td colspan="4" align="center">Kanalgruppen- und Polarisations-Zuteilungen</td></tr>
<tr><td colspan="2" align="center">Kanäle 1–20</td><td colspan="2" align="center">Kanäle 21–40</td></tr>
<tr><td>Polarität 1</td><td>Polarität 2</td><td>Polarität 1</td><td>Polarität 2</td></tr>
<tr><td>Frankreich</td><td>Deutschland</td><td>Belgien</td><td>Italien</td></tr>
<tr><td>Großbritannien</td><td>Österreich</td><td>Niederlande</td><td>Schweiz</td></tr>
<tr><td>Liechtenstein</td><td>Dänemark</td><td>Yugoslawien</td><td>Dänemark</td></tr>
<tr><td>Luxemburg</td><td>Schweden</td><td>Monaco</td><td>Schweden</td></tr>
<tr><td>Griechenland</td><td>Norwegen</td><td>Vatikan</td><td>Norwegen</td></tr>
<tr><td>Rumänien</td><td>CSSR</td><td>Ungarn</td><td>Spanien</td></tr>
<tr><td>Irland</td><td>Portugal</td><td>Zypern</td><td>DDR</td></tr>
<tr><td>Türkei</td><td>Finnland</td><td>Island</td><td>Finnland</td></tr>
</table>

[a] Am Rand der Versorgungszone; erster Wert: Einzelempfang, zweiter Wert: Gemeinschaftsempfang
[b] Über 99 % des ungünstigsten Monats.
[c] Via Hilfsträger oberhalb des Videobandes.

2.9.2 Methodik systemtechnischer Basisband-Untersuchungen im Zeitbereich

Allgemeines; spezielle Zeitfunktionen

Die Art der Abtastung bringt es beim Fernsehen mit sich, daß zwischen Bildinhalt und Zeitfunktion eine enge Beziehung besteht. Berechnungen werden deshalb häufig mit Vorteil im Zeitbereich durchgeführt. Abtast- und Wiedergabevorgänge führen mathematisch auf die Problemstellung der Faltung. In allen Fällen wird Linearität und Gedächtnisfreiheit vorausgesetzt. Die Ausführungen dieses Unterabschnitts beziehen sich auf unmodulierte Signale im Videobereich (Basisband).

Zur zeitlichen Charakterisierung von Netzwerken — idealisierten und physikalisch realisierbaren — wird häufig der Einheitsimpuls (Deltaimpuls) oder der Einheitssprung, gelegentlich auch das Rampensignal, herangezogen. Die wichtigsten Eigenschaften dieser „Testzeichen" sind Bild 2–65 zu entnehmen. Alle drei Signale enthalten Unstetigkeiten. Die mathematische Behandlung erfordert deshalb besondere Sorgfalt. In der dritten Kolonne wird eine häufig angewandte heuristische Umschreibung der Zeitfunktionen gegeben.

„Mathematisierbarkeit" solcher spezieller Zeitfunktionen

Berechnungen mit „idealisierten Prüfsignalen" haben einen hohen Grad an Anschaulichkeit. Bei deren Anwendung in der gewohnt heuristisch-intuitiven Weise werden einem deshalb im allgemeinen kaum Fehler unterlaufen. Mathematisch gesehen erfüllen aber Zeitfunktionen dieser Art in vielen Fällen die Bedingungen der klassischen Analysis, wie Stetigkeit bzw. Differenzierbarkeit, nur stückweise. Im Fall des Einheitsimpulses und Einheitssprungs kann z.B. für den Zeitpunkt Null nicht ohne weiteres ein Funktionswert angegeben werden.

Eine genaue mathematische Behandlung des Problems führte um 1945 auf den Begriff der verallgemeinerten Funktionen oder Distributionen (L. Schwartz). Eine stetige Funktion ist nun ein Sonderfall einer Distribution. Zur Betrachtungsweise von Schwartz, die sich auf die Funktionsanalysis und die Theorie der linearen Räume abstützt und formal umfassend ist, gesellte sich wenig später diejenige von J. Mikusinski, welche besonders anschaulich ist, da sie den Distributionen Klassen äquivalenter Folgen von Zeitfunktionen, die für sich die Bedingungen der klassischen Analysis erfüllen — sog. Fundamentalfolgen — zuordnet

Benennung und Symbol	Verlauf der Zeitfunktion	Mathematische Umschreibung	Fouriertransformierte und Spektrum	Laplace-Transformierte
Einheitsimpuls $\delta(t)$	$1/2\varepsilon$; $\varepsilon \to 0$; $-\varepsilon$, 0, $+\varepsilon$, t	$\displaystyle\int_{-\varepsilon}^{\varepsilon} f(t)\,dt = 1$ $f(t) = 0$ für $\|t\| > \varepsilon$	$\|F(j\omega)\| = 1$; $-\infty$, ∞; 0, ω	$L\{f(t)\} = 1$
Einheitssprung $s(t)$	1; 0, t	$f(t) = 0$; $t < 0$ $f(t) = 1$; $t > 0$	$\|F(j\omega)\| = 1/\omega$; 0, ω	$L\{f(t)\} = 1/p$
Rampe $r(t)$	0, t	$f(t) = 0$; $t < 0$ $f(t) = t$; $t > 0$	$\|F(j\omega)\| = 1/\omega^2$; 0, ω	$L\{f(t)\} = 1/p^2$

Bild 2-65. Eigenschaften wichtiger Signale im Zeit- und Frequenzbereich

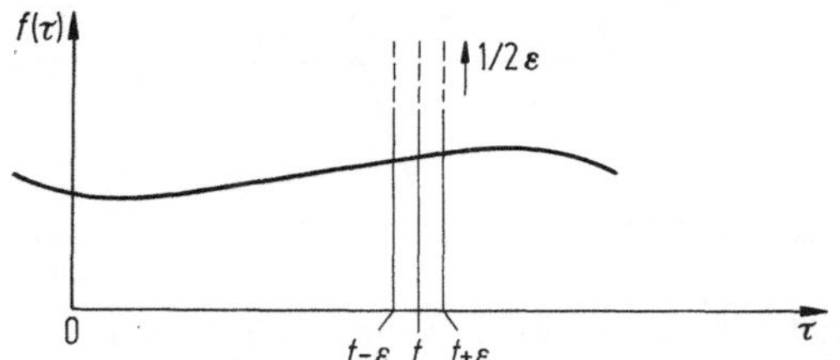

Bild 2-66. Implizite Definition des Einheitsimpulses (Erläuterungen im Textteil)

[2.6; 2.39]. Die für stetige Funktionen bekannten Rechenregeln für Operationen wie Differentiation, Integration, Faltung oder Laplace-Transformation lassen sich bei der Darstellung von Mikusinski leicht auf Distributionen erweitern [2.40].

Definition, Eigenschaften und Anwendung des Einheitsimpulses

Der Einheitsimpuls (die Deltafunktion) kann mathematisch auf verschiedene Weise definiert werden. Er läßt sich als Grenzfall eines periodischen Rechteckwechsels (vgl. Bild 2–06) auffassen. Läßt man die Impulsbreite gegen Null und die Periode gegen Unendlich gehen, wandern die Nullstellen der Frequenzfunktion gegen Unendlich und die Abstände zwischen benachbarten Spektrallinien gegen Null; es resultiert das in Bild 2–65 eingezeichnete flache, kontinuierliche Spektrum.

Eine implizite Definition nimmt das Faltungsintegral zuhilfe. Ist $f(t)$ eine im Sinne der klassischen Analysis stetige Zeitfunktion, so soll gelten (Bild 2–66)

$$f(t) = \int_{t=-\infty}^{\infty} f(\tau)\,\delta(t-\tau)\,\mathrm{d}\tau. \qquad (2.30)$$

Der Einheitsimpuls ist damit diejenige Funktion, welche, mit einer gegebenen Zeitfunktion gefaltet, diese in sich selbst reproduziert.

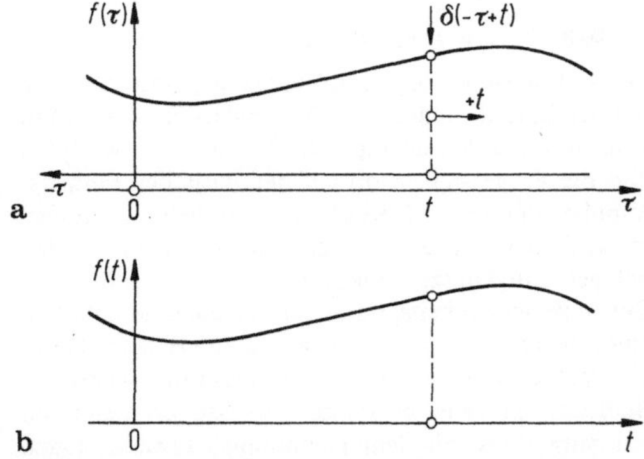

Bild 2-67. Vorgang (a) und Ergebnis (b) der Faltung einer Zeitfunktion mit einem Einheitsimpuls

Man kann nun, da $f(t) \cong f(t \pm \varepsilon)$ ist, auch schreiben

$$f(t) \cong f(t) \int_{t-\varepsilon}^{t+\varepsilon} (t-\tau)\,\mathrm{d}\tau = f(t), \qquad (2.31)$$

womit gezeigt ist, daß das Integral

$$\int_{t-\varepsilon}^{t+\varepsilon} (t-\tau)\,\mathrm{d}\tau,$$

das dem Einheitsstoß entspricht, tatsächlich den Wert Eins annimmt. Die Zeitfunktion $f(\tau)$ gewichtet damit im oben angeschriebenen Faltungsintegral den Einheitsimpuls an der Stelle $t = \tau$ (Bild 2–67).

Das Einheitssprungsignal (die Schrittfunktion)

Der Einheitssprung kann als Integral des Einheitsstoßes aufgefaßt werden. Liegt der Deltaimpuls bei $t = 0$, läßt sich schreiben

$$s(t) = \int_{-\infty}^{t} \delta(t)\,\mathrm{d}t = \int_{0}^{t} \delta(t)\,\mathrm{d}t = \begin{cases} 0; & t < 0 \\ 1; & t > 0 \end{cases}. \qquad (2.32)$$

Für die ausführliche Ableitung geht man von der oben aufgeführten impliziten Definition des Deltaimpulses durch das Faltungsintegral aus:

$$f(t) = \int_{t=-\infty}^{\infty} f(\tau)\,\delta(t-\tau)\,\mathrm{d}\tau = \int_{0}^{\infty} \delta(t-\tau)\,\mathrm{d}\tau, \text{ da}$$

$$f(\tau) = \begin{cases} 0; & \tau < 0 \\ 1; & \tau > 0 \end{cases} \text{ (Einheitssprung)},$$

und ersetzt $t - \tau$ durch die Hilfsvariable x. Unter Anwendung der Substitutionsregel der Integralrechnung (bestimmte Integrale; Umkehrung der Kettenregel der Differentialrechnung) ergibt sich

$$f(t) = \int_{0}^{\infty} \delta(t-\tau)\,\mathrm{d}\tau = \int_{-\infty}^{t} \delta(x)\,\mathrm{d}x = \int_{0}^{t} \delta(x)\,\mathrm{d}x.$$

Eine Darstellung dieser Zusammenhänge findet sich z.B. in [2.7].

Der Einheitssprung kann zwar, wie gezeigt, durch Integration aus dem Einheitsimpuls gewonnen werden; umgekehrt führt eine Differentiation des Einheitssprungs aber nicht etwa auf den Einheitsimpuls, sondern bei der Sprungstelle auf den Wert Unendlich. Man kann dies so deuten, daß bei einem unendlich steilen Sprunganstieg die Deltafunktion die Fläche Eins nur bei unendlich großer Impulshöhe erreichen kann.

Weitere gebräuchliche Schreibweise für das Sprungsignal

Küpfmüller gibt in [2.2] für die Schrittfunktion eine etwas andere Schreibweise an, die — vor allem in den Vierziger- und Fünfzigerjahren — von einer Reihe von Autoren (z.B. [2.33]) übernommen wurde.

Läßt man bei einer Rechteckschwingung (Bild 2–68) die Periode T gegen Unendlich gehen, ergibt sich für den Einheitssprung nach Zwischenrechnung die folgende Beziehung:

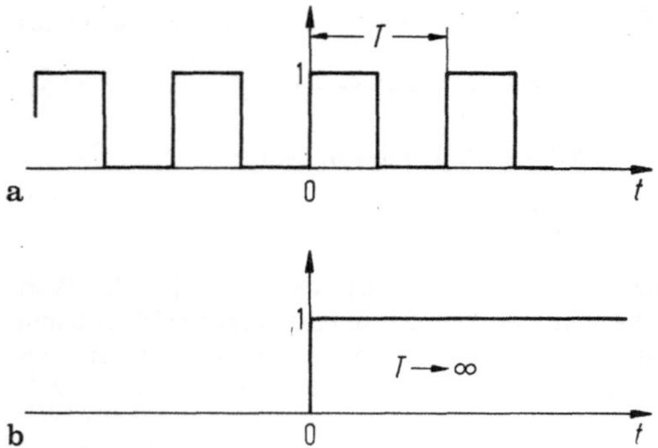

a

b

Bild 2-68. Einheitssprung (b) als Grenzfall einer Rechteckschwingung (a)

$$s(t) = \frac{1}{2} + \frac{1}{\pi} \int_0^\infty \frac{\sin \omega t}{\omega}\, d\omega. \tag{2.33}$$

Der Integralausdruck für sich, ohne den Faktor $1/\pi$, wird Dirichletsches Integral genannt; es ist ein Rechteckwechsels, der in den Grenzen $-\infty < t < +\infty$ definiert ist und der bei $t = 0$ von $-\pi/2$ nach $+\pi/2$ springt.

Eine interessante Frage ist, ob bei der Herleitung der Sprungfunktion aus einer von $-\infty$ bis $+\infty$ verlaufenden Rechteckschwingung das Kausalitätsprinzip nicht verletzt wird, denn das Schließen eines Schalters (d. h. Anlegen der Einheitsspannung oder des Einheitsstroms an eine Schaltung) hat ja keine Vorgeschichte. Küpfmüller vertrat die Auffassung, daß es genüge, daß die Darstellung theoretisch formal richtig sei und ein exaktes Bild der tatsächlichen physikalischen Vorgänge abgebe.

Die Küpfmüllersche Darstellungsweise ist z.B. recht zweckmäßig wenn es um die Ermittlung der Schrittantwort des idealen Tiefpasses geht, indem man hier einfach schreiben kann

$$s(t) = \frac{1}{2} + \frac{1}{\pi} \int_0^{\omega_g} \frac{\sin \omega(t - t_0)}{\omega}\, d\omega.$$

Darin ist

$$\int_0^{\omega_g} \frac{\sin \omega(t - t_0)}{\omega}\, d\omega = \int_0^{\omega_g(t - t_0)} \operatorname{si} x\, dx, \tag{2.34}$$

mit

$$\int_0^x \operatorname{si} x\, dx = \operatorname{Si} x$$

(Integralsinus); ω_g Grenzkreisfrequenz; t_0 Signallaufzeit und $\operatorname{si} x = (\sin x)/x$ (Spaltfunktion).

Das obige Integral läßt sich durch Reihenentwicklung auswerten. Man erhält

$$\operatorname{Si}(x) = x - x^3/3 \cdot 3! + x^5/5 \cdot 5! - x^7/7 \cdot 7! + \cdots.$$

Den Integralsinus findet man z.B. in [2.47] tabelliert. Definiert man eine Steigzeit τ_g als Intervall der Schnittpunkte der Funktions-Wendetangente mit den Ordi-

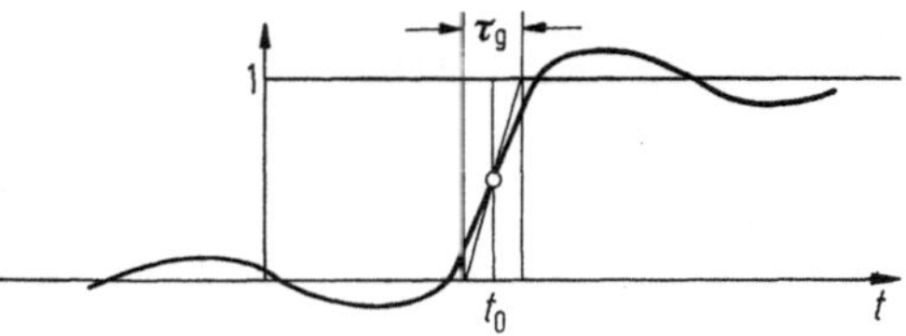

Bild 2-69. Sprungantwort des idealen Tiefpasses

natenwerten 0 und 1, ergibt sich zunächst für die Tangentensteigung m (Bild 2–69) die Beziehung

$$m = ds/dt|_{t=t_0} = \frac{1}{\pi} \omega_g \operatorname{si} \omega_g (t - t_0) = \omega_g/\pi. \tag{2.35}$$

Daraus errechnet sich die Steigzeit zu

$$\tau_g = 1/m = \pi/\omega_g = 1/2 f_g.$$

Da die Vorschwinger der Integralsinusfunktion theoretisch bei $t = -\infty$ beginnen, müßte man — streng genommen — t_0 gegen ∞ gehen lassen (Tiefpaß mit Kreisgüten ∞).

Das *Rampensignal,* das hier nur kurz gestreift werden soll, entspricht dem Integral des Einheitssprungs. Man kann schreiben (vgl. Bild 2–65)

$$r(t) = \int_{-\infty}^t s(t)\, dt = \int_{-\infty}^0 0 \cdot dt + \int_0^t 1 \cdot dt = \begin{cases} 0; & t < 0 \\ t; & t > 0 \end{cases}. \tag{2.36}$$

Das Rampensignal kann z.B. bei der theoretischen Behandlung von Ablenkschaltungen von Interesse sein.

Anwendung des Faltungsintegrals für Berechnungen im Zeitbereich

Es sei angenommen, ein linearer, gedächtnisfreier Vierpol habe der Frequenzgang $H(j\omega)$ und werde mit einem Signal $F(j\omega)$ beschickt. Das Ausgangssignal ist dann $G(j\omega) = F(j\omega)\, H(j\omega)$ bzw. in Amplituden- und Phasengang aufgespalten:

$$F(j\omega) = A_1(\omega) \exp[j\varphi_1(\omega)]$$
$$H(j\omega) = A_2(\omega) \exp[j\varphi_2(\omega)] \tag{2.37}$$
$$G(j\omega) = A_1(\omega) \cdot A_2(\omega) \cdot \exp[j\{\varphi_1(\omega) + \varphi_2(\omega)\}]$$

Das Faltungsintegral wurde bereits in Zusammenhang mit der Definition des Einheitsimpulses erwähnt. Man kann nun bei den dortigen Ausführungen anknüpfen und die Frage stellen, ob auf der Basis des Einheitsimpulses und seiner Definition als spezielles Faltungsintegral nicht im Zeitbereich Berechnungen mit beliebigen Eingangszeitfunktionen möglich sind.

Ein einzelner Einheitsimpuls vermag die Eigenschaften eines linearen Vierpols vollständig zu erfassen. Da er ein flaches, kontinuierliches Spektrum mit spektralen Beiträgen korrelierter Phase aufweist, erscheint am Ausgang eines mit dem Deltaimpuls beaufschlagten Netzwerks im Prinzip dessen komplexer Frequenzgang.

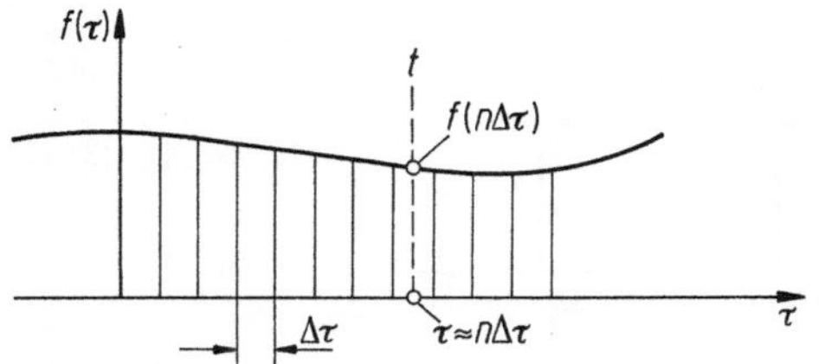

Bild 2-70. Annäherung einer Zeitfunktion durch eine Treppenkurve

Liegt eine beliebige Zeitfunktion am Eingang des Vierpols vor, läßt sich diese z.B. durch eine Treppenkurve, wie in Bild 2–70 angedeutet, annähern. Für die Zeitfunktion läßt sich schreiben

$$f(t) \cong \sum_{n=-\infty}^{\infty} f(n\,\Delta\tau)\,\delta(t - n\Delta\tau)\,\Delta\tau, \qquad (2.38)$$

d.h. den einzelnen $\Delta\tau$-Bereichen werden, analog zu den Ausführungen im Zusammenhang mit der Definition des Einheitsimpulses, Deltafunktionen zugeordnet, welche durch den Mittelwert der Zeitfunktion an der entsprechenden Stelle gewichtet sind. In gleicher Weise gilt für das Ausgangssignal

$$g(t) \cong \sum_{n=-\infty}^{\infty} f(n\,\Delta\tau)\,h(t - n\,\Delta\tau), \qquad (2.39)$$

worin $h(t - n\,\Delta\tau)$ definitionsgemäß die Antwort des Netzwerks auf den δ-Impuls an der Stelle $n\,\Delta\tau$ ist. Läßt man nun $\Delta\tau$ gegen Null konvergieren, geht die Summe des zweiten Ausdrucks in das Faltungsintegral über:

$$g(t) = \int_{t=-\infty}^{\infty} f(\tau)\,h(t - \tau)\,\mathrm{d}\tau = f(t) * h(t). \qquad (2.40)$$

Dem Vorgang der Multiplikation von Frequenzgängen im Frequenzbereich entspricht also im Zeitbereich der Prozeß der Faltung. Die Funktionen f und h dürfen unter dem Faltungsintegral vertauscht werden (vgl. Abschnitt 2.2.1):

$$g(t) = \int_{t=-\infty}^{\infty} f(\tau)\,h(t - \tau)\,\mathrm{d}\tau = \int_{t=-\infty}^{\infty} f(t - \tau)\,h(\tau)\mathrm{d}\tau. \qquad (2.41)$$

Der Vorgang der Faltung besitzt, wie in den Bildern 2–09 und 2–10 gezeigt wird, einen hohen Grad von Anschaulichkeit. Er läßt sich auf physikalisch realisierbare und ideale Netzwerke anwenden. An die Eingangszeitfunktion müssen keine besonderen Anforderungen gestellt werden; es genügt, daß sie stückweise stetig und integrierbar sind (vgl. z.B. [2.6; 2.7; 2.40].

Nachfolgend seien Faltung und Laplacetransformation als oft gleichwertige Methoden an einem einfachen Beispiel einander gegenübergestellt.

Aufgabe: Zwei einfache integrierende RC-Netzwerke (Bild 2–71) seien über eine (nicht eingezeichnete) Trennstufe (Übertragungsfaktor 1) in Kette geschaltet. Man berechne die Impulsantwort $g(t)$ der Gesamtanordnung.

Bei Anwendung des Faltungsintegrals ergibt sich, mit $a = 1/RC$, der folgende Rechengang (Bild 2–72):

$$\left.\begin{aligned} g(t) &= \int_{-\infty}^{t} a \exp[-a(t-\tau)]\, a \exp(-a\tau)\,\mathrm{d}\tau \\ &= a^2 \exp(-at) \int_{-\infty}^{t} \mathrm{d}\tau = a^2\, t \exp(-at). \end{aligned}\right\} (2.42)$$

Die Impulsantwort des einzelnen RC-Gliedes, $h(t) = a \exp(-at)$, wird dabei als bekannt vorausgesetzt.

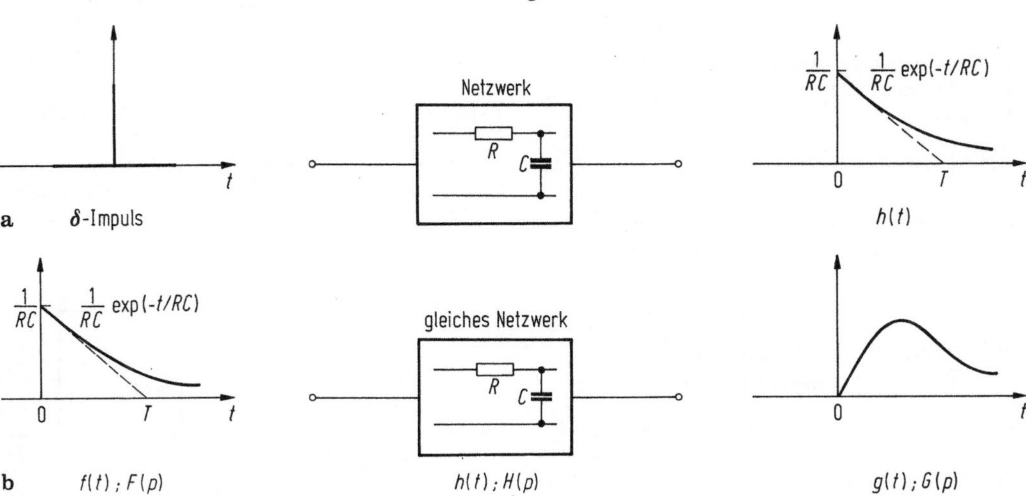

Bild 2-71. a) Impulsantwort des einfachen RC-Integrationsnetzwerks. b) Faltung der Impulsantwort mit sich selber. Dies entspricht der Impulsantwort zweier in Kette geschalteter unter sich entkoppelter Netzwerke dieser Art. Es gilt: $g(t) = f(t) * h(t) = h(t) * h(t)$ bzw., im Frequenzbereich, $G(p) = F(p)\,H(p) = H^2(p)$

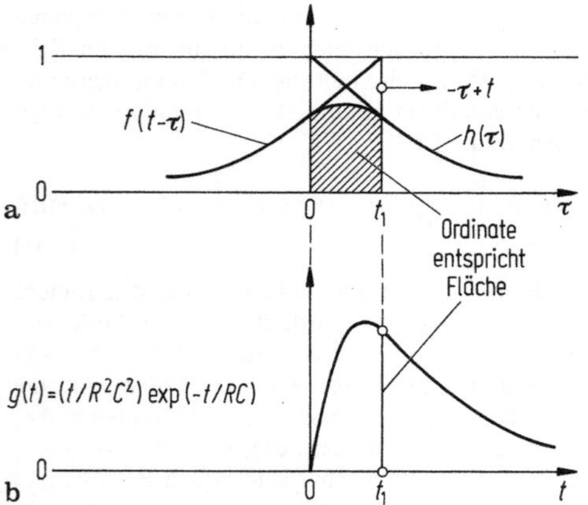

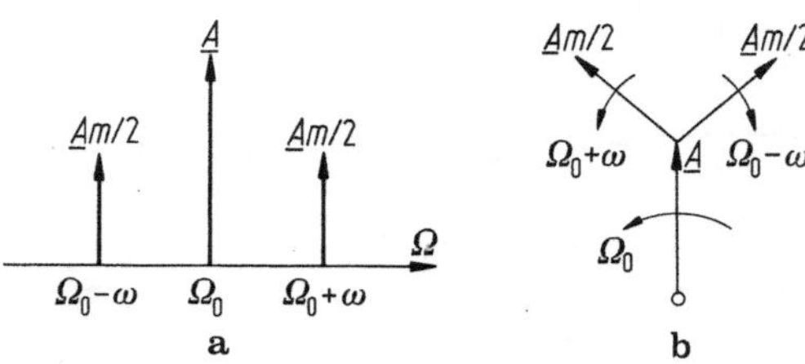

Bild 2-73. a) Spektrum, b) Vektordiagramm eines sinusförmig in der Amplitude modulierten Trägers

Bild 2-72. Erläuterung des Vorgangs der Faltung am vorliegenden Beispiel. Eine der beiden Impulsantworten wird an der Ordinate umgeklappt („gefaltet") und hierauf von $\tau = -\infty$ her bis zur oberen Integrationsgrenze t_1 über die zweite Zeitfunktion „gezogen". Dabei werden laufend die Produkte der Ordinatenwerte der beiden Funktionen gebildet und aufsummiert (schraffierte Fläche in Teilfigur a). In der gesuchten Funktion $g(t)$ entspricht diese Fläche dem Funktionswert bei t_1. Im vorliegenden Fall ist $g(t)$ für negative t-Werte Null; zur Ermittlung des gesamten Verlaufs von $g(t)$ ist t_1 von 0 bis $+\infty$ zu verschieben (Teilfigur b)

Im Falle der Laplacetransformation ist zunächst der komplexe Übertragungsfaktor des einzelnen RC-Netzwerks zu berechnen. Es ist mit $p = \mathrm{j}\omega + \delta$

$$\frac{u_2}{u_1} = \frac{1/pC}{(R + 1/pC)} = \frac{a}{p + a}, \tag{2.43}$$

worin $a = 1/RC$ wie in Gl. (2.42).

Die Serienschaltung der voneinander entkoppelten Netzwerke entspricht eine Quadrierung des Übertragungsfaktors,

$$\left(\frac{u_2}{u_1}\right)^2 = \frac{a^2}{(p + a)^2}. \tag{2.44}$$

Korrespondenztabellen [2.2; 2.6; 2.15; 2.40–2.43] ist als rücktransformierte Funktion zu entnehmen:

$$g(t) = a^2 t \exp(-at). \tag{2.45}$$

2.9.3 Rechnerische Behandlung der Restseitenbandübertragung

Die nachfolgende Darstellung bezieht sich auf den Fall idealisierter Filterflanken, analog zum idealen Tiefpaß im Videobereich. Die verwendeten Symbole haben die folgende Bedeutung:

Ω Trägerkreisfrequenz (allgemein)
Ω_0 Bildträger-Kreisfrequenz

$f(t)$ Zeitfunktion im Basisband
m Modulationsgrad, $0 < m \leq 1$
A Amplitude des unmodulierten Trägers (Betrag des Trägervektors $\underline{A}$)
$s(t)$ Momentanwert des modulierten Signals (Sender-Ausgangssignal)
$\omega = \Omega - \Omega_0$ Basisband-Bezugskreisfrequenz
ω_0 Eckkreisfrequenz bei idealisierter Nyquistflanke, auf Basisband bezogen
ω_g Basisband-Grenzkreisfrequenz
$r(\omega)$ Verlauf der Nyquistflanke, auf Bildträger-Kreisfrequenz bezogen. Es gilt: $r(-\omega) = -r(\omega)$ (ungerade Funktion)
M Summe der Beträge der Seitenbandvektoren

Bei *Zweiseitenband-Amplitudenmodulation* gelten zunächst die folgenden allgemein bekannten Beziehungen (Anfangsphasen von Ω_0 und ω willkürlich gleich Null gesetzt):

$$s(t) = A\{1 + m \cdot f(t)\} \cos \Omega_0 t,$$

bzw. für die einzelne Basisbandkomponente,

$$\left. \begin{aligned} s(t) &= A\{1 + m \cdot \cos \omega t\} \cos \Omega_0 t \\ &= A \cos \Omega_0 t + \frac{Am}{2} \cos(\Omega_0 - \omega)t \\ &\quad + \frac{Am}{2} \cos(\Omega_0 + \omega)t. \end{aligned} \right\} \tag{2.46}$$

Zugehöriges Spektrum und Vektordiagramm sind in Bild 2–73 aufgezeigt.

Durch den *Restseitenbandbetrieb* werden der Träger und die Seitenbänder in der in Bild 2–74 gezeigten Weise in der Amplitude modifiziert.

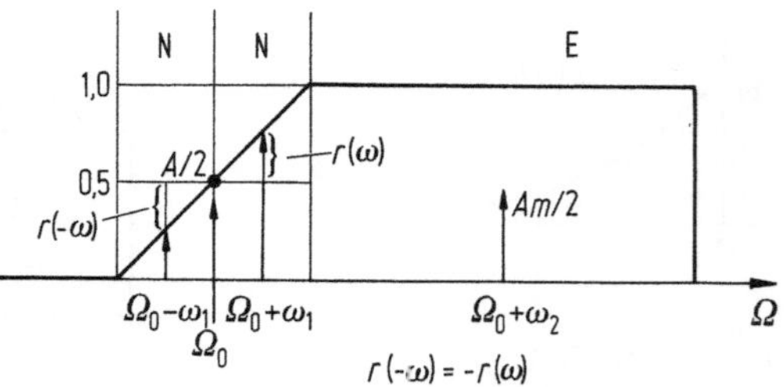

Bild 2-74. Idealisierte Durchlaßcharakteristik des Fernsehempfängers (entspricht Gesamtamplitudengang der Übertragung)

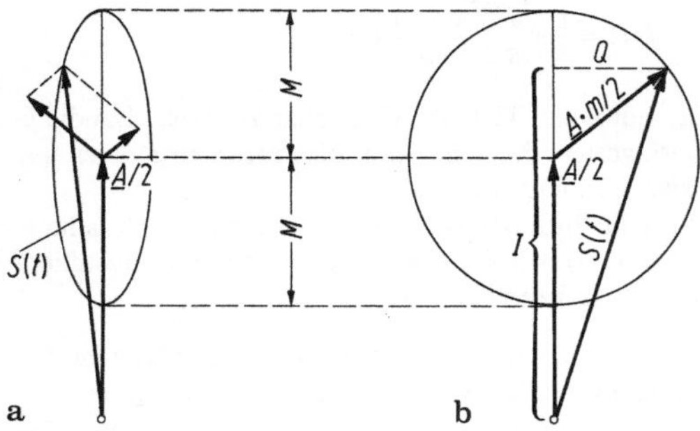

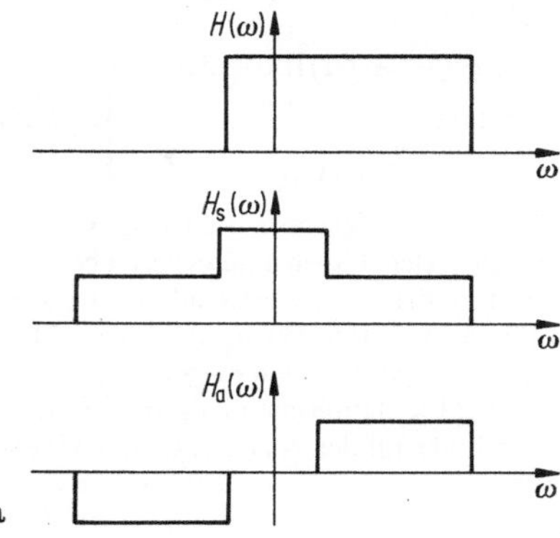

Bild 2-75. Vektordiagramm der Übertragung; a) Restseitenband-, b) Einseitenbandbereich. $\underline{A}/2$ Trägervektor, $\underline{A}m/2$ Seitenbandvektor im Einseitenbandbereich, I Inphasen-, Q Quadraturkomponente, $S(t)$ Umhüllende der Zeitfunktion

Die einzelne harmonische Komponente wird im Empfänger bei Enveloppendemodulation wie folgt in das Basisband (Videoband) umgesetzt: die Summe M der Beträge der Seitenbandvektoren im Bereich der Nyquistflanke ist gleich dem Betrag des Seitenbandvektors im Einseitenbereich (Bild 2–75),

$$M = \frac{Am}{2}\left[\tfrac{1}{2} - r(\omega)\right] + \frac{Am}{2}\left[\tfrac{1}{2} + r(\omega)\right] = \frac{Am}{2}. \quad (2.47)$$

Dabei hat die Ortskurve der ungleichen Seitenbandvektoren die Form einer Ellipse, die bei Laufzeitfehlern schief steht.

Allgemeine Hinweise zum Restseitenbandproblem

Wird eine analytische Behandlung unter allgemeineren Bedingungen als den oben dargelegten angestrebt, ist es zweckmäßig, den Übertragungspfad in zwei parallele Zweige — einen symmetrischen und einen antisymmetrischen — aufzuteilen. Man kann dies sowohl für das ausgestrahlte Signal als auch für das Signal am Eingang des Demodulators im Empfänger vornehmen (Bild 2–76). Zur Vereinfachung der Zeichnung sind idealisierte Filterflanken eingetragen [2.33; 2.46]. Allgemein gilt:

$$H_{\mathrm{s}}(\omega) = H_{\mathrm{s}}(-\omega), \qquad \text{gerade Funktion};$$

$$H_{\mathrm{a}}(\omega) = -H_{\mathrm{a}}(-\omega), \qquad \text{ungerade Funktion}.$$

Für den Phasengang läßt sich schreiben:

$$\Phi_{\mathrm{s}}(\omega) = -\Phi_{\mathrm{s}}(-\omega) \equiv \Phi_{\mathrm{a}}(\omega) = -\Phi_{\mathrm{a}}(-\omega).$$

Die Notwendigkeit der Identität der Phasengänge ergibt sich aus der Parallelschaltung der beiden Zweige. Im übrigen werden von den Funktionen aber lediglich die aufgezeigten Symmetrieeigenschaften verlangt.

Definition des Modulationsgrades beim Fernsehen

Zur Definition des Modulationsgrades m beim Fernsehen wird zweckmäßigerweise der Schwarz-Weiß-

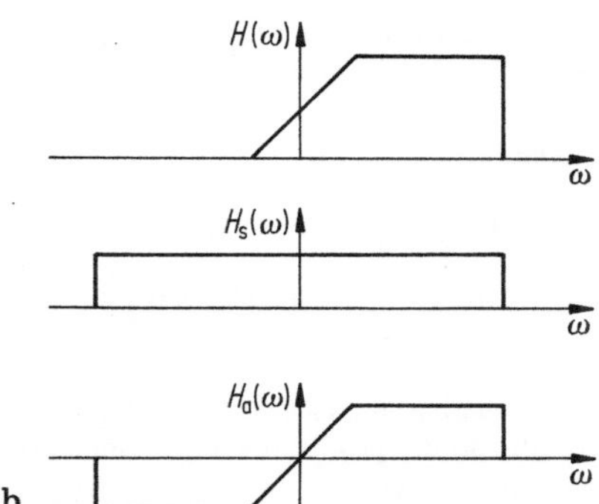

Bild 2-76. Aufspaltung der unsymmetrischen Übertragungscharakteristik $H(\omega)$ in einen symmetrischen und antisymmetrischen Teil; $H_{\mathrm{s}}(\omega)$, $H_{\mathrm{a}}(\omega)$. a) Sende-, b) Empfangsseite

Sprung herangezogen. Die Trägeramplitude wird dabei für den Weißwert (positive Modulation) bzw. Schwarzwert (negative Modulation) gleich Eins gesetzt (Bild 2–77). Dies führt bei der Zweiseitenband-Amplitudenmodulation auf folgende Beziehungen:

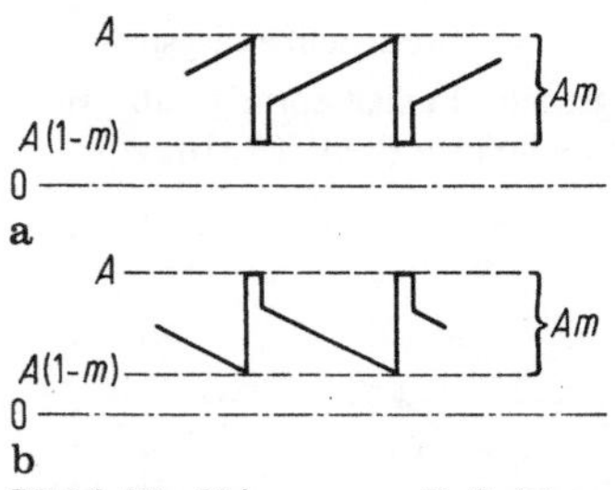

Bild 2-77. Skizzen zur Definition des Modulationsgrades m beim Fernsehen. a) positive, b) negative Modulation; A Trägerspitze, 0 Trägernullinie (Videosignal: Zeilensägezahn)

positive Modulation:

$$s(t) = A\{1 + m[-1 + f(t)]\}\cos\Omega_0 t,$$

negative Modulation:

$$s(t) = A[1 - m f(t)]\cos\Omega_0 t. \qquad (2.48)$$

In Bild 2-77 wird das Synchronzeichen zum Bildinhalt gezählt. In vielen Fällen interessiert aber nur der bildaktive Teil der Aussteuerkennlinie, so z.B. bei der Berechnung von Einschwingvorgängen. Man legt dann bei positiver Modulation die $A(1 - m)$-Linie und bei negativer Modulation die maßgebliche maximale Trägeramplitude auf den Austastwert des Videosignals.

positive Modulation:

$$s(t) = \left(1 - \frac{m}{2}\right) A \cos\Omega_0 t +$$
$$\frac{m}{2}\frac{A}{\pi}\int_0^\infty \frac{\sin(\Omega_0 + \omega)\,t - \sin(\Omega_0 - \omega)\,t}{\omega}\,d\omega; \qquad (2.49)$$

negative Modulation:

$$s(t) = \left(1 - \frac{m}{2}\right) A \cos\Omega_0 t -$$
$$\frac{m}{2}\frac{A}{\pi}\int_0^\infty \frac{\sin(\Omega_0 + \omega)\,t - \sin(\Omega_0 - \omega)\,t}{\omega}\,d\omega. \qquad (2.50)$$

Die negative Modulation unterscheidet sich damit im vorliegenden Fall von der positiven lediglich im Vorzeichen des zweiten Summanden.

Das positive Vorzeichen des zweiten und dritten Summanden gilt für positive, das in Klammern gesetzte negative Vorzeichen für negative Modulation.

Bei der Quadraturkomponente erscheint ein Integral vom Integralkosinus-Typ. Der Integralkosinus (Bild 2-78) ist wie folgt definiert:

$$\mathrm{Ci}(x) = -\int_x^\infty \frac{\cos x}{x}\,dx. \qquad (2.53)$$

Einschwingvorgänge in amplitudenmodulierten Fernseh-Übertragungssystemen

— Der Einheitssprung im Zweiseitenbandsystem

Der nicht bandbegrenzte Einheitssprung läßt sich videomäßig wie folgt schreiben (s. Gl. (2.33)):

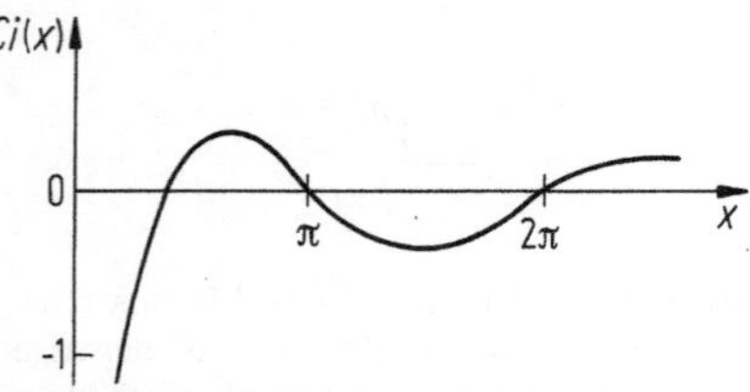

Bild 2-78. Verlauf der Integralkosinus-Funktion $Ci(x)$

$$f(t) = \frac{1}{2} + \frac{1}{\pi}\int_0^\infty \frac{\sin\omega t}{\omega}\,d\omega.$$

Bei idealem Tiefpaß (Videoband) bzw. Bandpaß (geträgerter Bereich) sind die Frequenzgrenzen ω_g bzw. $-\omega_g$ und $+\omega_g$ zu setzen.
Wird die Sprungfunktion in die allgemeinen Beziehungen von $s(t)$ des Vorabschnitts eingesetzt, resultiert nach Zwischenrechnung [2.33]:

— Der Einheitssprung im Restseitenbandsystem (Eingang Hüllkurvendemodulator Empfänger)

Aufgrund des in den vorhergehenden Abschnitten Dargelegten läßt sich, unter Annahme linearer Phasenbeziehungen $(\Phi_s(\omega) = \Phi_a(\omega) = k\omega,\quad k = \text{Konstante})$ schreiben [2.33]:

$$\begin{aligned}
s(t) = &\left\{\left(1 - \frac{m}{2}\right)\frac{A}{2}\cos\Omega_0 t\right\} H|(\Omega)\Big|_{\Omega=\Omega_0} \\
&(\pm)\frac{m}{2}\frac{A}{\pi}\int_0^\infty \frac{H_s(\Omega_0 + \omega)}{\omega} \\
&\{\sin((\Omega_0 + \omega)\,t + k\omega) - \\
&\quad \sin((\Omega_0 - \omega)\,t - k\omega)\}\,d\omega \\
&(\pm)\frac{m}{2}\frac{A}{\pi}\int_0^\infty \frac{H_a(\Omega_0 + \omega)}{\omega} \\
&\{\sin((\Omega_0 + \omega)\,t + k\omega) + \\
&\quad \sin((\Omega_0 - \omega)\,t - k\omega)\}\,d\omega
\end{aligned} \qquad (2.51)$$

Der obige Ausdruck läßt sich noch in Inphase- und Quadraturkomponente aufspalten:

$$\begin{aligned}
s(t) = &\left\{\left(1 - \frac{m}{2}\right)\frac{A}{2}H(\Omega_0)(\pm)\frac{mA}{\pi}\int_0^\infty H_s(\Omega_0 + \omega)\cdot\right. \\
&\left.\frac{\sin(\omega t + k\omega)}{\omega}\,d\omega\right\}\cos\Omega_0 t
\end{aligned}$$

(Inphasekomponente)

$$\begin{aligned}
(\pm)&\left\{\frac{mA}{\pi}\int_0^\infty H_a(\Omega_0 + \omega)\cdot\right. \\
&\left.\frac{\cos(\omega t + k\omega)}{\omega}\,d\omega\right\}\sin\Omega_0 t
\end{aligned} \qquad (2.52)$$

(Quadraturkomponente).

Ähnlich wie beim Integralsinus ist auch hier eine geschlossene Integration nicht möglich. Für große x-Werte ist $\mathrm{Ci}(x) \approx \mathrm{si}\,x$. In mathematischen Handbüchern findet man folgende Reihenentwicklung [2.40]:

$$\mathrm{Ci}(x) = C + \ln x - x^2/2\cdot 2! + x^4/4\cdot 4! - x^6/6\cdot 6! + \cdots,$$
$$x \neq 0. \qquad (2.54)$$

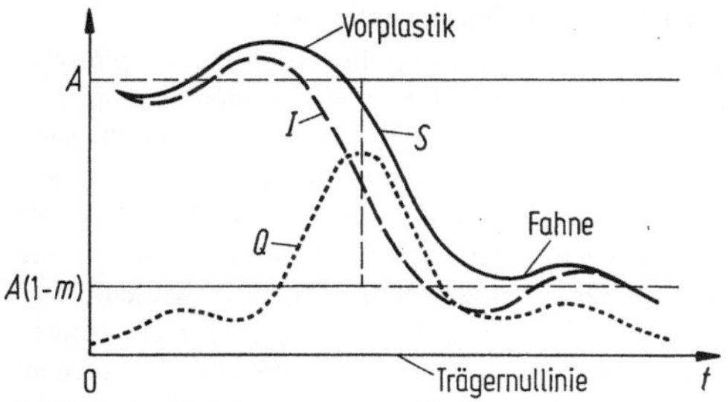

Bild 2-79. Umhüllende $S(t)$ der Sprungantwort bei einem idealen Bandpaßfilter im geträgerten Bereich (vgl. Bild 2-74). $I(t)$ Inphase-, $Q(t)$ Quadraturkomponente

Darin ist C die Eulersche Konstante (0,577216). (In [2.47] findet sich der Integralkosinus tabelliert.) Die Integrale in den vorangehenden Formeln sind nur dann einfach zu berechnen, wenn für den Verlauf von $H_s(\Omega_0 + \omega)$ und $H_a(\Omega_0 + \omega)$ idealisierende Annahmen getroffen werden (Bild 2−76). (Die linearen Phasenbeziehungen sind in der Darstellung bereits vorausgesetzt.)
Für ein ideales Filter mit scharfer Bandbegrenzung ergibt sich für die Umhüllende der Sprungantwort $S(t)$ bei großem Modulationsgrad m und negativer Modulation der in Bild 2−79 gezeigte Verlauf. Es gilt:

$$S(t) = \sqrt{[I(t)]^2 + [Q(t)]^2}, \qquad (2.55)$$

worin $I(t)$ und $Q(t)$ die Umhüllenden der Inphase- und Quadraturkomponente darstellen.
Man beachte, daß sich die Signalanteile von der Trägernullinie aus ergeben. Als Folge der Quadraturkomponente wird die Integralsinusfunktion in der Weise verzerrt, daß sich eine „Vorplastik" und eine „Fahne" einstellen.
Bei kleinem Modulationsgrad überwiegt die Inphasenkomponente und es resultieren nur kleine Signalverfälschungen. Dies ist auch der Fall in der Nähe der Trägerfrequenz Ω_0, da dort $|H_a| \ll H_s$ ist. Die Skizze gilt für den Schwarz-Weiß-Sprung bei negativer Modulation.

2.9.4 Ergänzende Ausführungen zur Theorie und Praxis der Schaltungstechnik

Ermittlung der Sprungantwort des RC-Kopplungsgliedes (ausführliche Darstellung)

Aufgrund von Bild 2−80 läßt sich zunächst schreiben

$$u(t) = Ri(t), \quad u_c(t) = \frac{q(t)}{C} = \frac{1}{C} \int_{-\infty}^{t} i(t)\, dt, \quad (2.56)$$

worin $q(t)$ die zeitlich variable Kondensatorladung darstellt. Im Falle des Einheitssprungs ergibt sich für $t > 0$ außerdem

$$u_c(t) + u_R(t) = 1. \qquad (2.57)$$

Werden die Gleichungen (2.56) in die Beziehung (2.57) eingesetzt, folgt nach Differentation

$$R\, di(t)/dt + i(t)/C = 0. \qquad (2.58)$$

Es sei nun der Lösungsansatz gemacht

$$i(t) = a \exp(-bt),$$
$$di(t)/dt = -ab \exp(-bt); \quad a, b \text{ Konstanten.}$$

Nach Einsetzen in Gl. (2.58) folgt

$$- Rab \exp(-bt) + \frac{a}{C} \exp(-bt) = 0, \text{ bzw.}$$
$$- Rb + 1/C = 0,$$

oder $b = 1/RC$, und folglich $i(t) = a \exp(-t/RC)$.

Zur Ermittlung der Konstanten a kann zunächst $u_c(0) = 0$ gesetzt werden, da die Spannung am Kondensator nicht sprunghaft ansteigen kann:

$$u_c(0) = \frac{1}{C} \int_{-\infty}^{0} i(t)\, dt = 0.$$

Damit wird $i(0+) = u(0+)/R = 1/R$, und mit $\exp(0) = 1 \quad a = 1/R$.

Die vollständige Lösung lautet mithin

für tiefe Frequenzen:

$$u_R(t) = R\, i(t) = \exp(-t/RC),$$

für hohe Frequenzen: $\qquad\qquad (2.59)$

$$u_c(t) = 1 - u_R(t) = 1 - \exp(-t/RC).$$

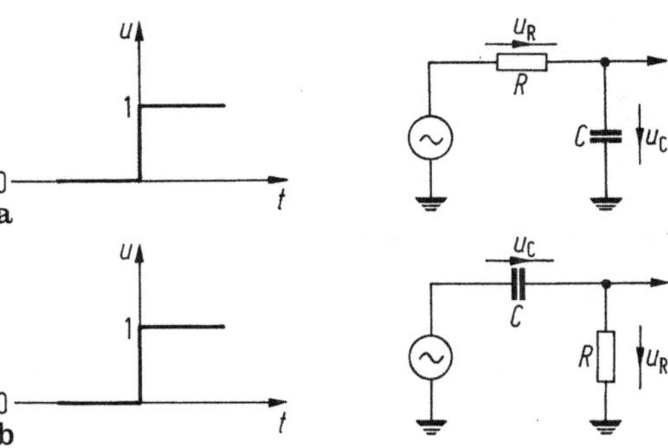

Bild 2-80. Einheitssprung am RC-Netzwerk. a) Sprungantwort über dem Kondensator, b) über dem Widerstand (vgl. Textteil)

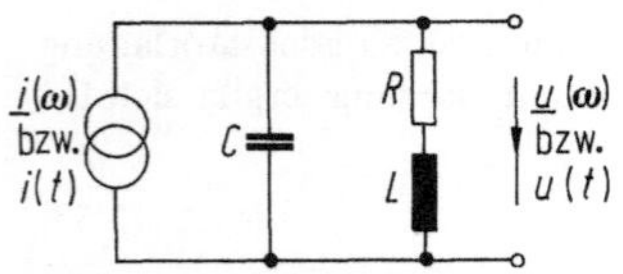

Bild 2-81. Breitbandverstärker-Zweipol

Frequenzgang und Einschwingvorgang des RLC-Kopplungszweipols

Für den in Bild 2–81 dargestellten Kopplungszweipol mit Serieinduktivität L zur teilweisen Kompensation des schädlichen Einflusses der Schaltkapazität C ergibt sich die folgende frequenzmäßige Darstellung [2.1; 2.14]:

Impedanz:

$$Z = \frac{(R + j\omega L)/j\omega C}{R + j\omega L + 1/j\omega C}; \qquad (2.60)$$

Amplitudengang:

$$\frac{|Z(\omega)|}{R} = \sqrt{\frac{1 + Q^4 \omega^2 R^2 C^2}{(1 - Q^2 \omega^2 R^2 C^2)^2 + \omega^2 R^2 C^2}}, \qquad (2.61)$$

worin $Q = \dfrac{1}{R}\sqrt{\dfrac{L}{C}}$, Kreisgüte;

Phasengang:

$$\varphi(\omega) = -\arctan \omega RC[1 - Q^2(1 - Q^2\omega^2 R^2 C^2)]. \qquad (2.62)$$

Bei der Berechnung der Sprungantwort sind drei Fälle zu unterscheiden [2.1; 2.14]:

$Q > \frac{1}{2}$: (periodisches Ausschwingen) [s. (2.63)]

$Q = \frac{1}{2}$ (aperiodischer Grenzfall):

$$\frac{u(t)}{u_\infty} = 1 - (1 + t/RC)\exp(-2t/RC); \qquad (2.64)$$

$Q < \frac{1}{2}$ (aperiodisches Ausschwingen): [s. (2.65)]

Für den Einheits-Stromsprung gilt im eingeschwungenen Zustand $u_\infty = 1 \cdot R = R$.
Der ungefähre Verlauf dieser Funktionen in Abhängigkeit der Kreisgüte Q ist in Abschnitt 2.5.2, Bild 2–34, eingetragen.

Beispiele von Empfängerschaltungen

Im Verlauf der Siebzigerjahre sind die Empfängerplatinen mit auswechselbaren Komponenten mehr und mehr durch Anordnungen mit integrierten Schaltungen ersetzt worden. Diese Entwicklung ist noch keineswegs abgeschlossen; das Typenangebot nimmt weiter zu. Was Schaltungen dieser Art betrifft, wird auf die Kataloge der entsprechenden Firmen verwiesen.
Die im folgenden aufgezeigten Transistorschaltungen sollen ausschließlich Lehr- und Studienzwecken dienen. Sie werden ohne Rücksicht auf die Patentlage mitgeteilt [2.51].

— VHF-Mischer (Bild 2–82): Dem Mischer ist eine (nicht eingezeichnete) geregelte RF-Stufe vorgeschaltet. Zwischen Antennenbuchse und Vorstufe liegt ein Bereichs-Bandpaß oder ein abgestimmter Kreis, am Ausgang der Vorstufe stets ein abgestimmter Kreis. Abstimmung und Bereichsumschaltung werden elektronisch über Varaktordioden — letztere auch über Schaltdioden — vollzogen. Diese Schaltungszusätze sind in der Figur nicht eingezeichnet. Als RF-Vorstufe (Basisschaltung) eignet sich z.B. der Transistortyp AF 379, als Varaktordiode der Typ BA 121, und als Schaltdiode der Typ BA 243.

— Zwischenfrequenzteil (Bilder 2–83 und 2–84): Das ZF-Filter (Charakteristiken siehe Bild 2–84) ist in seinen wesentlichen Teilen den Verstärkerstufen vorgeschaltet. Dies hat zwei Vorteile: die durch die Nichtlinearitäten der ZF-Transistoren hervorgerufenen Nebenwellen werden vermindert; das elektrische Vorfilter läßt sich ohne große schaltungstechnische Änderungen durch ein elektromechanisches Oberflächenwellenfilter ersetzen [2.35]. Die Rückwirkungskapazitäten der Transistoren müssen unter normalen Betriebsbedingungen im Bereich von 0,2…0,4 pF liegen, was durch Planartechnik mit integriertem Schirm erreicht wird. Die Stufen brauchen dann nicht neutralisiert zu werden. Der erste Transistor ist in die automatische Amplitudenregelung einbezogen.

— Videoteil (Bild 2–85): Der Videoteil ist auf eine Schwarz-Weiß-Bildröhre mit einer Diagonale von

$$\frac{u(t)}{u_\infty} = 1 - \exp(-t/2Q^2 RC)\left[\cos(t\sqrt{4 - 1/Q^2}/2QRC) - \frac{Q(2 - 1/Q^2)}{\sqrt{(4 - 1/Q^2)}}\sin(t\sqrt{4 - 1/Q^2}/2QRC)\right]; \qquad (2.63)$$

$$\frac{u(t)}{u_\infty} = 1 - \exp(-t/2Q^2 RC)\left[\cosh(t\sqrt{1/Q^2 - 4}/2QRC) - \frac{Q(2 - 1/Q^2)}{\sqrt{1/Q^2 - 4}}\sinh(t\sqrt{1/Q^2 - 4}/2QRC)\right]. \qquad (2.65)$$

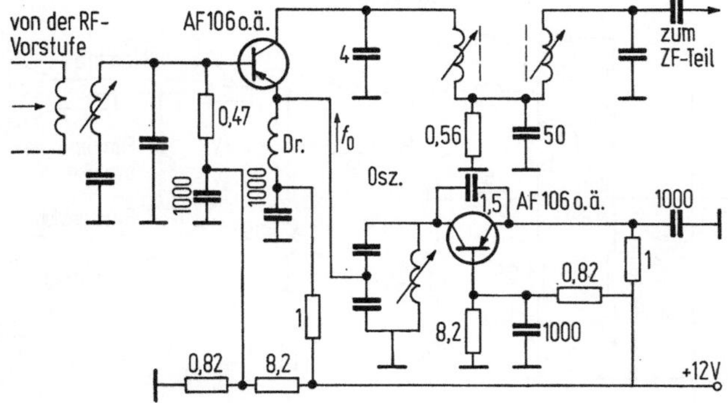

Bild 2-82. VHF-Mischstufe mit Oszillator. Werte der Komponenten in pF und kΩ

59 cm ausgelegt. Der Verstärker ist gleichstromgekoppelt, wodurch sich eine Pegelungsschaltung erübrigt. Bei 4,5 MHz weist der Amplitudengang einen Abfall von 3 dB auf; die Tonsperre bewirkt bei 5,5 MHz eine Dämpfung von 20 dB. Die Ton-ZF wird durch einen Sperrkreis zwischen Gleichrichterdiode und erster Verstärkerstufe bedämpft. Ein der Wiedergabeanordnung vorgeschalteter Widerstand schützt, zusammen mit einer Funkenstrecke, die Schaltung bei Hochspannungsüberschlägen in der Bildröhre.

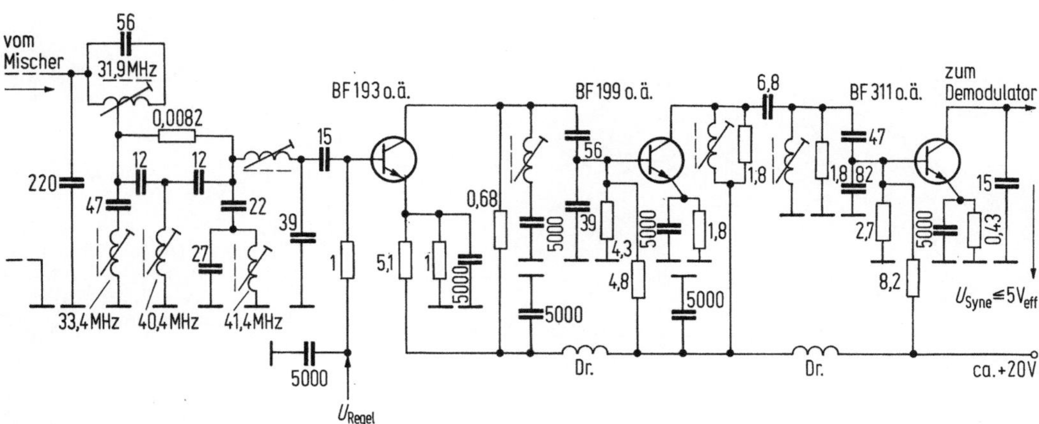

Bild 2-83. Zwischenfrequenzverstärker mit vorgeschaltetem Filter. Werte der Komponenten in pF und kΩ. Die Frequenzangaben beziehen sich auf die Resonanzfrequenzen der Teilkreise

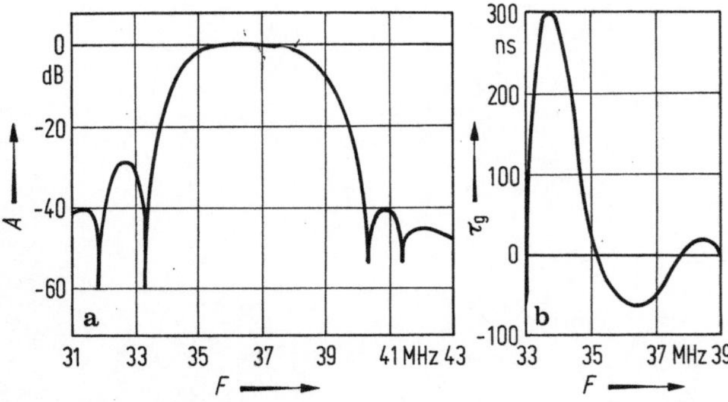

Bild 2-84. a) Dämpfungs-, b) Gruppenlaufzeitverlauf des ZF-Verstärkers von Bild 2-83

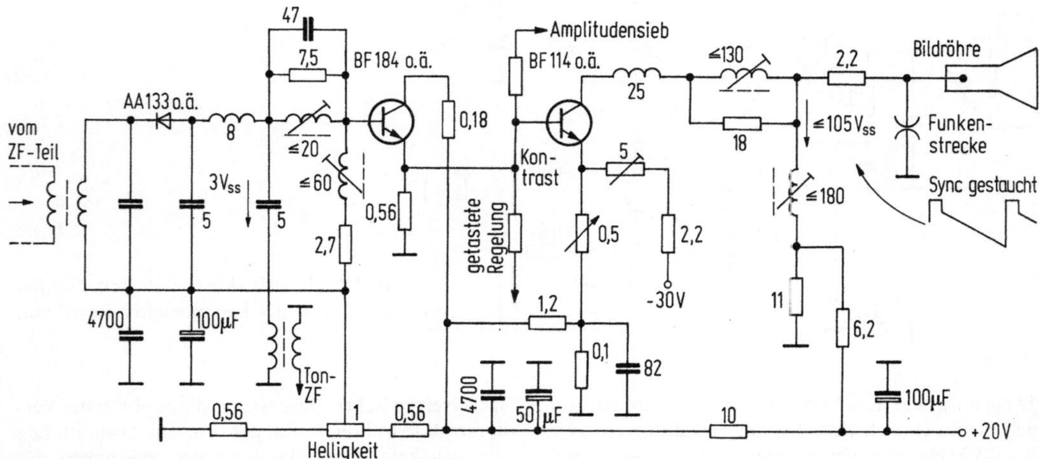

Bild 2-85. Bilddemodulator und Videoteil eines Schwarz-Weiß-Empfängers. Komponentenwerte, wenn nicht speziell angegeben, in pF, kΩ und μH

3 Farbfernsehsysteme

3.1 Grundzüge der Systemplanung

3.1.1 Randbedingungen für ein öffentliches Farbfernsehen

Alle Farbfernsehsysteme arbeiten auf der Basis der additiven Farbmischung. Subtraktive Systeme sind grundsätzlich denkbar, konnten aber bisher technisch nicht verwirklicht werden. Die Primärfarben der additiven Farbmischung sind Rot (R), Grün (G) und Blau (B) (vgl. Kapitel 1). Deren elektrische Signale oder davon abgeleitete Übertragungsgrößen können gleichzeitig oder auch zeitlich in rascher Folge nacheinander übertragen werden; man spricht von Simultan- bzw. Sequenzsystemen.

Beim Sequenzsystem läßt man vor Kamera und Wiedergaberöhre phasensynchron ein Filterrad mit roten, grünen und blauen Segmenten rotieren. Dabei entfällt beim Zwischenzeilenverfahren in zyklischer Folge auf jedes Halbraster eine Primärfarbe (Bild 3–01). Da die Filter unterschiedliche Lichtdurchlaßgrade haben (Abschnitt 1.6.6), ist die für das Flimmern maßgebliche Leuchtdichte-Grundfrequenz nur ein Drittel der Halbraster-frequenz. Um die Grundkomponente der Helligkeitsschwankung wieder auf den erforderlichen Mindestwert von etwa 1/50 s zu bringen, müssen die Bildwechselfrequenz und damit, bei gleicher Zeilenzahl, auch die Zeilenfrequenz und die Video-

bandbreite auf rund das Dreifache erhöht werden.

Systeme dieser Art sind mit den bestehenden Schwarz-Weiß-Normen nicht verträglich. Man hat deshalb für das Heimfernsehen schon früh nach Lösungen, welche erlauben, daß

— herkömmliche Schwarz-Weiß-Empfänger Farbsendungen in guter monochromer Qualität mitempfangen können;

— umgekehrt Farbempfänger die bisherigen Schwarz-Weiß-Programme in gewohnter Güte wiedergeben können;

— Farbübertragungen nicht mehr Bandbreite benötigen als monochrome Übertragungen.

Solche Kompatibilitätsforderungen lassen sich nur mit kompatiblen Farbfernsehsystemen verwirklichen. Um mit der Breite des radiofrequenten Übertragungskanals auszukommen, müssen die Primärfarbensignale in bandbreitesparender Weise codiert werden. Darauf wird in den Abschnitten ab 3.1.3 eingegangen.

3.1.2 Farbgetreue Bildwiedergabe
Empfangsseitige Festlegungen

Da auf den Problemkreis der höheren Farbmetrik im vorliegenden Rahmen nicht eingetreten werden kann, stellt sich die Frage, inwieweit ein Farbfernsehsystem im Sinne der Farbvalenzmetrik eine farbgetreue Wiedergabe zuläßt. Der Bereich der reproduzierbaren Farben hängt von der

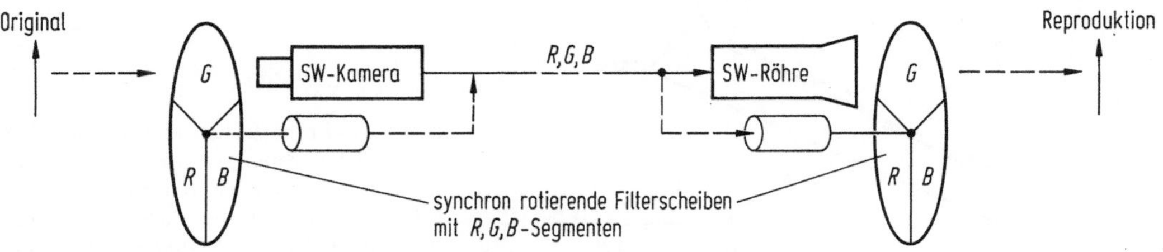

Bild 3-01. Arbeitsweise der sequentiellen Farbfernsehsysteme

Wahl der Wiedergabeprimärfarben ab (Abschnitt 1.7). Leuchtstoffe dürfen für einen guten Lichtwirkungsgrad nicht allzu schmale Emissionsspektren aufweisen, was die exakte Reproduktion extrem satter Farben praktisch ausschließt.

In der Farbfernseh-Systemplanung müssen zunächst die Normfarbwertanteile der Empfängerprimärfarben und des Wiedergabe-Weißpunktes festgelegt werden. Aufgrund dieser Daten ist es möglich, einen Satz von drei Aufnahmespektralkurven zu errechnen, welcher — immer im Sinne der niederen Farbmetrik — für diejenigen Farben, welche innerhalb des durch die Primärvalenzen gebildeten Dreiecks liegen (Normfarbtafel, Bild 3–02), eine genaue Reproduktion ermöglicht [3.1–3.7]. Die 525- und 625-Zeilen-Farbfernsehsysteme des CCIR haben sowohl für die Grundfarben als auch für den Weißpunkt etwas unterschiedliche Normfarbwertanteile. Sie sind Tabelle 3–I und Bild 3–02 zu entnehmen [3.9]. Die NTSC-Daten haben mehr nominellen Charakter, da die Bildröhrenphosphore der NTSC-Empfänger eher den Werten der 625-Zeilen-Systeme entsprechen.

Tabelle 3–I. Normfarbwertanteile der Primärfarben und des Weißpunktes der Farbfernsehsysteme (nach CCIR-Bericht 476 [3.9])

Systemgruppe		525 Zeilen		625 Zeilen	
	Symbol	x	y	x	y
Norm-farbwert-anteile	Weiß	0,310 (Normlicht C)	0,316	0,313 (Normlicht D_{65})	0,329
	Rot	0,67	0,33	0,64	0,33
	Grün	0,21	0,71	0,29	0,60
	Blau	0,14	0,08	0,15	0,06

Ermittlung der Aufnahmespektralkurven

Der Rechenformalismus der niederen Farbmetrik ist, wie in Abschnitt 1.7 dargelegt, die lineare Vektoralgebra. Unterschiedliche Primärvalenzsysteme lassen sich über dreireihige Matrizen miteinander verknüpfen, was in geometrischer Deutung einer affinen Transformation gleichkommt. Auf diese Weise wurden im CIE aus den physikalischen RGB-Primärvalenzen und den $\bar{r}$-, $\bar{g}$-, $\bar{b}$-Normspektralwerten die virtuellen XYZ-Primärreize und die $\bar{x}$-, $\bar{y}$-, $\bar{z}$-Normspektralwerte hergeleitet (Abschnitt 1.7).

Hier geht es umgekehrt darum, die im XYZ-System vorliegenden farbmetrischen Daten der Empfängerphosphore und des Weißpunktes in aufnahmeseitige Farbmischkurven, die den genannten physikalischen Norspektralwertkurven ähnlich sind, umzurechnen. Das in der Literatur ausführlich dargelegte Vorgehen (vgl. z.B. [1.8; 3.6; 3.7]) führt auf folgende Beziehungen (Quotienten von Dreier-Determinanten):

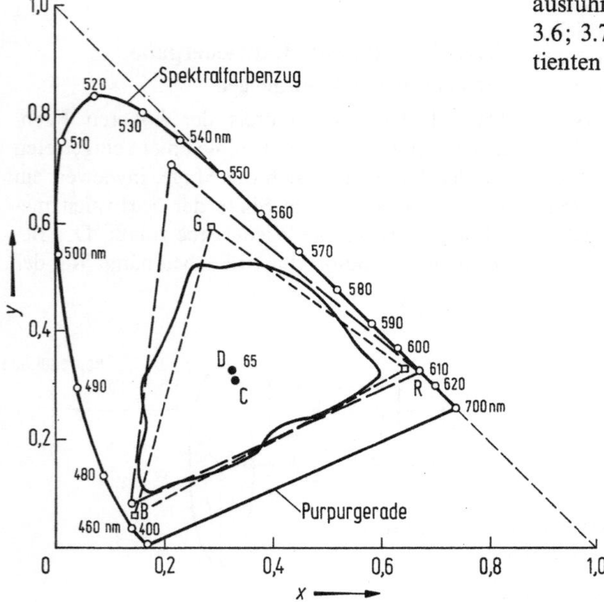

Bild 3-02. Primärfarben und Weißpunkte der CCIR-Farbfernsehsysteme. Grob gestrichelt: 525-Zeilen-Systeme (speziell NTSC, Weißpunkt Normlicht C); fein gestrichelt: 625-Zeilen-Systeme (PAL, SECAM; Weißpunkt Normlicht D_{65})

$$\bar{r}(\lambda) = \frac{\begin{vmatrix} \bar{x}(\lambda) & x_g & x_b \\ \bar{y}(\lambda) & y_g & y_b \\ \bar{z}(\lambda) & z_g & z_b \end{vmatrix}}{\begin{vmatrix} x_w & x_g & x_b \\ y_w & y_g & y_b \\ z_w & z_g & z_b \end{vmatrix}} \; ; \; \bar{g}(\lambda) = \frac{\begin{vmatrix} \bar{x}(\lambda) & x_b & x_r \\ \bar{y}(\lambda) & y_b & y_r \\ \bar{z}(\lambda) & z_b & z_r \end{vmatrix}}{\begin{vmatrix} x_w & x_b & x_r \\ y_w & y_b & y_r \\ z_w & z_b & z_r \end{vmatrix}} \; ; \; \bar{b}(\lambda) = \frac{\begin{vmatrix} \bar{x}(\lambda) & x_r & x_g \\ \bar{y}(\lambda) & y_r & y_g \\ \bar{z}(\lambda) & z_r & z_g \end{vmatrix}}{\begin{vmatrix} x_w & x_r & x_g \\ y_w & y_r & y_g \\ z_w & z_r & z_g \end{vmatrix}} . \qquad (3.1)$$

Darin sind $\bar{x}(\lambda)$, $\bar{y}(\lambda)$ und $\bar{z}(\lambda)$ die virtuellen Normspektralwerte des energiegleichen Spektrums und die übrigen Größen die Normfarbwertanteile der gewählten Wiedergabe-Primärfarben (Indices r, b, g) sowie des vorgesehenen Empfänger-Weißpunktes (Index w).

Werden die Zahlenwerte von Tabelle 3–I in diese Determinanten eingesetzt, ergeben sich die in Bild 3–03 dargestellten Aufnahmespektralkurven. Deren negative Bereiche lassen sich durch Zwischenschalten einer elektrischen Matrix physikalisch realisieren. Ein besonders übersichtlicher Fall tritt dann ein, wenn die Bildgeber-Aufnahmespektralkurven gerade den Normspektralwerten $\bar{x}(\lambda)$, $\bar{y}(\lambda)$ und $\bar{z}(\lambda)$ des virtuellen CIE-Farbmeßsystems entsprechen (Bild 3–04). Die dazugehörigen Matrizen lauten [3.7]:

— 525-Zeilen-Farbfernsehsysteme, Bildgeberseite:
$$\left. \begin{array}{l} R = 1{,}910\,X - 0{,}532\,Y - 0{,}288\,Z, \\ G = -0{,}982\,X + 2{,}000\,Y - 0{,}028\,Z, \\ B = 0{,}059\,X - 0{,}119\,Y + 0{,}900\,Z; \end{array} \right\} \qquad (3.2)$$

Wiedergabeseite (inverse Matrix):
$$\left. \begin{array}{l} X = 0{,}608\,R + 0{,}174\,G + 0{,}200\,B, \\ Y = 0{,}299\,R + 0{,}587\,G + 0{,}114\,B, \\ Z = 0{,}000\,R + 0{,}066\,G + 1{,}112\,B; \end{array} \right\} \qquad (3.3)$$

— 625-Zeilen-Farbfernsehsysteme, Bildgeberseite:
$$\left. \begin{array}{l} R = 3{,}065\,X - 1{,}394\,Y - 0{,}476\,Z, \\ G = -0{,}969\,X + 1{,}876\,Y + 0{,}042\,Z, \\ B = 0{,}068\,X - 0{,}229\,Y + 1{,}070\,Z; \end{array} \right\} \qquad (3.4)$$

Wiedergabeseite (inverse Matrix):
$$\left. \begin{array}{l} X = 0{,}430\,R + 0{,}342\,G + 0{,}178\,B, \\ Y = 0{,}222\,R + 0{,}707\,G + 0{,}071\,B, \\ Z = 0{,}020\,R + 0{,}130\,G + 0{,}939\,B. \end{array} \right\} \qquad (3.5)$$

Die zweite Zeile der empfängerseitigen 525-Zeilen-Matrix (Gl. (3.3); $Y = 0{,}229\,R + 0{,}587\,G + 0{,}114\,B$)) wird auch bei den 625-Zeilen-Farbfernsehsystemen für die sendeseitige Aufbereitung des breit-

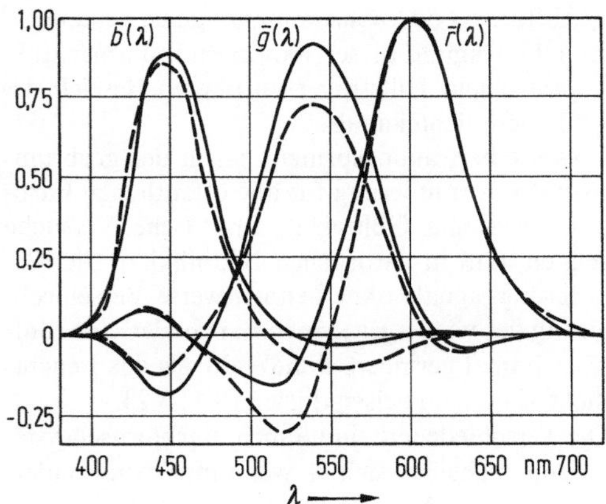

Bild 3-03. Bildgeber-Spektralkurven für farbgetreue Wiedergabe im Sinne der Farbvalenzmetrik. Ausgezogene Verläufe: CCIR-525-Zeilen-Systeme, gestrichelte Verläufe: CCIR-625-Zeilen-Systeme. Die negativen Anteile können mit Hilfe einer dreigliedrigen Matrix am Ausgang des Bildgebers verwirklicht werden

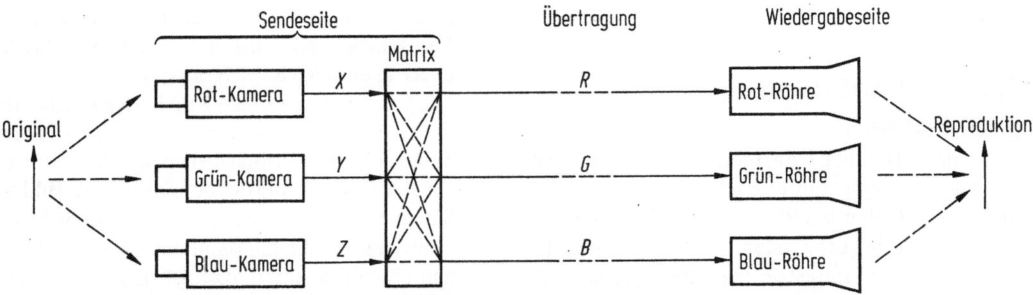

Bild 3-04. Übersichtlicher Fall eines Farbfernseh-Bildgebers, dessen Spektralkurven den virtuellen Normspektralwerten des energiegleichen Spektrums entsprechen (Abschnitt 1.7)

bandigen Leuchtdichtesignals verwendet (Abschnitte 3.2–3.4).

3.1.3 Das Übertragungsprinzip der kompatiblen Farbfernsehsysteme

Eine direkte Übertragung der roten, grünen und blauen Primärfarbensignale mit voller Bandbreite konnte für das öffentliche Fernsehen aus Kompatibilitäts- und Kostengründen nicht in Betracht gezogen werden. Die Lösung des Übermittlungsproblems fand man im Kolorierungsprinzip, das sich wie folgt umschreiben läßt:

— Übertragung eines für die Bildschärfe maßgeblichen Leuchtdichtesignals mit voller Videobandbreite;

— Kolorierung dieses Schwarz-Weiß-Bildes mit zwei Farbsignalen geringerer Bandbreite, Farbdifferenz- oder Chrominanzsignale genannt;

— Übertragung dieser Kolorierungsinformation auf einem Hilfsträger im oberen Bereich des Leuchtdichtekanals.

Dieses Übertragungsprinzip hat in der grob umrissenen Formulierung für alle öffentlichen Farbfernsehsysteme Gültigkeit. Praktische Versuche zeigten, daß in natürlichen Bildinhalten die Kolorierungssignale ohne nennenswerte Verschlechterung des wiedergegebenen Farbbildes eine fünf- bis zehnmal geringere Bandbreite als das Leuchtdichtesignal aufweisen dürfen [3.1; 3.2].

Die verschiedenen simultanen Farbfernsehsysteme unterscheiden sich — wenn man von Sonderlösungen absieht, die vor allem der Aufzeichnung audiovisueller Farbsignale dienen — im wesentlichen nur in der Art der Aufbereitung und Modulation der Chrominanzsignale [3.14]. In den folgenden Abschnitten werden Arbeitsweise sowie systemtechnische Eigenschaften und Daten der drei öffentlich eingeführten Farbfernsehsysteme NTSC, PAL und SECAM ausführlich dargelegt. Die Grundlage dazu bildet CCIR-Bericht 624 [3.9].

3.2 Das NTSC-System

3.2.1 Einleitung

Das erste öffentliche Farbfernsehen wurde 1950 in den USA eingeführt. Es handelte sich dabei um ein von Columbia Broadcasting System (CBS) entwickeltes Sequenzsystem. Die Mehrheit der amerikanischen Industrie war aber gegen diese Norm. In der Folge wurde 1950/51 ein zweites „National Television System Committee" (NTSC)

ins Leben gerufen (das erste diente 1940 der Standardisierung des monochromen Fernsehens). Dieses setzte sich zum Ziel, ein mit der bestehenden Schwarz-Weiß-Norm voll kompatibles Fernsehsystem zu entwickeln. Dabei konnte es sich auf bedeutende Vorarbeiten amerikanischer Firmen — vor allem der Radio Corporation of America und der Hazeltine Electronics Corporation — abstützen [3.10].

Das von diesem Gremium zur Betriebsreife entwickelte Farbfernsehverfahren — NTSC-System genannt — fand am 17. Dezember 1953 die Zustimmung der nationalen Normungsbehörde (Federal Communications Commission) und wurde im Januar 1954 in den USA öffentlich eingeführt. Kanada und eine Reihe weiterer amerikanischer Länder wie auch Japan und die Philippinen übernahmen in der Folge dieses auf der CCIR-M-Norm (525 Zeilen, 60 Halbraster je Sekunde) basierende Farbfernsehsystem [3.1–3.9].

3.2.2 Arbeitsweise des NTSC-Systems im Überblick

Bevor auf Einzelheiten der System- und Schaltungstechnik eingegangen wird, sei zunächst — an die Ausführungen des Abschnitts 3.1.3 anknüpfend — das NTSC-System in seinen Grundzügen schrittweise erläutert.

Sendeseite

— Die Aufnahme-Primärfarbensignale Rot (R), Grün (G) und Blau (B) werden in Übertragungsprimärfarbensignale umgewandelt, welche aus einem breitbandigen Leuchtdichte-(Luminanz-)signal und zwei schmalbandigen Farbdifferenz-(Chrominanz-)signalen bestehen. Dazu dient eine lineare Matrixschaltung.

— Das Luminanzzeichen Y setzt sich aus leuchtdichteproportionalen Anteilen der bildgeberseitigen Grundfarbensignale zusammen. Es entspricht dem Videosignal des monochromen Fernsehens und wird mit voller Bandbreite übertragen (CCIR-M-Norm: 4,2 MHz).

— Die Chrominanzsignale I und Q (Basissignale $R-Y$ und $B-Y$) sind ebenfalls lineare Kombinationen der Primärfarbensignale und dienen der Kolorierung des Schwarz-Weiß-Bildes. Sie enthalten in einem linearen System keine bildwirksame Leuchtdichteinformation, können sowohl positive als auch negative Werte annehmen, und verschwinden in den grauen und weißen Bildteilen.

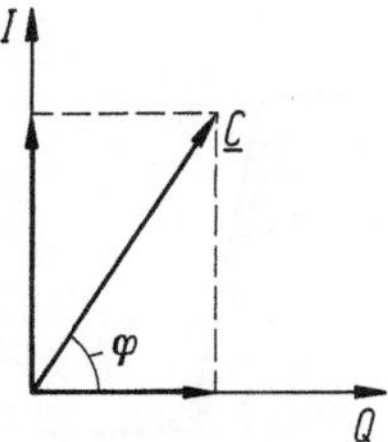

Bild 3-05. Chrominanzvektor in der QI-Ebene. Die Länge des Vektors ist proportional zur Farbsättigung, die Phase entspricht dem Farbton. Es kommen Zeigerlagen in allen vier Quadranten vor

— Die Bandbreiten der Chrominanzsignale werden für die weitere Verarbeitung vermindert (I-Zeichen: 1,3; Q-Zeichen: 0,4 MHz) und einem gemeinsamen mit dem Schwarz-Weiß-Fernsehen verträglichen Hilfsträger im oberen Teil des Videobandes aufgeprägt.

— Zwei phasenmäßig um 90° gegeneinander versetzte Schwingungen dieses Farbhilfsträgers werden amplitudenmäßig mit den I- und Q-Farbdifferenzsignalen moduliert, wobei der Träger für negative Chrominanzsignale in der Phase um 180° gedreht und in den weißen und grauen Bildteilen unterdrückt wird (Quadraturmodulation). Der Summenvektor des I- und Q-Signals stellt den Chrominanzvektor $\underline{C}$ dar (Bild 3–05).

— Das unmodulierte Leuchtdichtesignal und die modulierte Chrominanzinformation werden vor der Übertragung im Basisbandbereich, der auch hier allgemein „Videobereich" genannt wird, additiv zusammengefügt. Die sendeseitige Signalaufbereitungsschaltung, Coder genannt, ist in Bild 3–06 blockschemamäßig dargestellt. Im horizontalen Austastintervall

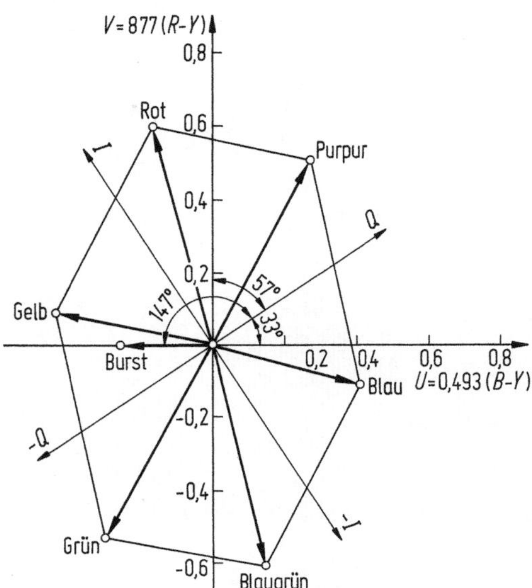

Bild 3-07. Chrominanz-Vektorlagen für Primär- und Komplementärfarben größter Leuchtdichte und Sättigung beim NTSC-System. Das Farbsynchronsignal (Burstsignal) ist mit eingezeichnet, die Bezugsphase ist $-(B'-Y')$

wird außerdem, zusammen mit den vom monochromen Fernsehen her bekannten Zeilen- und Bildsynchronsignalen, ein Chrominanz-Phasenbezugssignal (engl. burst) übertragen (Bilder 3–07 bis 3–09; Abschnitt 3.2.3).

Empfangsseite

— Das Leuchtdichtesignal wird in herkömmlicher monochromer Technik zurückgewonnen. Der hier als Störsignal auftretende modulierte Farbträger wird dabei durch ein Sperrfilter unterdrückt.

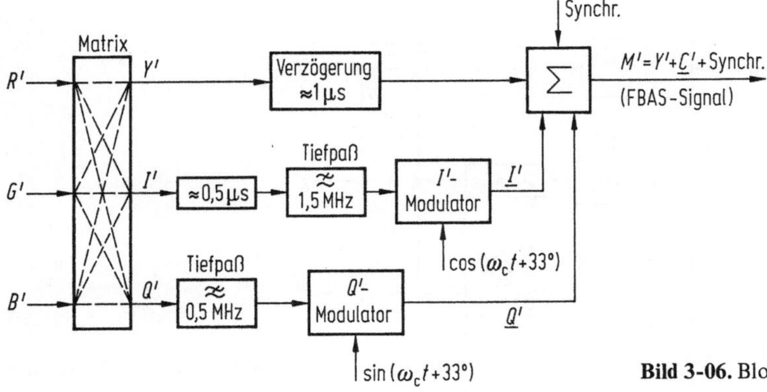

Bild 3-06. Blockschaltbild des NTSC-Coders

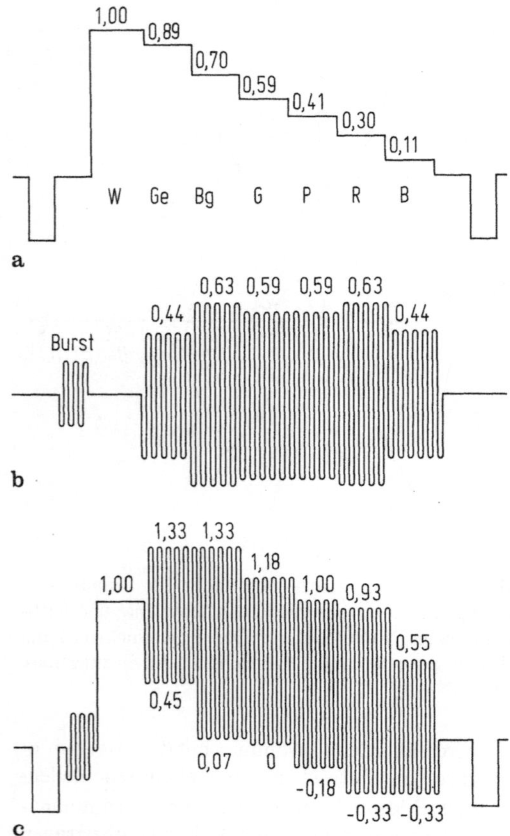

Bild 3-08. Luminanz- und Chrominanzanteile eines NTSC-Farbbalkensignals (über Zeile) für Primär- und Komplementärfarben größter Leuchtdichte und Sättigung, mit Farbsynchronsignal in der horizontalen Austastlücke

— Die Chrominanzinformation wird, zusammen mit Komponenten des Leuchtdichtesignals,

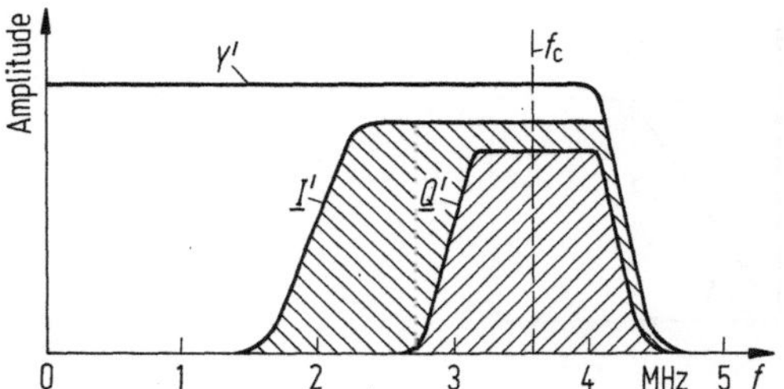

Bild 3-09. Luminanz- und Chrominanz-Frequenzbereiche des NTSC-Systems am Eingang des Fernsehsender-Modulators. (Im Studio- und Richtfunk-Bereich kann für die Y'- und I'-Signale eine etwas größere Bandbreite toleriert werden)

die als Störsignale in Erscheinung treten, durch einen Bandpaß vom Gesamtsignal des ZF-Demodulators getrennt und dem Chrominanzdemodulator zugeführt.

— Mit Hilfe des mitübertragenen Chrominanz-Phasenbezugssignals wird, parallel dazu, ein lokaler Farbhilfsträger-Oszillator auf die Phase des Sendeträgers aufsynchronisiert.

— Die videofrequenten Chrominanzsignale I und Q werden durch synchrone Demodulation der modulierten Chrominanzinformation zurückgewonnen.

— Über eine lineare Dematrix (inverse Matrix zur Sendeseite) werden schließlich aus den simultanen YIQ-Übertragungsprimärfarben wieder simultane RGB-Wiedergabeprimärfarben erzeugt.

Der Farbaufbereitungsteil (Decoder) des normgerechten IQ-Empfängers ist im Bild 3–10 dargestellt. Mit einer in der Figur nicht eingezeichneten Zusatz-Schaltung kann der Chrominanzkanal bei fehlendem Burstsignal gesperrt werden (colour killer).

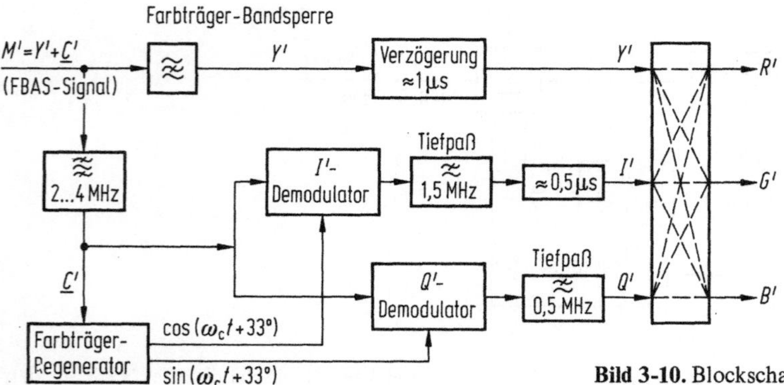

Bild 3-10. Blockschaltbild des NTSC-IQ-Decoders

3.2.3 Beziehungen zwischen Aufnahme-/ Wiedergabe- und Übertragungs- Primärfarbensignalen; Gradations- vorentzerrung; Chrominanzträgerung

— Gammakorrektur, Leuchtdichtesignal, Farbdifferenz-Grundsignale

Vor der Codierung werden die roten (R), grünen (G) und blauen (B) Bildgeber-Primärfarbensignale einzeln gradationsvorentzerrt. Der nominelle Wiedergabe-Gammawert des NTSC-Systems ist 2,2 [3.9] (nach neueren Erkenntnissen liegt das tatsächliche mittlere Gamma der Farbbildröhre höher, vgl. Abschnitt 2.3).

Für die Aufnahmeseite wird ein Wert von $1/\gamma = 1/2{,}2 = 0{,}45$ angegeben. Es ist beim Farbfernsehen üblich, gradationsvorentzerrte Signale

mit einem Apostroph zu versehen, d. h. es gilt

$$R' = R^{1/\gamma}, \qquad G' = G^{1/\gamma}, \qquad B' = B^{1/\gamma}. \tag{3.6}$$

Die Zeichen sind auf den Maximalwert 1 normiert, der sich durch die Gammakorrektur nicht ändert (Signalbereiche $0 \ldots 1$).

Das gradationsvorentzerrte Leuchtdichte-(Luminanz-)signal ist definiert als die Summe der drei einzeln gammavorkorrigierten, leuchtdichtebewerteten Primärfarbensignale:

$$\left.\begin{array}{l} Y' = rR' + gG' + bB', \\ \text{worin } r = 0{,}299,\ g = 0{,}587,\ \text{und } b = 0{,}114 \end{array}\right\} \tag{3.7}$$

Da $r + g + b = 1$ ist, nimmt das Leuchtdichtesignal für maximale Primärfarbensignale ebenfalls den Wert 1 an. Für die Farbdifferenz-Grundsignale läßt sich schreiben

$$\left.\begin{array}{rcl} R' - Y' = (1 - r)\,R' - gG' - bB' &=& 0{,}701\,R' - 0{,}587\,G' - 0{,}114\,B' \\ G' - Y' = -rR' + (1 - g)\,G' - bB' &=& -0{,}299\,R' + 0{,}413\,G' - 0{,}114\,B' \\ B' - Y' = -rR' - gG' + (1 - b)\,B' &=& -0{,}299\,R' - 0{,}587\,G' + 0{,}886\,B' \end{array}\right\} \tag{3.8}$$

Man kann zeigen, daß jeweils zwei dieser Signale vom dritten abhängig sind. So gilt beispielsweise

$$G' - Y' = -0{,}509\,(R' - Y') - 0{,}194\,(B' - Y'). \tag{3.9}$$

Als voneinander unabhängige primäre Übertragungssignale wählte man das Leuchtdichtesignal Y' sowie die beiden Farbdifferenzsignale $R' - Y'$ und $B' - Y'$.

— Vorgang der Trägerung, Proportionierung der Farbdifferenzsignale

Die Quadraturmodulation mit unterdrücktem Träger läßt sich zunächst durch die folgenden einfachen Beziehungen anschreiben (Modulationskonstante 1 angenommen):

$$\left.\begin{array}{l} \pm\,(\underline{B' - Y'}) = \pm\,(B' - Y')\,\sin \omega_\mathrm{c} t, \\ \pm\,(\underline{R' - Y'}) = \pm\,(R' - Y')\,\cos \omega_\mathrm{c} t. \end{array}\right\} \tag{3.10}$$

ω_c ist darin die Farbträger-Kreisfrequenz. Die unterstrichenen Werte stellen, den Regeln der komplexen Wechselstromrechnung entsprechend, Vektorkomponenten dar. Das modulierte Chrominanzsignal entspricht dem Summenvektor aus diesen beiden Komponenten.

Das geträgerte Chrominanzsignal wird dem Leuchtdichtesignal additiv überlagert. Man hat nun beim NTSC-System gefordert, daß die Spitzen des Gesamtsignals für Primär- und Komplementärfarben maximaler Leuchtdichte und Sättigung höchstens 33% unter den Schwarzwert fallen und

den Weißwert des auf den Bereich $0 \ldots 1$ festgelegten Leuchtdichtesignals höchstens um 33% übersteigen dürfen. Eine Zwischenrechnung (vgl. z.B. [3.3]) führt auf die amplitudenproportionierten Farbdifferenz-Grundsignale

$$U' = 0{,}493\,(B' - Y'); \quad V' = 0{,}877\,(R' - Y'). \tag{3.11}$$

In den Spezifikationen des NTSC-Systems sind für U' bzw. V' die Ausdrücke $(B' - Y')/2{,}03$ bzw. $(R' - Y')/1{,}14$ gebräuchlich [3.9]. Die hier vom PAL-System (Abschnitt 3.3) übernommenen Symbole U' und V' sind aber auch zur Darstellung des NTSC-Systems recht zweckmäßig. Tabelle 3–II sowie die Bilder 3–07 und 3–08 zeigen Luminanz-, Chrominanz- und Gesamtsignale für Primär- und Komplementärfarben größter Leuchtdichte und Sättigung. Die Tabelle enthält zusätzlich die Q- und I-Komponenten, auf die im nachfolgenden Unterabschnitt eingegangen wird.

Mit den videomäßig in der Amplitude optimierten Farbdifferenzsignalen gilt für den Betrag des Chrominanzvektors

$$\left.\begin{array}{l} |\underline{C}'| = \sqrt{U'^2 + V'^2}, \\ \text{und für dessen Phase} \\ \measuredangle\ \underline{C}' = \arctan(V'/U'). \end{array}\right\} \tag{3.12}$$

Da satte Farben in natürlichen Bildern nur selten vorkommen, ergeben sich bei der Übertragung kaum Übersteuerungen. Die verhältnismäßig große Chrominanzamplitude gewährleistet

Tabelle 3–II. Leuchtdichte- und Farbdifferenzsignale für Primär- und Komplementärfarben größter Leuchtdichte und Sättigung.
(Da die Primärfarbensignale nur Werte von Null oder Eins annehmen, werden diese Daten durch eine allfällige Gamma-Vorkorrektur nicht beeinflußt.)

Farbe	Signal									
	R	G	B	Y	$B-Y$	$R-Y$	U	V	Q	I
Rot	1	0	0	0,299	−0,299	0,701	−0,147	0,615	0,211	0,596
Grün	0	1	0	0,587	−0,587	−0,587	−0,289	−0,515	−0,524	−0,274
Blau	0	0	1	0,114	0,886	−0,114	0,437	−0,100	0,312	−0,322
Blaugrün	0	1	1	0,701	0,299	−0,701	0,147	−0,615	−0,211	−0,596
Purpur	1	0	1	0,413	0,587	0,587	0,289	0,515	0,524	0,274
Gelb	1	1	0	0,886	−0,886	0,114	−0,437	0,100	−0,312	0,322

andererseits einen guten Farb-Rauschabstand, was sehr erwünscht ist [3.27].

Bandbreite-Diskriminierung im Chrominanzbereich, $Q'I'$-Achsen

Das Quadraturmodulationsverfahren des NTSC-Systems arbeitet nur dann inhärent nebensprechfrei, wenn mindestens eines der beiden Chrominanzsignale mit symmetrischen Seitenbändern übertragen wird. (Darauf wird bei der Demodulation näher eingegangen.) Die $U'V'$-Farbachsen liegen in bezug auf das Farbauflösungsvermögen des menschlichen Auges nicht optimal. Durch Einführung eines zweiten, gegenüber dem ersten im Gegenuhrzeigersinn um 33° gedrehten Achssystems kann den Seheigenschaften des Auges besser Rechnung getragen werden (Bild 3–11).
Die I'-Achse, welche Orange von Blau-Grün (Cyan) unterscheidet, liegt im Weißpunkt ungefähr tangential zur Blau-Weiß-Rot-Linie des menschlichen Zweifarbensehens im Winkelbereich von 5 bis 15 Bogenminuten (Abschnitt 1.2.3). Die Signale dieser Farbachse werden, bei unsymmetrischen Seitenbändern, mit einer Bandbreite von 1,3 MHz übertragen (Bild 3–09). In Q'-Richtung (Farben Laubgrün-Violett) hat das Auge eine etwas geringere Farbauflösung. Q'-Signale werden entsprechend, bei symmetrischen Seitenbändern, mit einer Bandbreite von nur 0,4 MHz übermittelt. In natürlichen Bildern sind „I-Farben" häufiger anzutreffen als „Q-Farben" [3.12]. Die Bandbreitediskriminierung scheint deshalb auch von diesem Gesichtspunkt aus gerechtfertigt zu sein.
Die Zusammenhänge zwischen neuem und altem Koordinatensystem werden aus Bild 3–12 deutlich. Es gilt

$$\left.\begin{aligned} Q' &= \;\; U'\cos 33° + V'\sin 33° = \;\; 0{,}839\,U' + 0{,}545\,V' \\ I' &= -U'\sin 33 + V'\cos 33 = -0{,}545\,U' + 0{,}839\,V' \end{aligned}\right\} \quad (3.13)$$

bzw., auf die Basis-Farbdifferenzsignale bezogen,

$$\left.\begin{aligned} Q' &= \;\; 0{,}414\,(B'-Y') + 0{,}478\,(R'-Y'), \\ I' &= -0{,}269\,(B'-Y') + 0{,}736\,(R'-Y'). \end{aligned}\right\} (3.14)$$

Die direkte bildgeberseitige $R'G'B'/Q'I'$-Matrix errechnet sich zu

$$\left.\begin{aligned} Q' &= 0{,}211\,R' - 0{,}524\,G' + 0{,}312\,B', \\ I' &= 0{,}596\,R' - 0{,}274\,G' - 0{,}322\,B'. \end{aligned}\right\} \quad (3.15)$$

Für die inversen empfangsseitigen Matrizen folgt

$$\left.\begin{aligned} R'-Y' &= \;\; 0{,}62\,Q' + 0{,}96\,I', \\ G'-Y' &= -0{,}65\,Q' - 0{,}27\,I', \\ B'-Y' &= \;\; 1{,}70\,Q' - 1{,}10\,I' \end{aligned}\right\} \quad (3.16)$$

und mithin, nach Signalen abnehmender Bandbreite geordnet,

$$\left.\begin{aligned} R' &= Y' + 0{,}96\,I' + 0{,}62\,Q', \\ G' &= Y' - 0{,}27\,I' - 0{,}65\,Q', \\ B' &= Y' - 1{,}10\,I' + 1{,}70\,Q'. \end{aligned}\right\} \quad (3.17)$$

Analog zu Gl. (3.12) ergibt sich für den Betrag des Chrominanzvektors im $Q'I'$-Achsensystem

$$\left.\begin{aligned} |\underline{C}'| &= \sqrt{Q'^2 + I'^2} \\[4pt] \text{und für die Phase}& \\[4pt] \sphericalangle\,\underline{C}' &= \arctan(I'/Q') + 33°. \end{aligned}\right\} \quad (3.18)$$

Der Vollständigkeit halber sei noch erwähnt, daß in einem linearen System ($\gamma = 1$) die geometrischen Örter konstanter Q/Y- und I/Y-Signale in der Normfarbtafel Büschel von Geraden bilden, die sich auf der x-Achse schneiden (Bild 3–13). Analoges gilt für die $(B-Y)/Y$- und $(R-Y)/Y$-Signale [3.1].

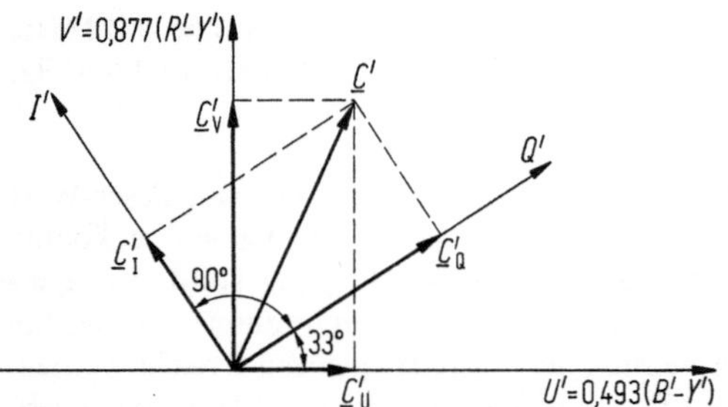

Bild 3-12. Komponenten eines NTSC-Chrominanzvektors $\underline{C}'$ im $U'V'$- und $Q'I'$-Achsensystem

Zusammenfassend für diesen Unterabschnitt gilt für das Coder-Ausgangssignal allgemein [3.2; 3.9] (vgl. auch Abschnitt 2.9.1)

$$M' = Y' + \underline{C}' = Y' + Q'\,\sin\,(2\pi f_c t + 33°) + I'\,\cos\,(2\pi f_c t + 33°), \tag{3.19}$$

worin $f_c = 3{,}579545$ MHz $\pm$ 10 Hz (vgl. Abschnitt 3.2.5).

Bei Chrominanzbandbreiten unter 0,5 MHz kann auch geschrieben werden

$$M' = Y' + U'\,\sin\,2\pi f_c t + V'\,\cos\,2\pi f_c t \tag{3.20}$$

oder, nach amerikanischer Schreibweise,

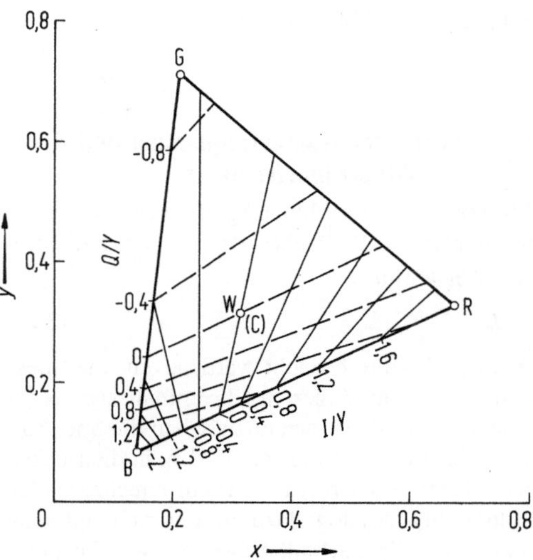

Bild 3-13. Örter konstanter I/Y- und Q/Y-Normfarbwertanteile im Farbdreieck. Die Darstellung gilt für ein lineares NTSC-System (Aufnahme- und Wiedergabeseite: $\gamma = 1$)

$$M' = Y' + \frac{1}{1{,}14}\left\{\frac{1}{1{,}78}\left[(B' - Y')\,\sin\,2\pi f_c t\right] + (R' - Y')\,\cos\,2\pi f_c t\right\}. \tag{3.21}$$

Für die Bandbreiten der Farbdifferenzsignale wurden folgende Toleranzwerte festgelegt:

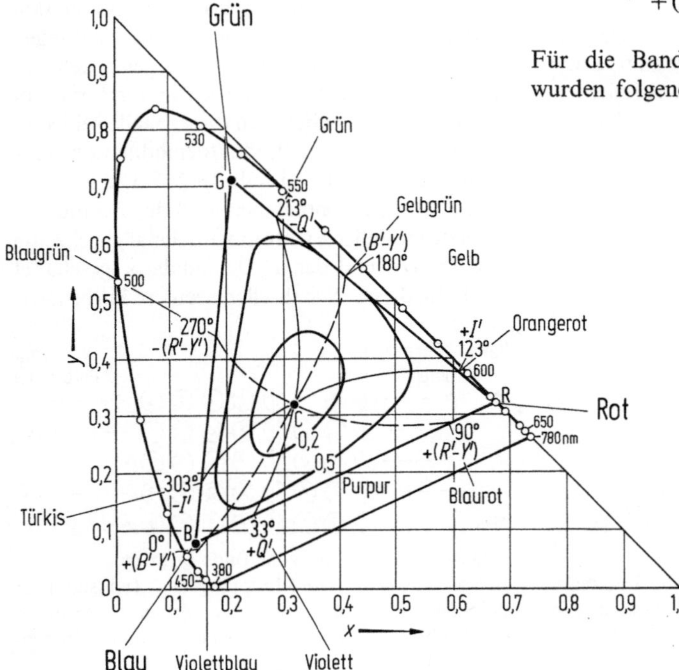

Bild 3-11. Charakteristische Amplituden- und Phasenlagen des NTSC-Chrominanzsignals im Farbdreieck. Die Symbole I', Q', $R'-Y'$, $B'-Y'$ usw. markieren ausgeprägte Farbachsen. Direkt darstellbar sind in der Normfarbtafel nur Signale der Form I'/Y', Q'/Y' usw. (vgl. Bild 3-13)

Frequenzgang-Abfall, Q'-Signal: < 2 dB bei 0,4 MHz, I'-Signal: < 3 dB bei 1,3 MHz,
< 6 dB bei 0,5 MHz, ≥ 20 dB bei 3,6 MHz.
≥ 6 dB bei 0,6 MHz,

3.2.4 Wahl der Rasterfrequenzen und der Farbhilfsträgerfrequenz

Als nominelle Farbhilfsträgerfrequenz f_c wurde ein ungerades Vielfaches der halben Zeilenfrequenz f_H gewählt,

$$f_c = 455\, f_H/2. \tag{3.22}$$

Dadurch konnte erreicht werden, daß die Spektrallinien des modulierten Chrominanzsignals für ruhende Bildinhalte genau zwischen die Spektrallinien des Leuchtdichtesignals, d. h. in die Lücken der Harmonischen der Zeilenfrequenz, fallen (Bild 3–14). Analog dazu mittelt sich auf dem Bildschirm die Farbhilfsträgerfrequenz im kompatiblen Schwarz-Weiß-Bild über benachbarte Zeilen des Halbrasters und je zwei aufeinanderfolgende Vollraster örtlich bzw. zeitlich aus (Bild 3–15).

Aus zwei Gründen ist es vorteilhaft, auch für die Differenzfrequenz zwischen Ton- und Farbhilfsträger ein ungerades Vielfaches der Zeilenfrequenz zu wählen. Dadurch werden Tonträgerreste, welche in den Chrominanzkanal fallen, ebenfalls ausgemittelt — wenn auch mit gröberer Rasterstruktur. In einem nichtlinearen Übertragungssystem kann die genannte Differenzfrequenz außerdem, als Intermodulationsprodukt dritter Ordnung, im Leuchtdichtekanal in Erscheinung treten. Auch Störanteile dieser Art werden auskompensiert.

Der Bild-Ton-Trägerabstand wurde bei der Einführung des monochromen Fernsehens in den USA auf 4,5 MHz festgelegt. Da man diesen Wert für das Farbfernsehen beibehalten wollte, konnte die zusätzliche Ausmittelung der Ton-Farbträger-Frequenzdifferenzanteile nur durch eine leichte Änderung der Rasterfrequenzen erreicht werden. Als Differenzfrequenz zwischen Ton- und Farbhilfsträger wählt man (vgl. z. B. [3.2; 3.9])

$$f_{Ton} - f_c = 117\, f_H/2 = 920\,455\ \text{Hz}. \tag{3.23}$$

Zwischen Bild- und Tonträgerfrequenz ergibt sich auf diese Weise im Übertragungskanal zwangsläufig ein gerades Vielfaches der Zeilenfrequenz:

$$f_{Ton} - f_{Bild} = 286\, f_H. \tag{3.24}$$

Aus diesen Werten errechnet sich eine nominelle Zeilenfrequenz von $f_H = 15\,734,26$ Hz und eine entsprechende Halbrasterfrequenz von $f_V = 59,94$ Hz (die Werte für die Schwarz-Weiß-Norm liegen bei 15 750 bzw. 60 Hz). Der Nennwert der Farbhilfsträgerfrequenz wird $f_c = 3,579545$ MHz.

3.2.5 Vorgang der synchronen Demodulation durch Produktbildung

Für die Rückgewinnung videofrequenter Chrominanzsignale durch synchrone Demodulation sind im Verlauf der Jahrzehnte viele Schaltungen und Schaltungsvarianten bekannt geworden. Einige davon werden in ihrer Grundform im Abschnitt 3.2.7 behandelt. An dieser Stelle sei lediglich der Vorgang der Produktdemodulation rechnerisch dargestellt (vgl. z. B. [3.2; 3.3]).

Bild 3–10 ist zu entnehmen, daß das zusammengesetzte modulierte Chrominanzsignal gleichzeitig auf den Q'- und den I'-Demodulator geschaltet wird. In diesen Schaltteilen werden Farbträger-

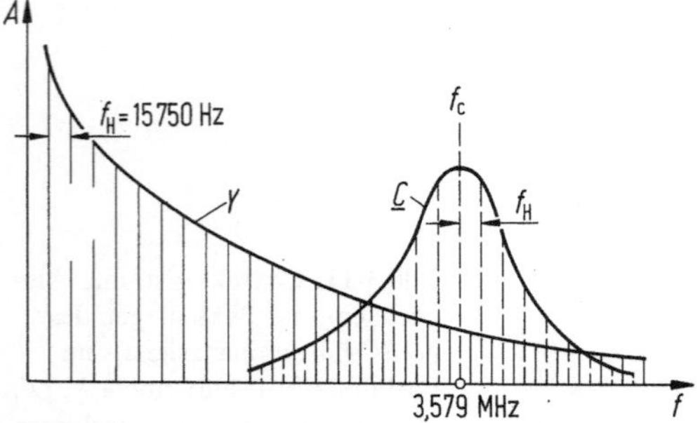

Bild 3-14. Prinzip der Verschachtelung der Luminanz- und Chrominanzspektren beim NTSC-System. (Die Zeilenharmonischen sind frequenzmäßig nicht maßstäblich eingezeichnet)

Bild 3-15. Ausschnitt vom Bildschirm eines kompatiblen Schwarz-Weiß-Empfängers (vollständiger NTSC-Rasterzyklus). Die Zahlen geben die Nummer des Halbrasters, deren Örter eine bestimmte Phasenlage des Farbhilfsträgers an

signale in den Phasenlagen der ursprünglichen Modulationsrichtungen multiplikativ beigemischt. Mit $\alpha = \omega_c t + 33°$ läßt sich für das modulierte Chrominanzsignal zunächst schreiben

$$\underline{C}' = Q' \sin \alpha + I' \cos \alpha.$$

Wird dem Q'-Demodulator der Träger $2 \sin \alpha$ zugeführt, ergeben sich an dessen Ausgang die Demodulationsprodukte $2Q' \sin^2 \alpha + 2I' \sin \alpha \cos \alpha$ oder, etwas umgeformt, $Q' - Q' \cos 2\alpha + I' \sin 2\alpha$. Nach Ausfilterung der Terme mit dem Argument 2α (doppelte Farbträgerfrequenz) durch einen Tiefpaß erhält man das gewünschte videofrequente Q'-Signal. Durch Beimischen des Referenzträgers $2 \cos \alpha$ wird in analoger Weise das videofrequente I'-Signal zurückgewonnen.

Bei beliebigem Phasenwinkel φ zwischen Signal und Trägerzusatz läßt sich die Produktdemodulation durch die Beziehung

$$2 \sin \omega_c t \cdot C'(t) \sin(\omega_c t + \varphi)$$
$$= C'(t) \cos \varphi - C'(t) \cos(2\omega_c t + \varphi) \quad (3.25)$$

darstellen, worin der zweite Term wiederum durch einen Tiefpaß auszufiltern ist. $C'(t) \cos \varphi$ entspricht der Projektion des Vektors $\underline{C}'(t)$ auf die Demodulationsachse, deren Richtung durch $\sin \omega_c t$ gegeben ist.

3.2.6 Prinzip der Rückgewinnung der Q'- und I'-Information auf der Wiedergabeseite: Äquibandempfänger

Die Ausführungen des Abschnitts 3.2.5 beziehen sich auf den Fall der Übertragung großflächiger Vorlagen konstanter Farben. Das Problem beschränkt sich dann auf die Übermittlung eines Chrominanzvektors mit vorgegebener Amplitude und Nullphase. Dafür wurden Codierungs- und Decodierungsbeziehungen angeschrieben.

Im Farbfernsehbild können sich demgegenüber die Farbwerte im Extremfall von Bildpunkt zu Bildpunkt ändern. Über den Abtastvorgang (Kapitel 2) werden solche örtlich unterschiedliche Größen in zeitlich rasch schwankende Signalwerte umgewandelt, denen sich über die Fouriertransformation entsprechende Spektren zuordnen lassen.

Es wurde bereits erwähnt, daß das schmalbandige Q'-Signal mit symmetrischen Seitenbändern übertragen wird (Bild 3–09). Die Grenzfrequenz des Leuchtdichtesignals liegt beim NTSC-System bei 4,2 MHz (Abschnitt 2.9.1). Dies erlaubt annä-

hernd symmetrische Seitenbänder bis zu einer Modulationsfrequenz von etwa 0,5 MHz. Wie der Vektordarstellung von Bild 3–16 entnommen werden kann, können aus Symmetriegründen bei der synchronen Demodulation des Q'-Signals keine in den I'-Kanal übersprechenden Signalkomponenten auftreten. Umgekehrt sprechen die frequenzmäßig symmetrisch übertragenen Anteile des I'-Signals auch nicht auf den Q'-Kanal über. In diesem besonders wichtigen Frequenzbereich — er umfaßt alle mittleren und großen farbigen Bildflächen — arbeiten das Quadraturmodulationsverfahren demnach bei idealer Übertragung fehlerfrei.

Im Einseitenbandbereich des I'-Signals, d.h. videomäßig etwa zwischen 0,5 und 1,3 MHz, ergeben sich dagegen zwei Arten von Übertragungs-Unvollkommenheiten (vgl. z.B. [3.2; 3.3]):

— Der Amplitudengang des demodulierten I'-Signals fällt auf die Hälfte ab. Um bandbreitemäßig die volle ursprüngliche Übertragungsqualität zurückzugewinnen, muß dem I'-Demodulator ein Treppenfilter mit komplementärem Frequenzgang nachgeschaltet werden (Bild 3–17).

— Die Einseitenbandkomponenten des I'-Signals sprechen, wie dem Vektorbild zu entnehmen ist, mit einer für die Störwirkung unwesentlichen Phasendrehung von 90° voll auf den Q'-Kanal über. Um ein elektrisch störfreies demoduliertes Q'-Signal zu erhalten, muß deshalb an den Ausgang dieses Demodulators ein 0,5-MHz-Tiefpaßfilter geschaltet werden.

Die bisherigen Ausführungen dieses Unterabschnitts betreffen den idealen Empfänger, der die Bandbreitestaffelung der Q'- und I'-Information voll auszunutzen gestattet. Heimempfänger sind demgegenüber aus Kostengründen praktisch immer als Äquibandempfänger ausgelegt (Bild 3–18). Man läßt dabei für die unteren Seitenbänder der gesamten Chrominanzinformation vor der Demodulation eine gemeinsame Breite von rund 0,8 MHz zu und nimmt damit im Frequenzbereich von 0,5 bis etwa 0,8 MHz etwas $I' \rightarrow Q'$-Nebensprechen in Kauf. Visuell müßte dieses Störsignal ja eigentlich ohnehin in einen Auflösungsbereich der „Q-Farben" fallen, der dem menschlichen Gesichtssinn aus normalem Betrachtungsabstand gar nicht mehr erschlossen ist (Abschnitt 1.2.3). Anders ausgedrückt: das Tiefpaßfilter des Q-Kanals des idealen Empfängers ist gewissermaßen im menschlichen Auge bereits „eingebaut".

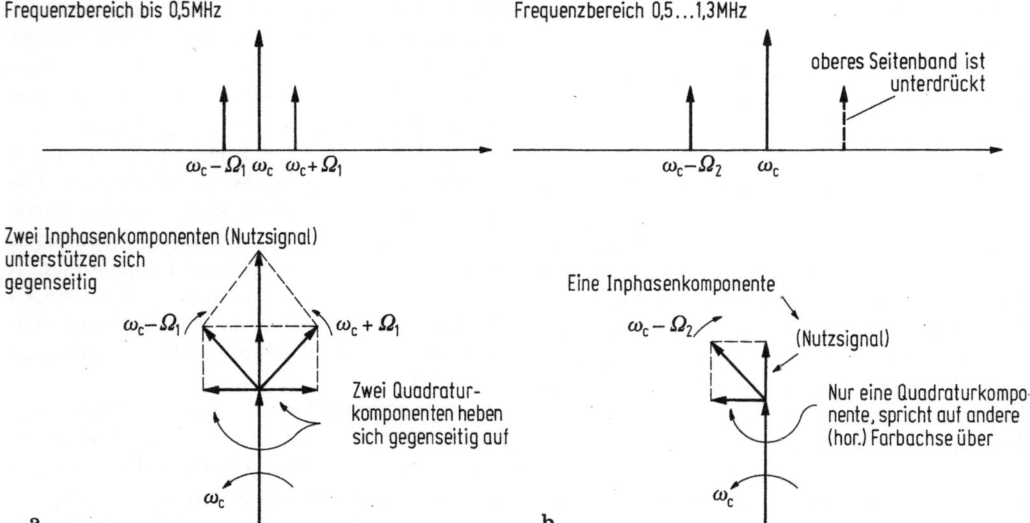

Bild 3-16. Übertragung eines in der Amplitude sinusförmig variierenden Chrominanzsignals beim NTSC-System. a) Zweiseitenbandbereich (kein Nebensprechen auf die horizontale Farbachse, da sich entsprechende Komponenten gegenseitig aufheben); b) Einseitenbandbereich des I'-Signals (volles Quadraturnebensprechen der Seitenbandkomponente auf die horizontale Farbachse). Ω_1, Ω_2 entsprechende Kreisfrequenzen des unmodulierten Chrominanzsignals, ω_c Farbhilfsträger-Kreisfrequenz

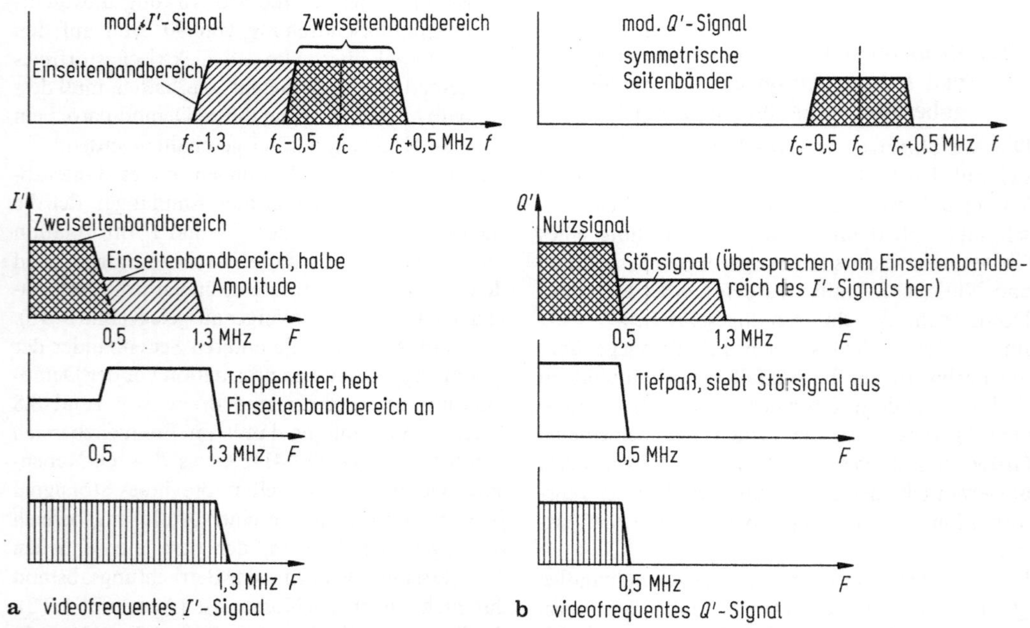

Bild 3-17. Demodulation sinusförmig variierender Chrominanzsignale im NTSC-IQ-Empfänger. a) I'-Signal, b) Q'-Signal. Die obersten Diagramme stellen die geträgerten Bereiche (Frequenz f), die übrigen die videofrequenten Bereiche (Frequenz F) der Chrominanzsignale nach der synchronen Demodulation dar

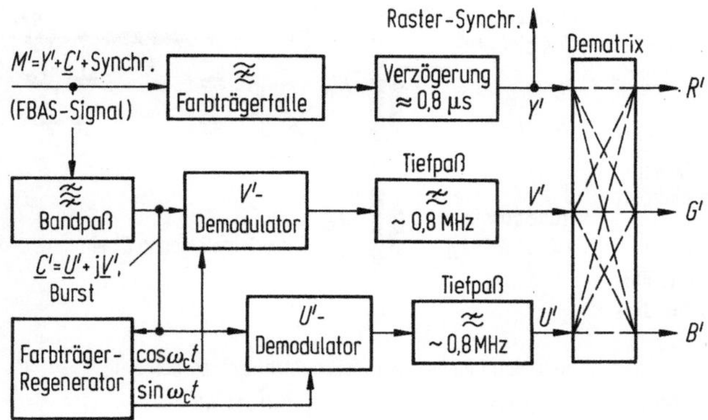

Bild 3-18. Blockschaltbild des NTSC-Aequiband-Empfängers (Decoderteil)

3.2.7 Farbfernseh-spezifische Schaltungen

Matrix und Dematrix

Farbfernseh-Matrix- und Dematrix-Schaltungen bestehen je aus einem Widerstandsnetzwerk, Phasenumkehrstufen und — soweit nötig — Verstärkerstufen.

Beispiel für eine Modulator-Schaltung

Zur Trägerung der Chrominanzsignale wird mit Vorteil das Ringmodulator-Prinzip angewendet; Bild 3–19 zeigt eine entsprechende Grundschaltung. An die Stelle des Ausgangstransformators tritt, mit Rücksicht auf die geforderten engen Signaltoleranzen, im allgemeinen eine Transistorschaltung.

Demodulator-Grundschaltungen

Im folgenden werden drei unterschiedlich arbeitende Demodulator-Grundschaltungstypen aufgezeigt und erläutert. Der Empfänger benötigt jeweils zwei solcher Anordnungen.

Im Bild 3–20 ist eine in der Anfangszeit des Farbfernsehens häufig angewendete Produkt-Demodulationsschaltung mit Mehrgitterröhre wiedergegeben, die mit Bezug auf die Ausführungen von Abschnitt 3.2.5 keiner weiteren Erläuterung bedarf.

Bild 3–21 vermittelt das Prinzip der synchronen Demodulation mit Klemmschaltung. Bei dieser Anordnung wird das Chrominanzsignal über eine kleine Kapazität an den Kollektor eines Schalttransistors gelegt, dessen Basis-Emitter-Strecke durch die positiven Spitzen des Bezugsträgers kurzzeitig leitend gemacht wird. Dadurch wird der Signalwert des modulierten Farbträgers an

ein Bezugspotential (im vorliegenden Fall Erdpotential) gelegt. Über die verhältnismäßig lange Sperrzeit des Transistors kann das modulierte Chrominanzsignal frei schwingen, wobei sich, bei

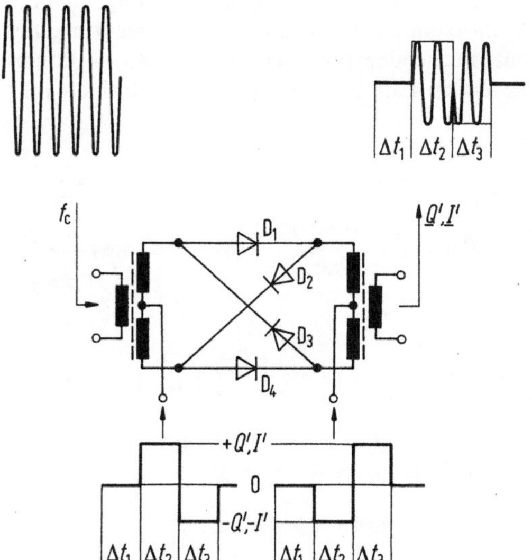

Bild 3-19. Ringmodulator-Prinzipschaltung zur Erzeugung amplitudenmodulierter Signale mit unterdrücktem Träger. Das videofrequente Farbdifferenzsignal (in Zeichnung Q' oder I') wird im Gegentakt auf die Mittelanzapfungen der beiden Transformatorwicklungen gegeben. Der Modulationsvorgang ist für drei Zeitintervalle mit unterschiedlichem Chrominanzsignal veranschaulicht. Bei fehlendem Chrominanzsignal ist die Brücke abgeglichen (Intervall Δt_1, Ausgangssignal Null). Im Intervall Δt_2 leiten die Dioden D_1 und D_4. Über Δt_3 sind D_2 und D_3 geöffnet, was im Ausgangssignal zu einem Phasensprung von 180° führt

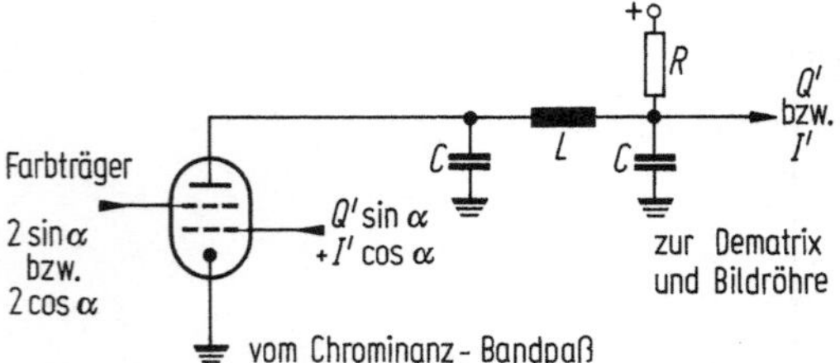

Bild 3-20. Grundschaltung der multiplikativen Demodulation mit Elektronenröhre (rechnerische Behandlung im Textteil)

geeigneter Bemessung des Kopplungskondensators, das mittlere Potential nicht ändert. Dieses stellt — durch einen Tiefpaß geglättet — das demodulierte Farbdifferenzsignal dar.

Das Grundprinzip der synchronen Demodulation mit additivem Trägerzusatz ist in Bild 3–22 aufgezeigt. Dem Vektordiagramm des Bildteils b ist zu entnehmen, daß die durch den Summenvektor E' gegebene Signalumhüllende $|E'|$ bei hinreichend großer Referenzträgeramplitude A ungefähr der Vektorsumme aus diesem Zusatzträger A und der entsprechenden Inphasenkomponente — im vorliegenden Fall U' — entspricht. Subtrahiert man

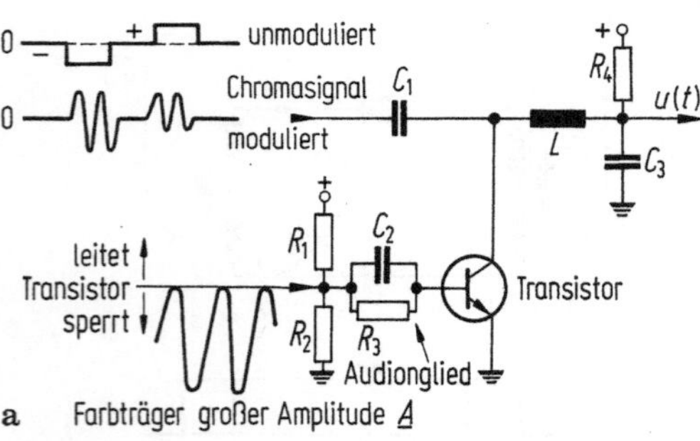

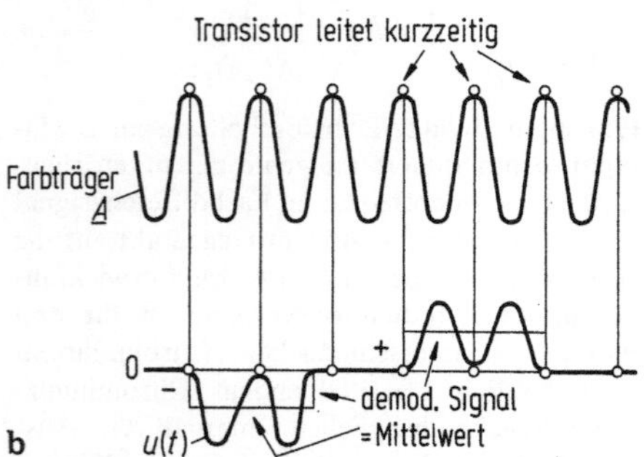

Bild 3-21. Grundschaltung der synchronen Demodulation durch Klemmpegelung. a) Schaltung, b) Arbeitsweise (siehe Text)

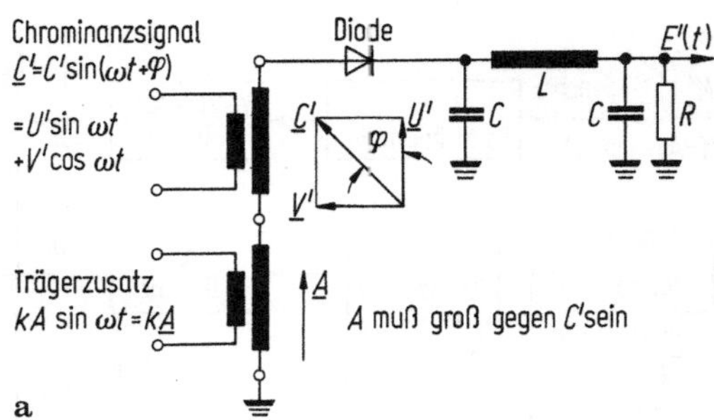

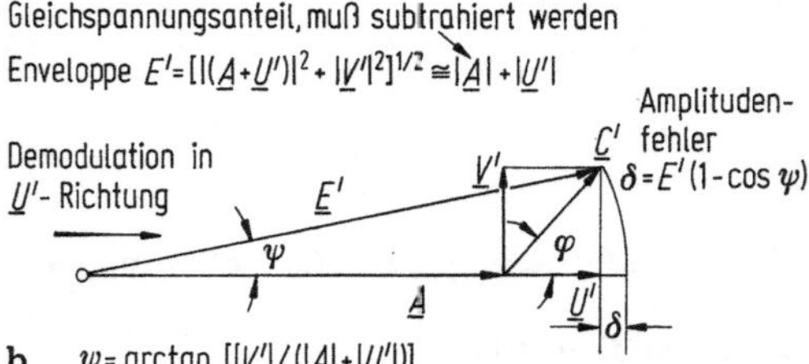

Bild 3-22. Prinzipschaltung der synchronen Demodulation mit additivem Trägerzusatz. a) Schaltung, b) Vektordiagramm (Erläuterungen im Text)

am Ausgang des einfachen Diodengleichrichters den konstanten Referenzträger-Gleichspannungsanteil, erhält man das demodulierte U'-Signal. Dieses weist einen durch die Quadraturkomponente V' verursachten Amplitudenfehler

$$\delta = |E'|\,(1 - \cos\psi)$$
auf, worin
$$\psi = \arctan\,[|V'|/(|A'| + |U'|)].$$

(3.26)

Auch die Schaltung nach Bild 3–23 arbeitet nach dem Prinzip der Enveloppen-Demodulation mit additivem Trägerzusatz, weist aber gegenüber derjenigen von Bild 3–22 wesentliche Verbesserungen auf. Für die obere Hälfte der an die symmetrierte Transformatorwicklung angeschlossenen Schaltteile gelten die bereits angestellten Überlegungen, d.h. der rechte obere Teil des Vektordiagramms von Bildteil b entspricht dem Diagramm von Bild 3–22. Wäre die untere Diode im Schema von Bild 3–23 gleich wie die obere gepolt, ergäbe sich für diesen Schaltteil in der Vektordarstellung die links gestrichelt eingezeichneten Zeigerlagen. Die Umpolung der unteren Diode bedeutet, daß das gestrichelte Vektordreieck um 180° zu drehen ist. Das demodulierte Signal am Ausgang der Schaltung entspricht dann der Differenz der Beträge der beiden Summenvektoren $|\underline{C} + \underline{A}|$ und $|-\underline{C} + \underline{A}|$. Aus Teil b von Bild 3–23

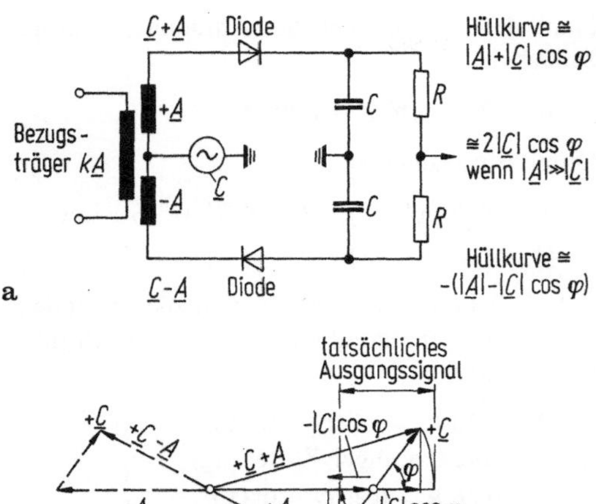

Bild 3-23. Grundschaltung der synchronen Demodulation mit additivem Trägerzusatz und Trägerkompensation. a) Schaltung, b) Vektorkonfiguration. Die Arbeitsweise ist im Textteil dargelegt

ist ersichtlich, daß sich bei hinreichend großem additivem Zusatzträger die durch die Enveloppen-Demodulation verursachten Quadraturfehler der beiden Diodenzweige praktisch aufheben. Außerdem wird — was für die Praxis wichtig ist — der demodulierte Trägerzusatz auskompensiert.

3.2.8 Farbträger-Nachlaufsynchronisierung im Empfänger

Der Farbträgeroszillator des Empfängers ist praktisch ausnahmslos quarzgesteuert und über einen Phasenregelkreis mit Integral-Proportional-Netzwerk an die Bezugsphase des Farbsynchronsignals gekettet. Bild 3—24 zeigt die entsprechende Prinzipschaltung. Die Nachlaufsteuerung besteht aus Burst-Eintastung, Phasenvergleich, Regelnetzwerk und Reaktanzstufe.

Für die Auslegung der Schaltung müssen eine Reihe zum Teil gegenläufiger Forderungen be-

rücksichtigt werden. Eine genaue Analyse der vor allem im Frequenz-Nachziehbereich stark nichtlinear arbeitenden Schaltung ist aufwendig [3.2; 3.4; 3.13]. Unter etwas vereinfachenden Annahmen besteht zwischen der Einlaufzeit τ, der Frequenzabweichung Δf des lokalen Oszillators und der Rauschbandbreite B des Regelkreises die Ungleichung

$$\tau \geq \frac{4(\Delta f)^2}{B^3}. \tag{3.27}$$

Die Einschränkung besteht vor allem darin, daß vorausgesetzt wird, daß die tatsächliche Abweichung der lokal erzeugten Frequenz von der Burstfrequenz weniger als die Hälfte der theoretisch zulässigen ist.

In der Praxis ist mit maximalen Frequenzabweichungen gegen höhere oder tiefere Werte hin von etwa 200 bis 300 Hz zu rechnen. Bei einer mittleren Frequenzdifferenz von ± 100 Hz darf die Einlaufzeit für den Fernsehteilnehmer noch nicht störend in Erscheinung treten. Wird für diesen Fall ein Wert von $\tau = 40$ ms gefordert, ergibt sich eine Regelkreis-Rauschbandbreite von $B = 100$ Hz, die auch noch unter schwierigsten Empfangsverhältnissen eine einwandfreie Farbträgersynchronisierung gewährleistet. Als statischer Phasenrestfehler des Regelkreises resultiert der noch unkritische Wert von $\pm 2°$.

3.2.9 Inhärente Fehler des NTSC-Systems

Das NTSC-Verfahren weist im wesentlichen drei dem System anhaftende Unvollkommenheiten auf, die in ihrer praktischen Auswirkung aber ohne große Bedeutung sind. Zwei davon sind die unmittelbare Folge der Forderung, daß ein Farbfernseh-Übertragungskanal nicht mehr Bandbreite als ein Schwarz-Weiß-Kanal beanspruchen darf. Alle in diesem Unterabschnitt aufgeführten Effekte treten in sehr ähnlicher Weise auch bei den andern kompatiblen Farbsystemen in Erscheinung [3.2; 3.4–3.6; 3.18].

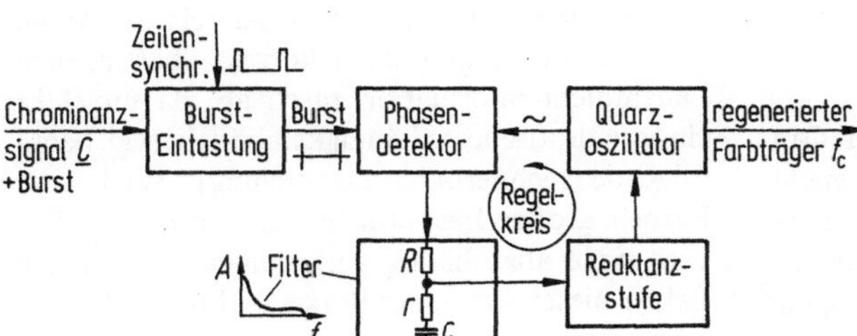

Bild 3-24. Phasenregelkreis zur Synchronisierung des empfangsseitigen Farbhilfsträger-Oszillators (s. Text). $\mu\beta$ Regelkreisverstärkung in Hz/rad. Für die Rauschbandbreite in Hz gilt

$$B \cong \frac{\pi}{2}\left(\frac{\mu\beta r}{R+r}+\frac{1}{2\pi r C}\right).$$

Übersprechen des Chrominanzkanals auf den Luminanzkanal

Auf die Störwirkung des Farbhilfsträgers im kompatiblen Schwarz-Weiß-Bild wurde bereits im Abschnitt 3.2.5 eingegangen. Im Leuchtdichtekanal des Farbempfängers muß das Chrominanzsignal durch ein Sperrfilter stark abgedämpft werden (Abschnitt 3.2.2 und 3.2.4). Dadurch geht Leuchtdichteinformation verloren.

Übersprechen des Luminanzkanals auf den Chrominanzkanal

Bildgeber weisen mit der Frequenz ansteigende spektrale Rauschleistungsdichten auf. Im Leuchtdichtekanal haben sie im Bereich höherer Frequenzen wegen der feinen Struktur nur eine geringe subjektive Störwirkung. Durch Demodulation im Chrominanzteil des Empfängers können solche Rauschanteile aber im Bild eine grobe Musterung erhalten und damit die Farbqualität beeinträchtigen. Um solchen Rauschstörungen vorzubeugen, werden die RGB-Signale normalerweise vor der Codierung im Bereich der Chrominanzsignale etwas abgesenkt. Auch dadurch geht etwas relevante Bildinformation verloren.

Bildinhalte mit örtlich feinen vertikalen oder schrägen Streifenmustern können im Chrominanzbereich starke Leuchtdichtekomponenten aufweisen, die im Decoder wie ein Kolorierungssignal demoduliert werden. Diese im Englischen mit „cross colour" bezeichnete Erscheinung kann gelegentlich zu beträchlichen Bildstörungen führen, hat aber im statistischen Mittel keine allzu große Bedeutung. Durch die Verschachtelung der Luminanz- und Chrominanzsignale werden Störkomponenten dieser Art im Prinzip ebenfalls örtlich und zeitlich ausgemittelt. Die örtliche Periode solcher Störsignale ist aber viel größer als im Fall des Farbträgers beim kompatiblen Schwarz-Weiß-Bild, weshalb der Kompensationseffekt subjektiv nicht mehr wirksam ist.

Verletzung des Prinzips der breitbandigen Leuchtdichteübertragung

Als Folge der angewandten Methode der Gradationsvorentzerrung wird ein Teil der Leuchtdichte in den schmalbandigen Farbdifferenzkanälen übertragen. Dies sei am Beispiel der blauen Farbe größter Leuchtdichte und Sättigung ($B = 1$, $R = 0$, $G = 0$) formelmäßig aufgezeigt.

Nach den Beziehungen des Abschnitts 3.2.3 gilt zunächst

$$B' = Y' - 1{,}10\,I' + 1{,}70\,Q'.$$

Durch Einsetzen von

$$Y' = f(R', G', B'), \quad I' = f(R', G', B') \text{ und}$$
$$Q' = f(R', G', B')$$

(Gl. (3.7) und (3.15)) erhält man die folgenden, nach fallender Bandbreite geordneten Primärfarbenbeiträge:

$$\left.\begin{aligned}
B' = &\;0{,}30\,R' + 0{,}59\,G' + 0{,}11\,B' \\
&\text{(breitbandiger } Y'\text{-Beitrag)} \\
&- 0{,}66\,R' + 0{,}30\,G' + 0{,}35\,B' \\
&\text{(„mittelbandiger" } I'\text{-Beitrag)} \\
&+ 0{,}36\,R' - 0{,}89\,G' + 0{,}54\,B' \\
&\text{(schmalbandiger } Q'\text{-Beitrag)}
\end{aligned}\right\} \quad (3.28)$$

Die Addition ergibt

$$0\,R' + 0\,G' + 1\,B'$$
(Beiträge unterschiedlicher Bandbreite).

Für die größeren Farbflächen resultiert als Phosphorerregung auf dem Bildschirm

$$(B')^\gamma = (B^{1/\gamma})^\gamma = B,$$

was einer fehlerfreien Übertragung entspricht. Der im breitbandigen Leuchtdichtekanal übertragene Signalanteil ist

$$Y_B = (0{,}11\,B')^\gamma = 0{,}11^{2{,}2}\,B = 0{,}008\,B. \quad (3.29)$$

Dies ist nur 7,3 % des erwünschten der Leuchtdichte von Blau entsprechenden Beitrags von $0{,}11\,B$. Die restlichen 92,7 % der Leuchtdichte werden in den bandbreitebegrenzten Chrominanzkanälen übermittelt, was die Bildschärfe beeinträchtigt.

Für die entsprechenden Primärfarben größerer Leuchtdichte ergeben sich günstigere Werte: Der mit Luminanzbandbreite übertragene Signalanteil ist bei Rot 24 % und bei Grün 53 %. Mit abnehmender Farbsättigung, d.h. kleiner werdenden Farbdifferenzsignalen, nimmt der relative Anteil der bandbreitemäßig nicht korrekt übertragenen Leuchtdichteinformation rasch ab, da ungefähr eine quadratische Abhängigkeit besteht (vgl. nachfolgende rechnerische Darstellung). Weil satte Farben großer Leuchtdichte in natürlichen Bildern nicht allzu häufig vorkommen, wirken sich Fehler dieser Art in der Praxis im Farbbild kaum störend aus.

Im kompatiblen Schwarz-Weiß-Bild werden satte Farben großflächig zu dunkel wiedergegeben, doch wird dieser Effekt durch Gleichrichtung des Farbhilfsträgers an der gekrümmten Wiedergabekennlinie teilweise ausgeglichen.

Die Berechnung für beliebige zu übertragende Farbwerte kann, vereinfachend für $\gamma = 2$, nach folgendem Ansatz erfolgen:

$$Y = 0{,}3\,[Y' + (R' - Y')]^2 + 0{,}59\,[Y' + (G' - Y')]^2 + 0{,}11\,[Y' + (B' - Y')]^2. \tag{3.30}$$

Die gemischten Glieder

$$2\,Y'\,[0{,}3\,(R' - Y') + 0{,}59\,(G' - Y') + 0{,}11\,(B' - Y')]$$

heben sich nach dem Ausmultiplizieren gegenseitig auf, es bleibt

$$\left.\begin{array}{l} Y = \underbrace{(0{,}30 + 0{,}59 + 0{,}11)}\;Y'^2 + 0{,}30\,(R' - Y')^2 + 0{,}59\,(G' - Y')^2 + 0{,}11\,(B' - Y')^2 \\[2pt] \qquad\qquad\qquad\qquad\qquad\qquad \text{bzw.} \\[2pt] \qquad\qquad\qquad\qquad\qquad \underbrace{0{,}46\,I'^2 + 0{,}15\,I'\,Q' + 0{,}67\,Q'^2} \\[2pt] Y = \qquad\quad Y'^2 \qquad\quad + \qquad\qquad\quad \Delta Y \end{array}\right\} \tag{3.31}$$

$$Y = \underset{\substack{\text{Leuchtdichteanteil} \\ \text{des Luminanzkanals}}}{Y'^2} + \underset{\substack{\text{Leuchtdichteanteil der} \\ \text{Chrominanzkanäle}}}{\Delta Y}$$

Man definiert allgemein, d. h. für ein beliebiges γ, einen „Konstant-Luminanz-Faktor"

$$K_y = \frac{Y'^\gamma}{Y} = \frac{(0{,}30\,R' + 0{,}59\,G' + 0{,}11\,B')^\gamma}{0{,}30\,R + 0{,}59\,G + 0{,}11\,B}, \tag{3.32}$$

der den relativen Anteil des breitbandig übertragenen Leuchtdichtesignals angibt. Die Örter mit konstantem K_y können in der Normfarbtafel eingetragen werden (Bild 3–25).

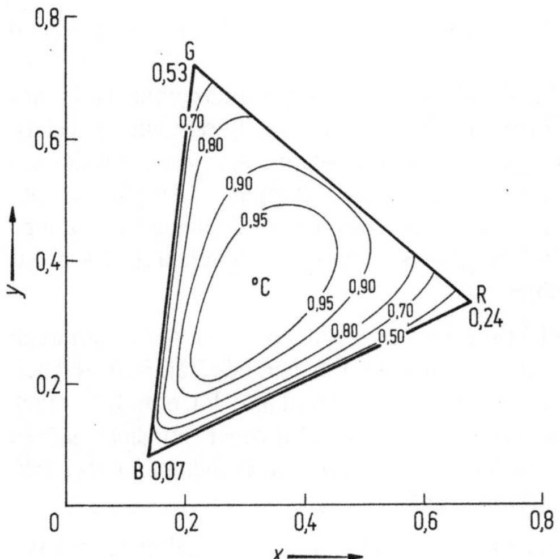

Bild 3-25. Relativer Anteil des beim NTSC-System breitbandig übertragenen Leuchtdichtesignals als Funktion der Farbart („Konstant-Luminanz-Faktor"). Analoge Diagramme ergeben sich für das PAL- und das SECAM-System

3.2.10 Übertragungsprobleme beim NTSC-System

Leuchtdichte- und Farbsättigungsfehler als Folge der Einseitenband-Übertragung des Chrominanzsignals

Wie im Kapitel 2 dargestellt, sind Restseitenband-Übertragungsverfahren, wie sie beim Fernsehen zur Ausstrahlung der Programme Anwendung finden, nicht ganz frei von inhärenten Verzerrungen.

Das modulierte Chrominanzsignal wird bei allen Farbsystemen des öffentlichen Fernsehens im Einseitenbandbereich übertragen. Als Folge der Quadraturkomponente ergeben sich bei Enveloppen-Demodulation am Ausgang des Gleichrichters im Empfänger die im Abschnitt 2.6.4 beschriebenen Signalverzerrungen. Sie bewirken bei satten Farben großer Leuchtdichte eine Verringerung der Chrominanzamplitude sowie eine Verschiebung des mittleren Luminanzpegels in Gegenrichtung zur Trägernullinie (Verminderung der Leuchtdichte bei negativer Modulation) [3.1; 3.4; 3.18].

Wie bei der Mehrzahl der inhärenten Systemfehler von Abschnitt 3.2.9 ist auch diese Störung in natürlichen Bildern, wegen den im Mittel verhältnismäßig kleinen Chrominanzsignalanteilen, kaum wahrnehmbar. In der Sendermeßtechnik muß sie aber beachtet werden.

Quadratur-Nebensprechen im Chrominanzkanal als Folge von Seitenband-Unsymmetrien

Unsymmetrien in der Amplitude und/oder Phase der Chrominanz-Seitenbänder können durch ap-

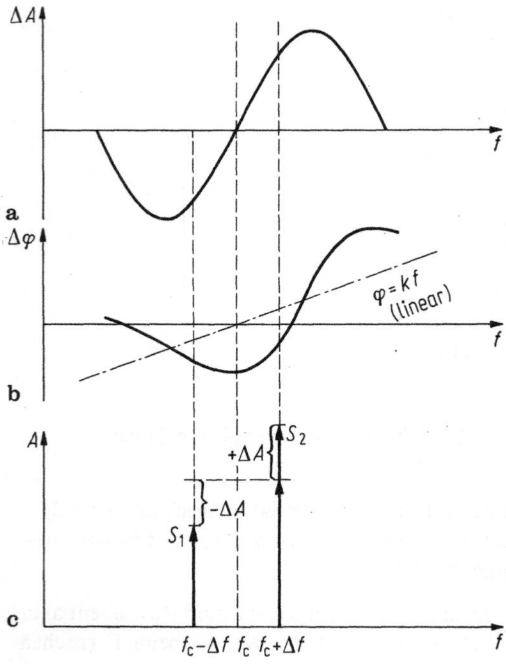

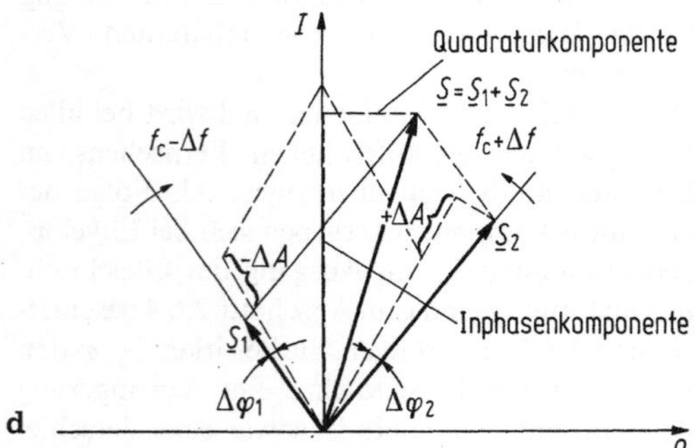

Bild 3-26. Möglicher durch Kurzzeitecho verursachter Amplituden- und Phasengangfehler a), b), und seine Auswirkung auf das geträgerte NTSC-Chrominanzsignal im Zweiseitenbandbereich. Die paarweise vorliegenden Seitenbandkomponenten (in Teilfigur c sind zwei davon eingezeichnet) erfahren ungleiche Amplituden- und Phasenänderungen, was zu Quadratur-Nebensprechen (Vektordiagramm d) führt. Im Bild ist ein Nutzsignal in I-Richtung angenommen; die Quadraturkomponente spricht auf den Q-Kanal über. Die Ortskurve des Summenvektors S ist eine schief stehende Ellipse (in Figur nicht eingezeichnet)

parative Einflüsse (schlecht abgestimmte Empfänger, schlecht angepaßte Übertragungsleitungen usw.) oder durch Mehrwege-Empfang verursacht werden.

Bild 3-26 zeigt mögliche Beeinflussungen des Chrominanzkanals durch ein Echosignal kurzer Laufzeit. Die im Idealfall symmetrischen und damit nebensprechfreien Seitenbandvektoren einer sinusförmigen Farbsignalkomponente werden in Richtung und Amplitude unterschiedlich verfälscht, was innerhalb des Chrominanzkanals zu Quadratur-Nebensprechen führt. Störungen dieser Art können an horizontalen Farbsignalübergängen zu unerwünschten Farbsäumen führen.

Bei größerer Echo-Laufzeitdifferenz ergeben sich Verhältnisse, wie sie im Bild 3-27 an einem einfachen Beispiel dargestellt sind.

Pegelabhängige Amplituden- und Phasenverzerrungen des Chrominanzsignals

Die additive Überlagerung des Luminanz- und Chrominanzsignals hat zur Folge, daß in einem nichtlinearen Übertragungskanal Amplitude und Phase der modulierten Farbdifferenz-Information vom Leuchtdichtepegel abhängig werden können (Bild 3-28). Es läßt sich schreiben

$$\underline{C}'(f_c, Y') = |\underline{C}'|(f_c, Y') \exp[j\,\varphi(f_c, Y')]. \quad (3.33)$$

Die durch Y' verursachte Phasenänderung des Chrominanzvektors wird differentielle (pegelabhängige) Phase, die relative Amplitudenänderung differentielle (pegelabhängige) Amplitude genannt. Jene bewirkt leuchtdichtepegelabhängige Farbsättigungs-, diese entsprechende Farbtonfehler.

Nichtlineare Verzerrungen dieser Art treten auch in großen farbigen Flächen des Bildes in Erscheinung und können damit die Farbqualität stark beeinträchtigen. In subjektiver Hinsicht stören Farbtonfehler im Mittel wesentlich mehr als Farbsättigungsfehler.

Zusammenfassend läßt sich sagen, daß das NTSC-System — so genial es in seiner Konzeption ist — an Geräte und Übertragungsweg hohe Anforderungen stellt. Dies gab um 1960 herum in Europa den Anstoß zu technischen Weiterentwicklungen, die zum PAL- und SECAM-System führten.

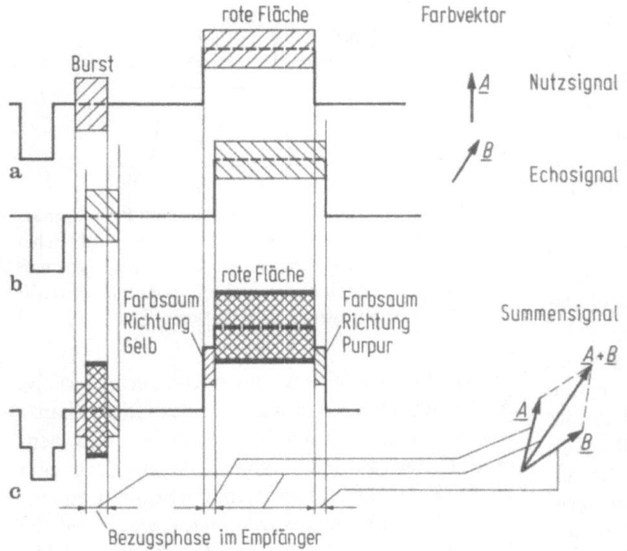

Bild 3-27. Empfang eines sehr starken Reflexionssignals (Laufzeit etwa 1 µs) beim NTSC-System (videofrequente Übertragung). Zum Nutz-Chrominanzvektor $\underline{A}$ (Bildteil a) gesellt sich ein Stör-Chrominanzvektor $\underline{B}$ (Bildteil b). Da das Farbsynchronsignal im Mittelteil in gleicher Weise wie das Chrominanzsignal verfälscht wird, stellt sich großflächig ein korrekter Farbton ein (rote Fläche, Bildteil c). Es entstehen aber Farbsäume. Bei größeren Laufzeitdifferenzen muß die Phasennachregelung gefühlsmäßig von Hand vorgenommen werden

3.3 Das PAL-System

3.3.1 Einleitung

Die hohe Empfindlichkeit des NTSC-Systems auf Farbtonfehler läßt sich z.B. dadurch umgehen, daß die Drehrichtung des Chrominanzvektors, bezogen auf den Farbkreis, sendeseitig zyklisch geändert wird. Phasenfehler des Übertragungsweges erzeugen dann gegenläufige Farbtonfehler. Wird die Änderung der Drehrichtung des Chrominanzvektors empfangsseitig im Gleichtakt zur Sendeseite rückgängig gemacht, kompensieren sich die übertragungsbedingten Farbtonfehler.

Die prinzipiellen Möglichkeiten der Farbtonfehler-Kompensation wurden bereits von Loughlin erkannt [3.10]. Erprobt wurde in den USA aber lediglich eine Variante mit halbrasterfrequenter Änderung der Drehrichtung des Chrominanzvektors. Als Folge von Unvollkommenheiten des Systems, der Geräte und des Übertragungsweges neigte diese Lösung zu lästigem 30 Hz-Flimmern, weshalb sie bei der Systemwahl nicht berücksichtigt werden konnte.

In Europa arbeitete man gegen Ende der Fünfziger- und zu Beginn der Sechzigerjahre in Frankreich (H. de France) und Deutschland (W. Bruch) fieberhaft an Systemvarianten, welche die Nachteile des NTSC-Systems vermeiden sollten. Die von de France vorgeschlagene, für die verschie-

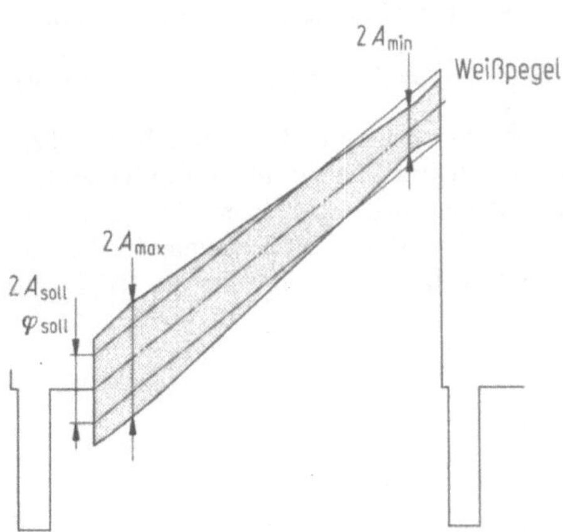

Bild 3-28. Zeilensägezahn mit überlagerter Farbträgerschwingung zum Messen der differentiellen Amplituden- und Phasenfehler von Farbfernseh-Übertragungsstrecken. Das RF-Prüfsignal hat über den ganzen Leuchtdichte-Aussteuerbereich eine konstante Amplitude und Phase. Durch die Nichtlinearitäten des Übertragungsweges weist das empfangene Signal pegelabhängige Amplituden- und Phasenfehler auf. Im Bild sind der Sollwert der Farbträgeramplitude (SS-Wert $2A$) sowie ein möglicher Verlauf der differentiellen Amplitude mit Maximal- und Minimalwert eingetragen

denen SECAM-Varianten (Abschnitt 3.4; [3.11]) unerläßliche zeilenweise Verzögerung der Chrominanzsignale im Empfänger führte auf die Entwicklung besonderer Laufzeitleitungen (Abschnitt 3.3.4). Bruch demonstrierte für die im Jahr zuvor gegründete Ad-Hoc-Gruppe „Farbfernsehen" der Europäischen Rundfunkunion im Januar 1963 in Hannover erstmals NTSC-Systemvarianten, welche die bedeutenden potentiellen Möglichkeiten der zeilenweisen Farbtonfehlerkompensation in Verbindung mit einer Verzögerungsleitung klar erkennen ließen. Die konsequente Weiterverfolgung dieser Ideen führte etwas später auf das PAL-System, das — nach gründlicher labor- und feldmäßiger Erprobung — 1966 anläßlich der XI. Plenarversammlung des CCIR in Oslo von einer Reihe westeuropäischer Länder — Frankreich ausgenommen — zur nationalen Farbfernsehnorm erklärt wurde. Öffentliche PAL-Sendungen erfolgten in Europa ab 1967 [3.8; 3.14–3.17].

3.3.2 Grunddaten des PAL-Systems

Das PAL-System ist mit dem NTSC-System eng verwandt. Die im Abschnitt 3.2 ausführlich dargelegte Aufbereitung der Übertragungs-Primärfarbensignale aus den RGB-Bildgebersignalen und das Prinzip der Quadraturmodulation gelten vollumfänglich auch für das PAL-System. Im Unterschied zu NTSC kann man sich hier aber mit der $U'V'$-Darstellung der Farbdifferenzsignale begnügen, da wegen einer zeilenweisen Änderung der Drehrichtung des Chrominanzvektors das Quadraturnebensprechen im Einseitenbandbereich der U'- und V'-Signale entfällt.

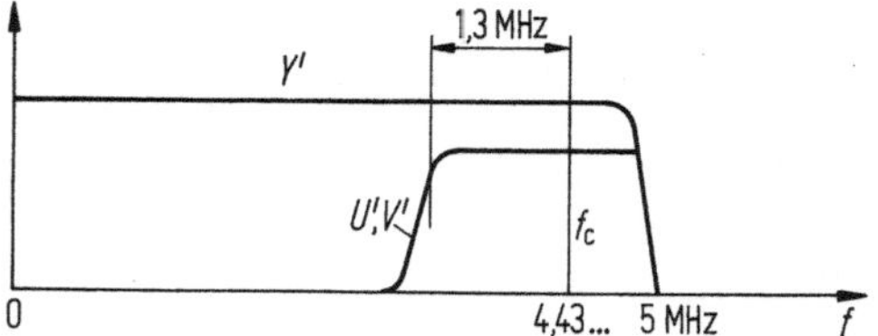

Bild 3-30. Spektrum des videofrequenten PAL-Signals am Eingang des Fernsehsenders. Im Studio- und Richtfunkbereich werden auch bei den CCIR-B/G-Normen im allgemeinen noch Frequenzkomponenten oberhalb von 5 MHz übertragen

Die zur Farbtonfehlerkompensation erforderliche Änderung der Umlaufrichtung des Chrominanzvektors wird dadurch bewerkstelligt, daß dem modulierten V'-Signal von Zeile zu Zeile eine andere Polarität gegeben wird. Farbträgerfrequenzen und Bandbreiten wurden naturgemäß auf die 625-Zeilen-Normen des CCIR optimiert [3.9; 3.15] (siehe auch Abschnitt 2.9.1). Auf die eher geringfügigen Unterschiede bezüglich der Normfarbwertanteile der Primärfarben und des Weißpunktes (625-Zeilen-Farbsysteme: Normlicht D_{65}) wurde bereits im Abschnitt 3.1 hingewiesen.

Das zusammengesetzte sendeseitige PAL-Signal genügt in komplexer Darstellung der Beziehung

$$M' = Y' + \underline{C}' = Y' + U' \pm jV' \tag{3.34}$$

worin sich das positive und negative Vorzeichen der zweiten Vektorkomponente auf aufeinanderfolgende Zeilen des Halbrasters bezieht; entsprechende $\underline{C}'$-Vektoren sind zueinander konjugiert-komplex. In der Schreibweise des CCIR gilt

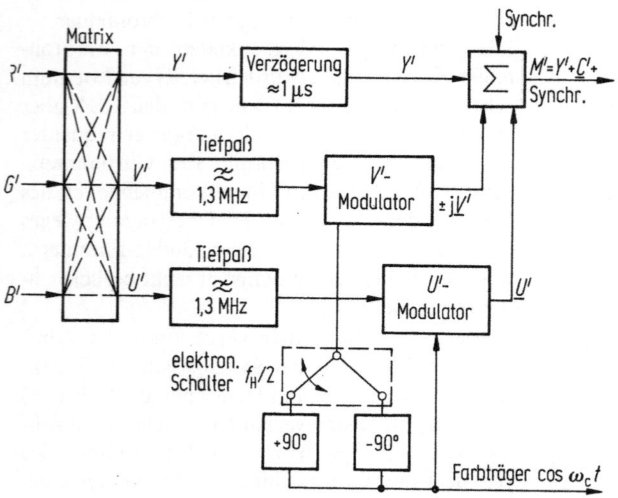

Bild 3-29. Blockschema des PAL-Coders

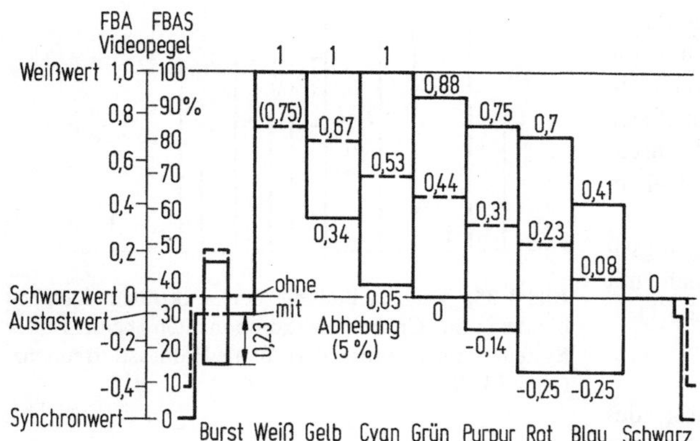

Bild 3-33. Luminanz- und Chrominanzanteile eines PAL-Farbbalkensignals (über Zeile) für Primär- und Komplementärfarben von 75 % Amplitude und 100 % Sättigung, mit Farbsynchronsignal in der Austastlücke und Schwarzabhebung (vgl. Bild 3-32)

$$M' = Y' + U' \sin 2\pi f_c t \pm V' \cos 2\pi f_c t \quad (3.35)$$

mit $f_c = 4,43361875\ \mathrm{MHz} \pm 5\ \mathrm{Hz}$
(CCIR-I-Norm: $\pm 1\ \mathrm{Hz}$).

Bild 3–29 illustriert die Arbeitsweise des PAL-Coders [3.18].

Bild 3–30 zeigt das Spektrum des nach den CCIR-B/G-Basisnormen ausgestrahlten PAL-Signals. Beide Seitenbänder der U'- und V'-Signale werden zunächst auf folgende Bandbreitewerte beschnitten: Abfall bei 1,3 MHz < 3 dB, bei 4 MHz > 20 dB. Vor der Ausstrahlung erfolgt, wie beim monochromen Fernsehen, eine Begrenzung des Videokanals auf 5 MHz. Die oberen Chrominanzseitenbänder werden dadurch auf rund 0,5 MHz reduziert.

Die Gestaltung der horizontalen Austastlücke geht aus Bild 3–31 hervor. Das Farbsynchronsignal umfaßt rund 10 Trägerperioden und besteht — im Gegensatz zu NTSC — aus U'- und V'-Anteilen. Die V'-Komponente wechselt, zusammen mit dem V'-Signal, im Halbraster von Zeile zu Zeile das Vorzeichen („Schwabbelburst", Bild 3–32). Dies ermöglicht auf der Empfangsseite die Gewinnung eines halbzeilenfrequenten

Schaltsignals zur Rückpolung der V'-Komponente (Bild 3–40) [3.23; 3.24].

Bezugnehmend auf das Vektordiagramm von Bild 3–32 sind im Bild 3–33 die überlagerten Leuchtdichte- und Chrominanzamplituden für ein Farbbalkensignal mit Primär- und Komplementärfarben von 100 % Sättigung und 75 % Amplitude eingetragen. Die Figur hat für PAL und NTSC Gültigkeit. Man erkennt, daß die positiven

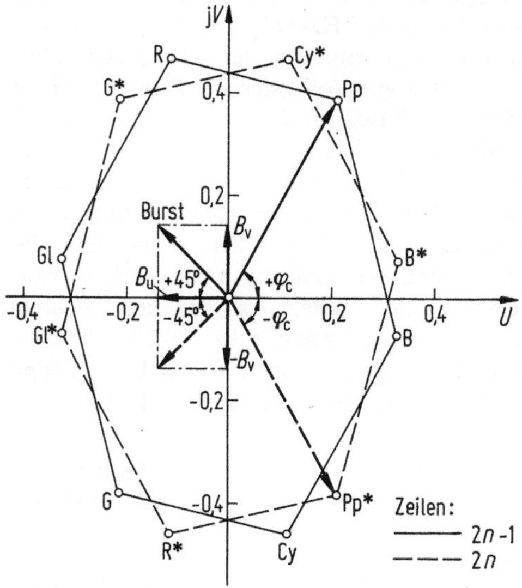

Bild 3-32. Chrominanz-Vektorlagen für Primär- und Komplementärfarben von 75 % Amplitude und 100 % Sättigung (CCIR-Prüfsignal) beim PAL-System. Vektoren aufeinanderfolgender Zeilen des Halbrasters sind zueinander konjugiert-komplex. Das Farbsynchronsignal setzt sich aus einer ungeschalteten Komponente B_u und einer geschalteten B_v zusammen. Dieses Testsignal darf nicht einer Gammavorkorrektur unterworfen werden

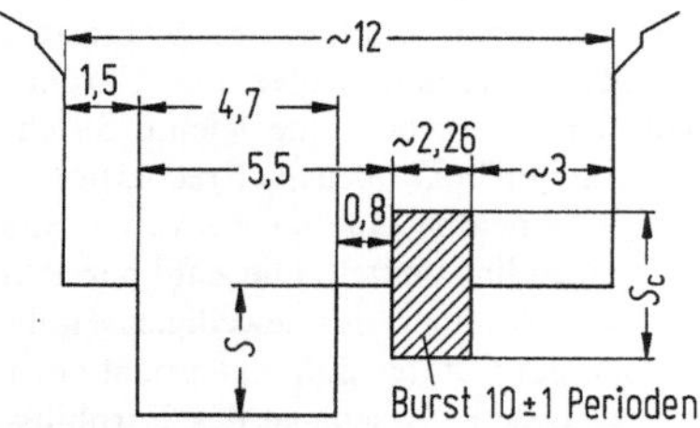

Bild 3-31. Gestaltung der horizontalen Austastlücke beim PAL-System. Nennwerte der Zeitintervalle in µs

Spitzen des Gesamtsignals bei einer solchen Pegel-proportionierung gerade den Weißwert und die negativen den Amplitudenwert des Farbsynchronsignals erreichen. Ein solches Prüfsignal paßt sich damit gut an den Aussteuerbereich eines Fernseh-Übertragungskanals an (UER/EBU-Farbbalken, CCIR-Empfehlung 471 [3.9]).
Ein vollständiges Farbfernseh-Übertragungssignal wird im deutschen Sprachgebrauch mit FBAS-Signal bezeichnet (vgl. Abschnitt 2.4.1).

3.3.3 Der PAL-Farbträgerversatz

Der einfache Halbzeilen-Farbträgeroffset des NTSC-Systems läßt sich beim PAL-System nicht anwenden. Man kann nämlich zeigen, daß durch die zeilenweise Umpolung der V'-Chrominanzkomponente ein solcher Frequenzversatz gerade aufgehoben wird, was für satte Farben dieser Achsrichtung im kompatiblen Schwarz-Weiß-Bild auf ein nicht tolerierbares Störmuster führt.
Man verteilt deshalb durch Einführen eines Viertelzeilenoffsets die Störwirkung gewissermaßen zu gleichen Teilen auf die U'- und V'-Farbachse. In einem zweiten Schritt wird die Sichtbarkeit des Farbträgers dadurch weiter vermindert, daß man zusätzlich einen 25-Hz-Trägerversatz einführt, was örtlich einer Ausmittlung der verbliebenen Störstruktur über vier Vollraster gleichkommt. Dieser zusätzliche Offset verzögert die Phase des U'-Signals nach jedem Vollbild um eine Viertelperiode und beschleunigt jene des V'-Signals im gleichen Zeitraum um den gleichen Anteil. Die Phasen des dritten bzw. vierten Vollrasters sind damit gegenüber denjenigen des ersten bzw. zweiten um 180° versetzt. Erst das fünfte Vollbild hat wieder die ursprünglichen örtlichen Phasenlagen; der entsprechende Zeitraum beträgt rund $^1/_6$ s. Dies ist in Bild 3–34 für einen kleinen Aus-

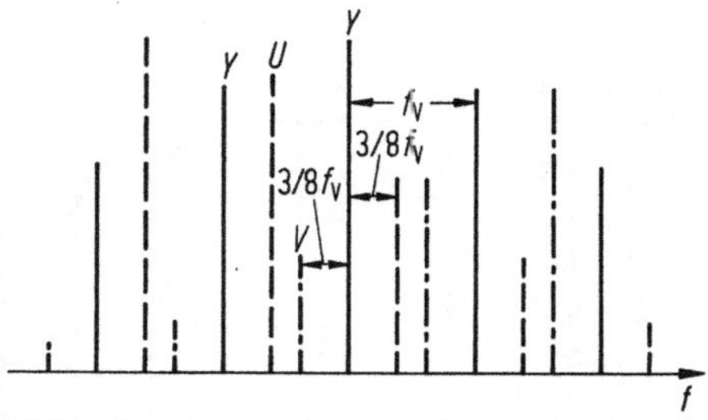

Bild 3-35. Verschachtelung der spektralen Leuchtdichte- und Chrominanzkomponenten beim PAL-System (Feinstruktur). f_V vertikale Halbrasterfrequenz (nach [3.20])

schnitt des Schwarz-Weiß-Bildschirms schematisch aufgezeigt. Bild 3–35 vermittelt einen Ausschnitt des PAL-Farbträgerspektrums. Die U'- und V'-Komponenten nehmen, relativ zu den Leuchtdichtekomponenten, unterschiedliche Frequenzlagen ein [3.19; 3.20].
Die Abhängigkeit der Zeilenfrequenz f_H von der Halbrasterfrequenz f_V und der PAL-Farbträgerfrequenz f_c ist durch die Beziehung

$$f_H = \frac{f_c - \tfrac{1}{2}f_V}{284 - 1/4} \tag{3.36}$$

gegeben, was etwas umgeformt und nach f_c aufgelöst auf folgenden Ausdruck führt:

$$f_c = (1135/4 + 1/625)\, f_H. \tag{3.37}$$

Die Stabilitätsanforderungen an die PAL-Farbträgerfrequenz sind in Abschnitt 3.3.2 aufgeführt. Die Zeilenfrequenz soll auf etwa $\pm 0{,}0001\,\%$ konstant gehalten werden.
Im Gegensatz zum NTSC-System wurden bei den PAL-Normen der 625-Zeilen-Basissysteme die Nennwerte der Rasterfrequenzen vom monochromen Fernsehen her unverändert übernommen ($f_V = 50$ Hz, $f_H = 15625$ Hz). Dies führt auf

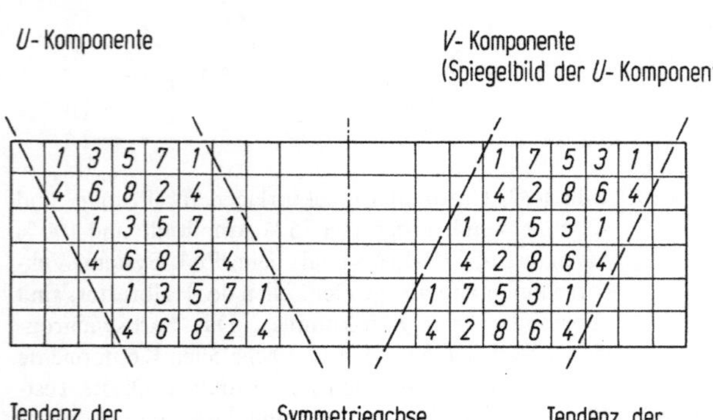

Bild 3-34. Struktur des PAL-Offsets auf dem Schirm des kompatiblen Schwarz-Weiß-Empfängers, über sechs benachbarte Zeilenausschnitte des Vollrasters gesehen. U-Komponenten des Chrominanzsignals ergeben eine leichte Strichstruktur von links oben nach rechts unten, V-Komponenten eine solche von rechts oben nach links unten. Die Zahl bezeichnet die Nummer des jeweiligen Halbrasters, der Ort der Zahl entspricht einer vorgegebenen Phasenlage des Farbhilfsträgers, die z.B. das Leuchtdichtemaximum auf dem Bildschirm darstellen kann

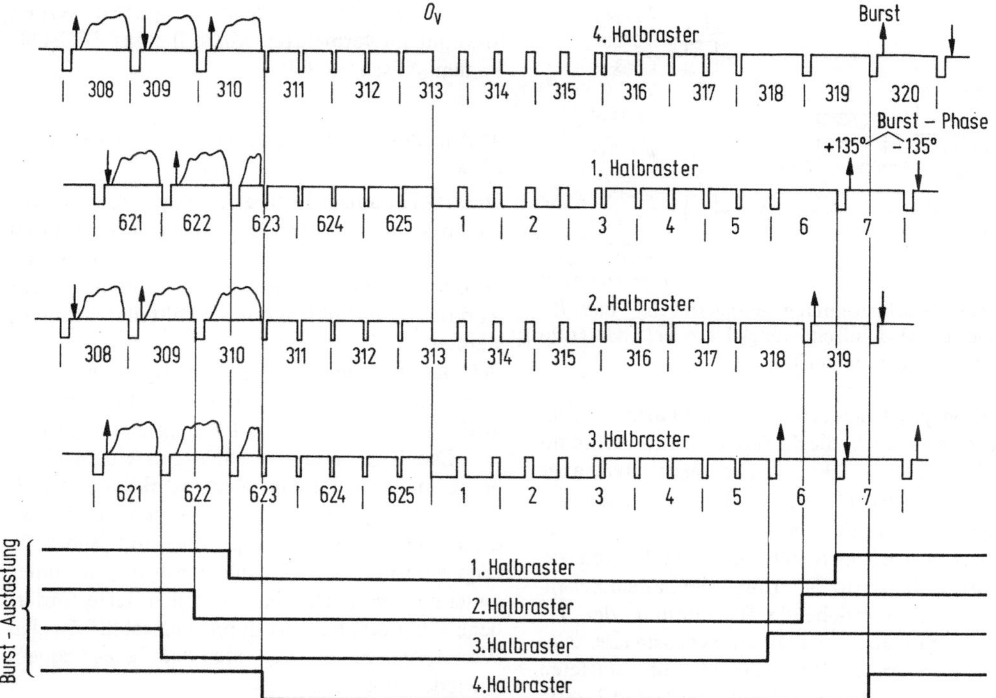

Bild 3-36. Gestaltung der vertikalen Austastlücke beim PAL-System. Eine gestaffelte Austastung des Farbsynchronsignals ermöglicht die Identifikation der vier Teilraster. O_V Beginn der Halbraster (s. auch Abschnitt 3.6.1)

eine nominelle PAL-Farbträgerfrequenz von 4,43361875 MHz. Auch die Frequenzdifferenz zwischen Ton- und Bildträger des ausgestrahlten Signals wurde für das Farbfernsehen beibehalten (Nennwert $\Delta f = 5,5\ \text{MHz} = 352\ f_H$). Schaltungen zur Verkoppelung von Zeilen- und Farbträgerfrequenz finden sich in [3.19].

Der etwas komplizierte Farbträgerversatz erfordert — vor allem mit Rücksicht auf die Magnetbandaufzeichnung — zur Identifizierung der Teilraster besondere Maßnahmen, was sich durch Staffelung der Farbsynchronsignal-Lücke im vertikalen Austastintervall erreichen läßt (Bild 3–36).

In Brasilien findet ein an die CCIR-M-Norm (525 Zeilen, 60 Halbraster je Sekunde) adaptiertes PAL-System ohne zusätzlichen bildfrequenten Trägerversatz Anwendung (Abschnitt 3.5).

3.3.4 Decodierung beim PAL-System

Einfacher PAL-Decoder

Im einfachsten Fall entspricht der PAL-Decoder, mit Ausnahme der erforderlichen halbzeilenfrequenten Umpolung des V'-Bezugsträgers, dem NTSC-Äquiband-Decoder. Dieser im Englischen mit „simple PAL" bezeichnete Empfängervariante haften aber bereits vom System her beträchtliche Mängel an. Die Farbtonfehler-Ausmittlung muß hier örtlich, über benachbarte Zeilen des Halbrasters, vom Auge vollzogen werden. Im Verein mit System-Nichtlinearitäten kann dies bei größeren Phasenfehlern zu einer störenden Vergröberung der Zeilenstruktur führen („Jalousie-Effekt"). Die Decodierungsschaltung mit Verzögerungsleitung vermeidet solche Nachteile.

PAL-Decodierung mit Laufzeitleitung

Im Bild 3–37 ist der systemmäßig wichtigste Teil des PAL-Laufzeitleitungs-Decoders — die Aufbereitung der geträgerten U'- und V'-Chrominanzsignale für die nachfolgende Demodulation — dargestellt. Die Verzögerungsleitung ermöglicht die vektorielle Addition und Subtraktion zeitlich aufeinanderfolgender konjugiert komplexer Farbträgersignale. Beträgt beispielsweise das Chrominanzsignal auf Zeile $n-1$ $U'+jV'$, auf Zeile n $U'-jV'$ und auf Zeile $n+1$ des Halbrasters wiederum $U'+jV'$, ergibt die gleitende vektorielle

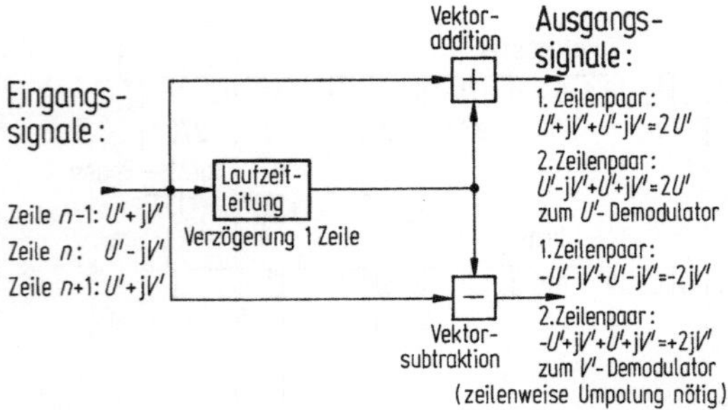

Bild 3-37. Rückgewinnung geträgerter U'- und V'-Signale im PAL-Laufzeitleitungs-Decoder (Erläuterungen bei der Figur und im Text)

Addition je zweier zeitlich benachbarter Zeileninhalte stets $2U'$, die Subtraktion abwechselnd $-2V'$, $+2V'$, $-2V'$,…. . Die separierten, aber noch geträgerten U'- und V'-Signale werden nun getrennten, mit den entsprechenden Referenzphasen angespeisten Synchrondemodulatoren, zugeführt, wobei die im Rhythmus der halben Zeilenfrequenz zu vollziehende Rückpolung der V'-Komponente auch hier durch wechselweises Anspeisen einer in der Phase um 180° umgetasteten V'-Bezugsschwingung vollzogen wird (Bild 3–40).

Für PAL werden im Prinzip die gleichen Demodulationsschaltungen angewendet wie für NTSC. Weil keine Quadraturkomponente vorhanden ist, arbeiten auch Anordnungen mit additivem Trägerzusatz inhärent fehlerfrei [3.21; 3.22].

Anforderungen an das Chrominanzsignal

In den Beziehungen des Vorabschnitts können die geträgerten U'- und V'-Signale zunächst — im Rahmen der Möglichkeiten der Chrominanzübertragung — jeder beliebigen Zeitfunktion genügen und insbesondere auch im Einseitenbandbereich des modulierten Chrominanzkanals liegen. Die einzige Voraussetzung ist, daß sich der Farbbildinhalt über zeitlich benachbarte Zeilen des Halbrasters nicht nennenswert ändert.

Ist diese Vorbedingung nicht erfüllt, bewirkt die Verzögerungsleitung in bezug auf vertikal sich sprunghaft ändernde Farben eine gleitende Mittelwertbildung und damit einen leichten, im allgemeinen nicht wahrnehmbaren Schärfeverlust. Man kann zeigen, daß in der Übergangszone nur Farben auftreten können, die in bezug auf Farbton und -sättigung zwischen den am Farbübergang beteiligten Ausgangsfarben liegen; störende Farbsäume können sich nicht einstellen. Bei mehrfacher in Kette geschalteter PAL-Codierung und -Deco-

dierung kann der Schärfeverlust spürbar werden (dies gilt im vermehrten Maße für das SECAM-System, Abschnitt 3.4).

Aufbau und Eigenschaften der PAL-Verzögerungsleitung

Die PAL-Laufzeitleitung verzögert das Chrominanzsignal nicht genau um eine Zeile, sondern um 283,5 Farbträgerperioden (63,94 µs). Streng genommen müßten deshalb im Bild 3–37 die Additions- und Subtraktions-Schaltteile vertauscht werden.

Bei der Entwicklung der Verzögerungsleitung konnte man sich auf Technologien abstützen, die in Radarsystemen bereits Eingang gefunden hatten. Die Komponente besteht aus einem Glasblock mit aufgekitteten elektrostriktiven Wandlern aus Blei-, Barium- oder Bleizirkonat-Titanat, die als Scherschwinger ausgebildet sind. Bild 3–38 zeigt eine mögliche Ausführungsform, die unter anderem den Vorteil hat, daß sich der erforderliche Verzögerungswert durch Feinschliff der den Wandlern gegenüberliegenden Planfläche bequem einstellen läßt.

Die Ausbreitung der mechanischen Transversal-

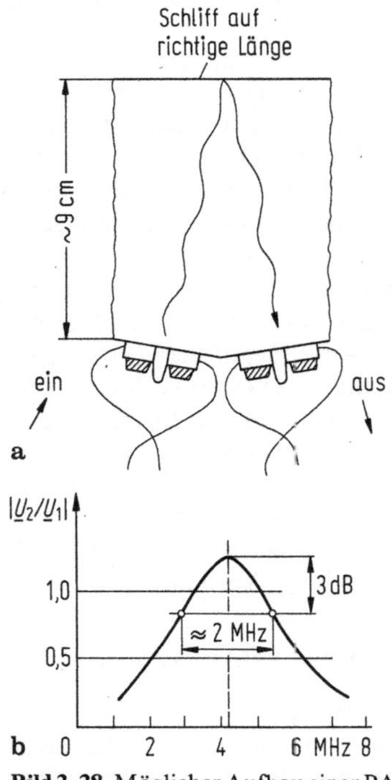

Bild 3-38. Möglicher Aufbau einer PAL-Verzögerungsleitung (a) und deren Amplitudengang (b)

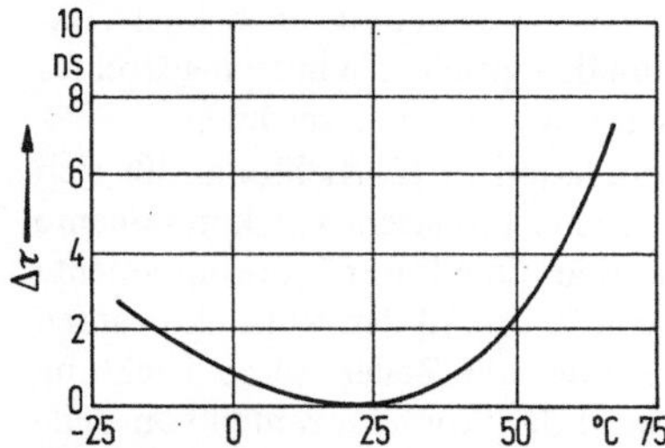

Bild 3-39. Typischer Temperaturgang der Verzögerung bei einer PAL-Laufzeitleitung

wellen hängt von der Dichte, dem Schermodul und dem Volumenelastizitätsmodul des Materials ab. Der Echo-Mitfluß muß durch geeignete Form-

gebung klein gehalten werden. Die Übertragungsbandbreite hat etwa 2 MHz zu betragen.

Da sich Eigenfehler der Verzögerungsleitung und auch der zugehörigen Schaltung phasenmäßig nicht auskompensieren, müssen an den Temperaturverlauf der Verzögerung sehr strenge Anforderungen gestellt werden; die Schwankung darf einige ns nicht überschreiten. Durch geeignete chemische Zusammensetzung des Glases läßt sich ein Temperaturgang gemäß Bild 3–39 erzielen, der für die Praxis ausreicht [3.18; 3.26].

Das Blockschaltbild eines PAL-Empfängers ab Zwischenfrequenz-Demodulator ist im Bild 3–40 dargestellt. Das Schaltsignal für die zeilenweise Umpolung der V'-Komponente kann dadurch

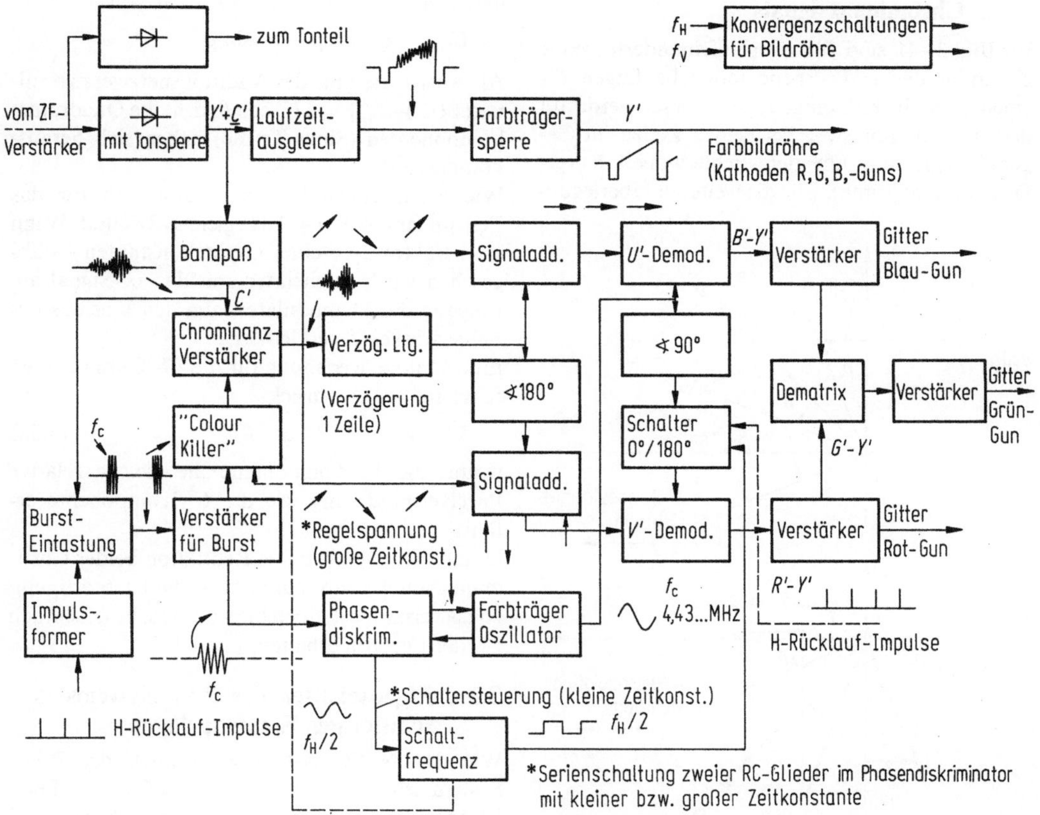

Bild 3-40. Blockschaltbild des Farbteils eines PAL-Heimempfängers. Ohne Verzögerungsleitungsteil mit zugehöriger vektorieller Signaladdition und -subtraktion und ohne Trägerumschaltung beim V'-Demodulator (mit Zusatzschaltteilen) entspricht der PAL-Empfänger dem NTSC-Äquibandempfänger. Die Dematrix beschränkt sich in dieser Schaltung auf die Herleitung der $G'-Y'$-Komponente aus den $R'-Y'$- und $B'-Y'$-Anteilen, da die Rückgewinnung der Primärfarbensignale in der Bildröhre selber vorgenommen wird (Leuchtdichtesignal gemeinsam auf die drei Kathoden, Farbdifferenzsignale getrennt auf die entsprechenden Steuergitter). Im übrigen wird auf den Textteil verwiesen

gewonnen werden, daß der Phasendiskriminator des Farbträger-Regelkreises zwei seriegeschaltete Zeitkonstanten aufweist. Am Ausgang des ersten, verhälnismäßig kleinen Zeitgliedes verursacht der „Schwabbelburst" im Regelsignal Schwankungsanteile der halben Zeilenfrequenz, die im genannten Sinne ausgewertet werden können.

Wie beim NTSC-Empfänger ist auch hier, aus Gründen eines guten monochromen Störabstandes, eine Sperrung des Chrominanzkanals bei fehlendem Farbsynchronsignal vorgesehen. Zusätzlich kann, wie gestrichelt eingezeichnet, eine solche Maßnahme auch für den Fall eines fehlenden V'-Schaltsignals getroffen werden [3.25].

3.3.5 Selbsttätige Ausmittlung von Übertragungs-Phasenfehlern des Chrominanzsignals

Im Bild 3–41 sind für zwei aufeinanderfolgende Zeilen in der $U'V'$-Ebene mögliche Lagen für einen $\underline{C}'$-Sollvektor eingetragen. Dieser werde auf dem Übertragungsweg bei beiden Zeilen im Gegenuhrzeigersinn um den Fehlerwinkel β verfälscht (Istvektoren). Für die weiteren Überlegun-

gen ist es zunächst zweckmäßig, in beiden Diagrammen ein um den gleichen Winkel β gedrehtes $U'V'$-Koordinatensystem einzuzeichnen.

Für die Demodulation in U'-Richtung läßt sich der Istvektor in eine Inphasen-Nutzkomponente $U' \cos \beta$ und eine Quadratur-Störkomponente $V' \sin \beta$ zerlegen. Während der Nutzvektoranteil für aufeinanderfolgende Zeilen seine Richtung nicht ändert, weist der Störvektoranteil von Zeile zu Zeile eine Phasendifferenz von 180° auf.

Nach den Ausführungen von Abschnitt 3.3.4 (Bild 3–37) ergibt sich im Falle des PAL-Laufzeitleitungs-Decoders für die geträgerte, dem U'-Demodulator zugeführte Chrominanzkomponente von der Zeile n ein Beitrag von

$$U'_n = U' \cos \beta + V' \sin \beta$$

und von der Zeile $n + 1$ ein solcher von

$$U'_{n+1} = U' \cos \beta - V' \sin \beta.$$

Als Ausgangssignal des Additionsnetzwerks resultiert: $U'_n + U'_{n+1} = 2 U' \cos \beta$, d.h. die Quadraturkomponenten (Sinus-Terme) haben sich herauskompensiert.

Wie leicht einzusehen ist, ergibt sich für das Zeilenpaar $n + 1, n + 2$ das gleiche Resultat. Wenn vom Faktor 2 — einer Gerätekonstanten — abgesehen wird, erscheint damit das U'-Signal am Eingang des Demodulators um den Kosinus des Fehlerwinkels β verkleinert.

Eine analoge Rechnung für die V'-Komponenten führt auf den Ausdruck

$$V'_n + V'_{n+1} = 2 V' \cos \beta, \tag{3.38}$$

womit die V'-Komponente die gleiche relative Pegelverminderung wie die U'-Komponente erfährt.

Durch die proportionale Reduktion beider Chrominanzanteile wird damit zwar die Farbsättigung etwas vermindert, doch bleibt, was sehr wesentlich ist, der Farbton erhalten.

3.3.6 Eigenschaften des PAL-Systems in schwierigen Empfangslagen

Wie das NTSC-System weist auch das PAL-System sehr gute Rauscheigenschaften auf. Beim Mehrwegeempfang werden bei PAL Phasen- und damit Farbtonfehler wie im geschilderten Beispiel von Abschnitt 3.3.5 auskompensiert. Die Ausmittlung ist dabei nicht von der Anzahl oder Laufzeit der Einzelechos abhängig. Dadurch ergeben sich in ungünstigen Empfangslagen hervorragende Systemeigenschaften [3.16; 3.17].

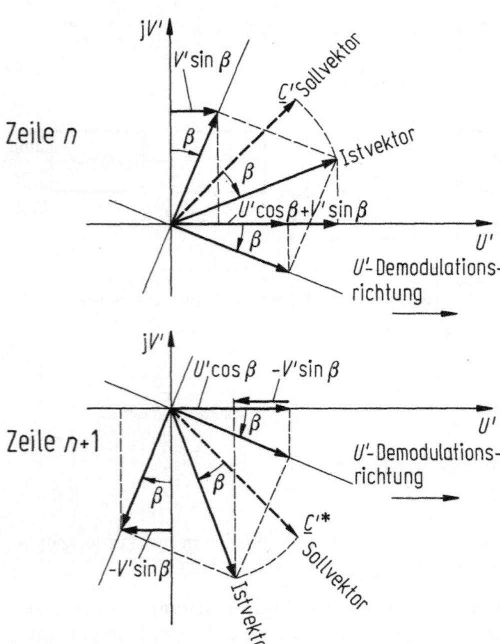

Bild 3-41. Wirkungsweise der selbsttätigen Kompensation von Übertragungsphasenfehlern beim Laufzeit-PAL-Decoder. Die Diagramme werden im Text erläutert

Im Falle von Kurzzeitechos wird das Systemverhalten am zweckmäßigsten in der Frequenzebene untersucht. Das zeilenweise Umpolen der V'-Komponente bewirkt hier ein entsprechendes zyklisches Vertauschen der oberen und unteren Chrominanzseitenbänder. Über zwei aufeinanderfolgende Zeilen gemittelt kompensiert sich die im Bild 3–26 für das NTSC-System dargestellte Quadraturkomponente heraus.

Bei Reflexionssignalen größerer Laufzeitdifferenz, d. h. ab etwa einer Mikrosekunde, ist die zeitmäßige Darstellung geeigneter. Bezogen auf Bild 3–27 kann man zeigen, daß sich beim PAL-System selbst bei sehr starken Echostörungen weder großflächig noch an Kanten Farbtonfehler einstellen können.

3.4 Das SECAM-System

3.4.1 Systemtechnische Grundzüge

Das in Frankreich, den Ostblockstaaten und in einer Reihe weiterer Länder eingeführte SECAM-Farbfernsehsystem — die genauere Bezeichnung lautet SECAM IIIb oder SECAM III optimalisé — vermeidet die Farbtonfehler-Empfindlichkeit des NTSC-Systems dadurch, daß dem Farbhilfsträger je Zeile nur eines der beiden Farbdifferenzsignale aufgebürdet wird (Bild 3–42). Die Signalaufbereitung ist im videofrequenten Bereich ähnlich wie bei NTSC und PAL. Die ersten SECAM-Systemvorschläge gehen auf das Jahr 1957 zurück (H. de France).

Im Empfänger werden mit Hilfe einer Laufzeitleitung, die wie bei PAL das Chrominanzsignal um eine volle Zeile verzögert, über einen zweipoligen elektronischen Umschalter simultane Farbdifferenzsignale zurückgewonnen (Bild 3–43)

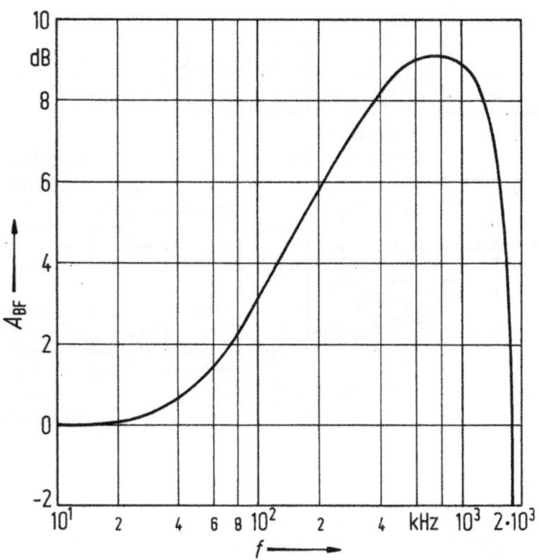

Bild 3-44. Amplitudengang des videofrequenten SECAM-Vorbetonungsnetzwerks

Als Trägerungsart findet Frequenzmodulation Anwendung.

Im SECAM-Coder werden die Chrominanzsignale, mit Rücksicht auf einen subjektiv guten Rauschabstand, vor der Trägerung im Bereich höherer Chrominanzfrequenzen amplitudenmäßig stark angehoben (Bild 3–44; nähere Angaben darüber werden im Unterabschnitt 3.4.2 gemacht). Das modulierte Chrominanzsignal wird nochmals einer starken Preemphase unterworfen welche, zusammen mit einer ausgeklügelten frequenz- und phasenmäßigen Aufbereitung des Farbhilfsträgers, eine gute Kompatibilität mit Schwarz-Weiß-Empfängern gewährleisten soll (Bild 3–45; Erläuterungen dazu folgen ebenfalls im Unterabschnitt 3.4.2). Die videofrequente Vorbetonung muß im Decoder rückgängig gemacht werden.

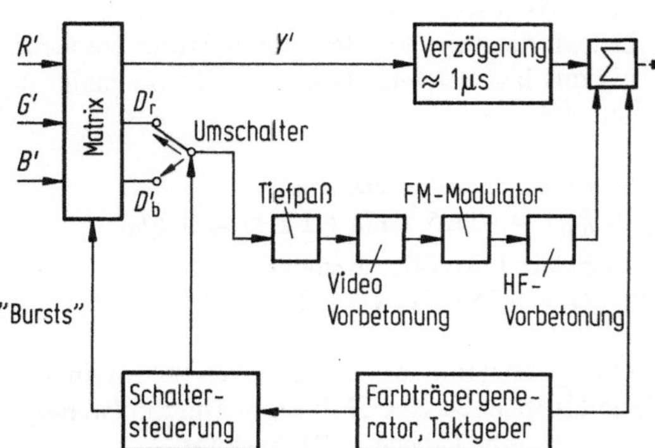

Bild 3-42. Blockschaltbild des SECAM-Coders. Es wird zeilenweise abwechselnd das rote (D'_r) oder blaue (D'_b) Farbdifferenzsignal übertragen. Ein spezielles im Vertikalaustastintervall übertragenes Farbsynchronsignal (in der Figur mit „Bursts" angeschrieben) dient der zeilenweisen Steuerung des Umschalters im Chrominanzteil des Empfängers (Bilder 3-43, 3-46 und 3-47)

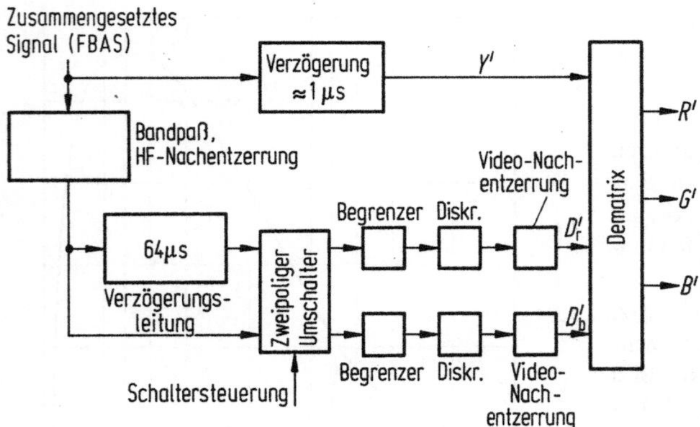

Bild 3-43. Blockschema des SECAM-Decoders. Am Ausgang der Verzögerungsleitung steht für die weitere Verarbeitung das Chrominanzsignal der Vorzeile zur Verfügung. Ein zweipoliger Umschalter sorgt dafür, daß die Diskriminatoren stets die für sie bestimmten Farbdifferenzsignale erhalten. Bezüglich Schaltersteuerung sei auf den Textteil und die Legende zu Bild 3-42 verwiesen

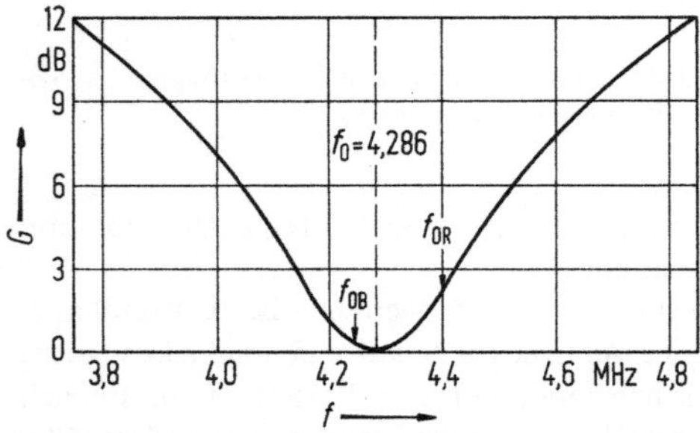

Bild 3-45. Amplitudengang des trägerfrequenten SECAM-Vorbetonungsnetzwerks. (Im Gegensatz zu Gl. (3.40) direkte frequenzmäßige Darstellung, Variable f)

Auf ungenutzten Zeilen des vertikalen Austastintervalls wird ein verhältnismäßig kompliziertes Identifikationssignal für den empfangsseitigen Chrominanzsignal-Umschalter mitübertragen. Die Normfarbwertanteile der Primärfarben und des Weißpunktes sind nomiell gleich wie beim PAL-System (Abschnitt 3.1) [3.9; 3.28–3.30]. Das gleiche gilt für die Rasterfrequenzen.

3.4.2 Signalaufbereitung

Das Leuchtdichtesignal hat beim SECAM-System die gleiche Form wie bei den andern Farbfernsehsystemen, d.h. es gilt nach Gl. (3.7)

$$Y' = 0,299\,R' + 0,587\,G' + 0,114\,B'.$$

Auch hier bedeutet der Apostroph, daß das entsprechende Signal gradationsvorentzerrt ist. Die RGB-Signale sind, wie bei NTSC und PAL, auf den Bereich 0 bis 1 normiert. Das rote Farbdifferenzsignal ist $D'_R = -1,9(R' - Y')$, das blaue

$D'_B = 1,5(B' - Y')$. Eine Bandbreitediskriminierung in IQ-Richtung ist, wie bei PAL, vom System her nicht erforderlich. Die Chrominanzsignale haben eine Bandbreite von 1,3 MHz (Abfall hier ≤ 3 dB; bei 3,5 MHz ≥ 30 dB). Die videofrequente Vorbetonung (Bild 3–44) folgt der Transferfunktion

$$A_{BF}(f) = \frac{D_R'^*}{D_R'} = \frac{D_B'^*}{D_B'} = \left|\frac{1 + j(f/f_1)}{1 + j(f/3f_1)}\right|, \qquad (3.39)$$

worin f die Videofrequenz darstellt und f_1 einem Wert von 85 kHz entspricht. Die Definition von $D_R'^*$ und $D_B'^*$ geht aus der Formel hervor.

Die trägerfrequente Vorbetonung folgt der Beziehung (Bild 3–45)

$$G(F) = M_0 \left|\frac{1 + j\,16\,F}{1 + j\,1{,}26\,F}\right| \qquad (3.40)$$

mit $F = f/f_0 - f_0/f$; $f_0 = 4286 \pm 20$ kHz und $2\,M_0 = 23 \pm 2,5\,\%$ des Schwarz-Weiß-Sprungs ($2\,M_0$ ist der Spitzen-Spitzen-Wert der Grundamplitude des Farbhilfsträgers).

Der Momentanwert f der Farbhilfsträgerfrequenz nimmt für verschwindende Chrominanzsignale folgende Werte an:

— rotes Farbdifferenzsignal:
$f_{OR} = 4,40625$ MHz ± 2 kHz $= 282\,f_H$,

— blaues Farbdifferenzsignal:
$f_{OB} = 4,25$ MHz ± 2 kHz $= 272\,f_H$.

Zur Darstellung des modulierten Chrominanzsignals ist noch eine Hubnormierung notwendig. Darüber gibt Tabelle 3–III Auskunft.

Tabelle 3–III. Hübe des frequenzmodulierten Farbhilfsträgers beim SECAM-System. Die Toleranzwerte sind provisorisch und werden möglicherweise noch erweitert.

Symbol für entsprechenden Hub	Normalhub $(D_R'$ bzw. $D_B' = \pm 1)$ kHz	Maximalhub kHz
Δf_{OR} (rotes Differenzsignal)	$\pm 280 \pm 9$	$+350 \pm 18$ -506 ± 25
Δf_{OB} (blaues Differenzsignal)	$\pm 230 \pm 7$	$+506 \pm 25$ -350 ± 18

Für aufeinanderfolgende Zeilen ergeben sich abwechselnd die zusammengesetzten Farbsignale

$$M' = Y' + G \cos 2\pi(f_{OR} + D_R'^* \, \Delta f_{OR})\, t \quad (3.41)$$

bzw.

$$M' = Y' + G \cos 2\pi(f_{OB} + D_B'^* \, \Delta f_{OB})\, t. \quad (3.42)$$

Die Kompatibilität wird weiter dadurch verbessert, daß die Grundphasen der Farbträgerschwingungen von f_{OR} und f_{OB} nach folgendem Schema zyklisch vertauscht werden:

— von Halbraster zu Halbraster:
   $0°$, $180°$; $0°$, $180°$; ...,
— von Zeile zu Zeile, entweder:
   $0°$, $0°$, $180°$; $0°$, $0°$, $180°$; ...
   oder:
   $0°$, $0°$, $0°$; $180°$, $180°$, $180°$; ...

Die Identifikationssignale für den Farbdifferenzsignal-Umschalter im Empfänger werden gemäß Bild 3–46 im vertikalen Austastintervall mitgesendet. Bild 3–47 zeigt Details dazu. (Neuere Lösungsvorschläge zielen in Richtung eines PAL-ähnlichen im Zeilenaustastintervall übertragenen „Schwabbelburst"-Signals.)

Das SECAM-System ist im Prinzip leicht an monochrome Normen adaptierbar. Für den internationalen Programmaustausch benötigt es aber die gleichen Rasterstabilitäten wie PAL bzw. NTSC. Weitere Systemdaten sind der im Abschnitt 3.4.1 aufgeführten Literatur zu entnehmen (s. auch Abschnitt 2.9.1 und 3.5.2).

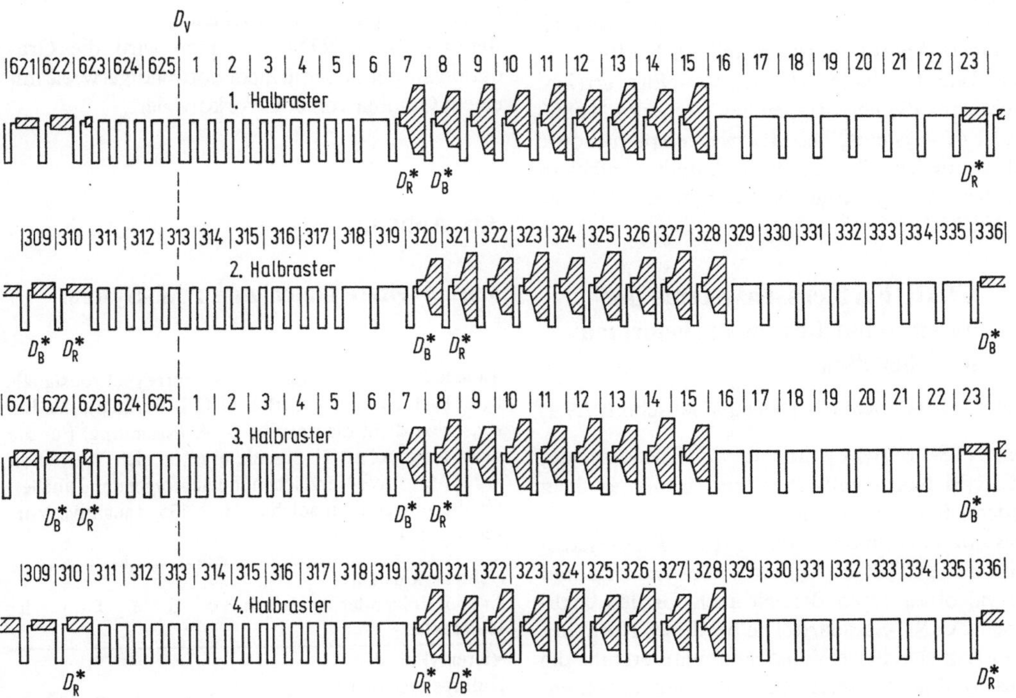

Bild 3-46. Gestaltung der vertikalen Austastlücke beim SECAM-System. Die Burstsignale dienen der halbzeilenfrequenten Steuerung des Chrominanzumschalters im Empfänger. O_V Beginn der Halbraster

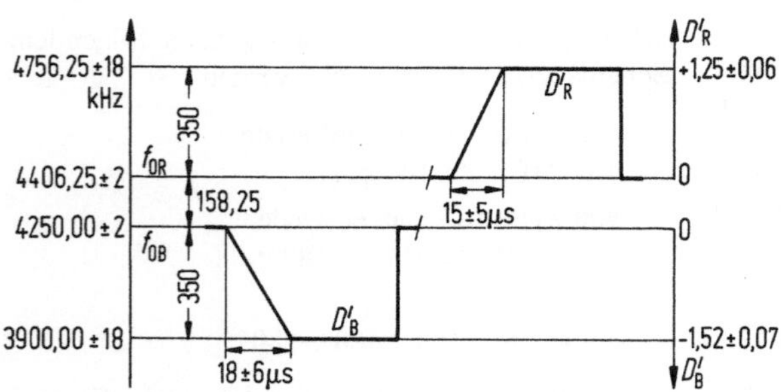

Bild 3-47. Amplitudenwerte der videofrequenten D'_R- und D'_B-Schaltersteuerungssignale und deren Frequenzlagen im geträgerten Bereich (Details zu Bild 3-46). Die Amplituden- und Frequenztoleranzen haben provisorischen Charakter. Sie können später unter Umständen noch etwas erweitert werden

3.4.3 Bemerkungen zur Empfangsseite

Um das SECAM-System auch in Ländern mit 5 MHz Videobandbreite anwenden zu können, war für die frequenzmodulierten Farbdifferenz-Signale nur ein kleiner Hub realisierbar. An Begrenzer und Diskriminator des Empfängers werden deshalb hinsichtlich Rauschverhalten und Stabilität hohe Anforderungen gestellt.

Der SECAM-Empfänger weist im Vergleich zum entsprechenden NTSC-Gerät nur die halbe Chrominanz-Vertikalauflösung auf. Nach den vorliegenden Erfahrungen scheint dies aber im Rahmen normaler Fernsehsendungen kaum von Bedeutung zu sein. An den Temperaturgang der Laufzeitleitung werden vom System her wesentlich geringere Anforderungen gestellt als bei PAL.

Das Rauschverhalten der SECAM-Norm erreicht nicht ganz die hervorragenden Werte des NTSC- und PAL-Systems; bei Mehrwegeempfang sowie differentiellen Phasen- und Amplitudenfehlern ergeben sich aber, auf NTSC bezogen, Vorteile [3.16; 3.17].

3.5 CCIR-Farbfernsehsysteme und deren monochrome Basisnormen im Überblick

(vgl. CCIR-Bericht 624 [3.9] und Abschnitt 2.9.1)

Das NTSC-System wurde auf der Grundlage der CCIR-M-Norm entwickelt und bisher an kein anderes Basissystem adaptiert.

Das im Abschnitt 3.3 dargestellte PAL-System gilt für die CCIR-B-, G- und H-Basisnormen und im videofrequenten Bereich auch für den englischen CCIR-I-Standard. Die bei dieser Norm auf 5,5 MHz erweiterte Videobandbreite erlaubt die Ausstrahlung breiterer oberer Chrominanzseitenbänder („I-PAL"). Die in Brasilien eingeführte M-PAL-Norm (525 Zeilen, 4,2 MHz Videoband-

breite) arbeitet ohne 30-Hz-Versatz. Die nominelle Farbhilfsträgerfrequenz f_c liegt mit 3,57561149 MHz annähernd auf der Frequenzlage des NTSC-Farbträgers und ist mit der Zeilenfrequenz f_H wie folgt verknüpft:

$$f_c = \frac{904}{4} f_H .$$

In Argentinien wurde eine im CCIR bisher noch nicht registrierte an die CCIR-N-Grundnorm adaptierte PAL-Version eingeführt (625 Zeilen, 50 Halbraster je s, 4,2 MHz Videobandbreite).

Das im Abschnitt 3.4 beschriebene SECAM-System ist mit den CCIR-Basisnormen B, D, G, H, K, K 1 und L voll verträglich.

Bei den Nicht-NTSC-Systemen wird die Gradation aufnahmeseitig nicht notwendigerweise mit einem Gamma von 0,45 vorkorrigiert.

3.6 Anhang

3.6.1 Weitere Daten zum PAL-System

Tabelle 3–IV. Phasenlage des Farbsynchronsignals beim PAL-System (CCIR-B/G/H/I-Normen). Als Bezugsachse dient die positive U'-Achsrichtung. Für die nicht umgepolten V'-Signale ergeben sich Werte von $+135°$ (positive Vorzeichen in nachfolgender Tabelle), für die umgepolten solche von $-135°$ (negative Vorzeichen in Tabelle).

Achterzyklus auf-einanderfolgender Halbraster	a	b	c	d	e	f	g	h
Viererzyklus der Halbrastersequenz bezüglich Burstunterdrückung	1	2	3	4	1	2	3	4

Tabelle 3-IV (Forts.)

Zeilen	gerade	−	−	+	+	−	−	+	+
	ungerade	+	+	−	−	+	+	−	−

Phasenlage des Farbhilfsträgers bezüglich
H-Phase (Startpunkt 0_V) in der ersten Zeile   0° *)
des ersten Halbrasters

*) Vom CCIR noch zu bestätigen.

Die Zusammenstellung nimmt Bezug auf die Bilder 3–32 (Abschnitt 3.3.2) und 3–36 (Abschnitt 3.3.3). Im Bild 3–36 bedeutet ein aufwärtsgerichteter Pfeil eine Burstphasenlage von $+135°$, ein nach unten zeigender eine solche von $-135°$.

3.6.2 Weitere Daten zum SECAM-System

Frequenzabhängige Pegelabsenkung des Leuchtdichtesignals

Zur Verminderung des Luminanz-Chrominanz-Übersprechens wird empfohlen, im Bereich von 3,9 bis 4,8 MHz des Y'-Signals eine leuchtdichtepegelabhängige Signalabsenkung vorzunehmen [3.30]. Diese mögliche Zusatzschaltung ist in Bild 3–42 von Abschnitt 3.4.1 nicht eingezeichnet.

Amplituden- und Frequenzwerte für charakteristische SECAM-Signale

Durch die videofrequente Vorbetonung, die differenzierenden Charakter hat (vgl. Abschnitt 3.1.4, Bild 3–44), werden die Farbdifferenzanteile im Bereich der höheren Frequenzen stark angehoben. Dies führt an den Kanten von zeilenfrequenten Farbbalkensignalen zu beträchtlichen Signalspitzen. (Ein Extremfall einer Impulsdifferentiation ist im Abschnitt 2.5.8, Bild 2–53a, dargestellt.)
Die Pegelwerte der Farbbalkensignale von Tabelle 3–V beziehen sich zeitlich auf die amplitudenmäßig annähernd stationäre zweite Hälfte der jeweiligen Testsignale.

Tabelle 3–V. Werte für SECAM-Farbbalkensignale [3.30]

nach CCIR [3.9] Farbbalken	Farbe	Zeile D_R'			Zeile D_B'		
		SS-Amplitude in Prozenten von Y_{max}	Δf_{0R} in kHz, bezogen auf $f_{0R}=4{,}406$ MHz	Momentanfrequenz f in MHz	SS-Amplitude in Prozenten von Y_{max}	Δf_{0B} in kHz, bezogen auf $f_{0B}=4{,}250$ MHz	Momentanfrequenz f in MHz
100 % Amplitude 100 % Sättigung	Weiß	30,6	0	4,406	23,8	0	4,250
	Gelb	25,2	− 59	4,347	64	−306	3,944
	Blaugrün	80,5	+373	4,779	25,7	+103	3,353
	Grün	72,3	+312	4,718	47,5	−202	4,048
	Purpur	40,6	−312	4,094	36	+202	4,452
	Rot	49,8	−373	4,033	33,3	−103	4,147
	Blau	37,6	+ 59	4,464	49,9	+306	4,556
	Schwarz	31	0	4,406	23,8	0	4,250
75 % Amplitude 100 % Sättigung	Weiß	31	0	4,406	23,8	0	4,250
	Gelb	26	− 45,5	4,360	52	−230	4,020
	Blaugrün	68	+280	4,686	24	+ 77,6	4,327
	Grün	62	+234,5	4,640	40	−152,4	4,097
	Purpur	30	−234,5	4,172	30	+152,4	4,402
	Rot	36	−280	4,126	30	− 77,6	4,172
	Blau	36	+ 45,5	4,452	40	+230	4,480
	Schwarz	31	0	4,406	23,8	0	4,250

Literaturverzeichnis

Zitierte Literatur zum Kapitel 1

1.1 Hentschel, H. J.: Licht und Beleuchtung. Berlin, München: Siemens 1972

1.2 Schultze, W.: Farbenlehre und Farbmessung, 3. Aufl. Berlin, Heidelberg, New York: Springer 1975

1.3 Le Grand, Y.: Les bases physiologiques de la télévision en couleur. Onde électr. 48 (1968) 851–855

1.4 Bartleson, C. J.: Color perception and color television. J. SMPTE 77 (1968) 1–12

1.5 Mütze, K. et al: ABC der Optik. Leipzig: Brockhaus 1961

1.6 Mayer, N.: Der Farbwiedergabeindex in der Fernsehtechnik. Rundfunktech. Mitt. 16 (1972) 250–255

1.7 Kaufmann A.; Sauter, D.: Problems of lighting in color television outdoor broadcasts. J. SMPTE 83 (1974) 20–26

1.8 Richter, M.: Einführung in die Farbmetrik. Berlin, New York: de Gruyter 1976

1.9 Grosskopf, H.: Der Einfluß der Helligkeitsempfindung auf die Bildwiedergabe. Rundfunktech. Mitt. 7 (1963) 205–223

1.10 Mac Adam, D. L.: Perceptions of colors in projected and televised pictures. J. SMPTE 65 (1956) 455–469

1.11 Bernath, K. W.: Farbfernsehen und Farbtreue. AGEN-Mitt. 5 (1970) 7–15

Ergänzende Literatur zum Kapitel 1

Helmholtz, H. v.: Handbuch der physiologischen Optik, Bd. 2: Die Lehre von den Gesichtsempfindungen, 3. Aufl. Leipzig: Voss 1911

Handbuch für Beleuchtung, 4. Aufl., hrsg. von der SLG, LTAG und LiTG. Essen: Girardet 1975

Flügge, J.: Leitfaden der geometrischen Optik und des Optikrechnens. Göttingen: Vandenhoeck & Ruprecht 1956

Naumann, H.: Optik für Konstrukteure, 2. Aufl. Düsseldorf: Knapp 1960

Bouma, P. J.: Farbe und Farbwahrnehmung. Eindhoven: N. V. Philips Gloeilampenfabrieken 1951

McIlwain, K.; Dean, Ch. E.: Principles of color television. New York: Wiley, London: Chapman & Hall 1956

Wright, W. D.: The measurement of colour, 4th ed. London: Hilger & Watts 1969

Judd, D. B.; Wyszecki, G.: Color in business, science and industry, 4th ed. New York: Wiley, London: Chapman & Hall 1976

Lang, H.: Farbmetrik und Farbfernsehen. München, Wien: Oldenbourg 1978

Krist, T.: Neue internationale Einheiten der Technik und Physik (SI-Einheiten), 3. Aufl. Darmstadt: Fikentscher 1975

Zitierte Literatur zum Kapitel 2

2.1 Fernsehtechnik I; Grundlagen des elektronischen Fernsehens. Fernsehtechnik II: Technik des elektronischen Fernsehens; Schröter, F. (Hrsg.) Berlin, Göttingen, Heidelberg: Springer 1956 u. 1963

2.2 Küpfmüller, K.: Die Systemtheorie der elektrischen Nachrichtenübertragung, 4. Aufl. Stuttgart: Hirzel 1974

2.3 Papoulis, A.: The Fourier integral and its applications. New York, Toronto, London: McGraw-Hill 1962

2.4 Mertz, P.; Gray, F.: A theory of scanning and its relation to the characteristics of the transmitted signal in telephotography and television. Bell Syst. Tech. J. 13 (1934) 464–515

2.5 Arp, F.: Eine verallgemeinerte Theorie der Bildabtastung. AEÜ 23 (1969) 187–200, 461–468; 24 (1970) 447–459; 25 (1971) 143–154 u. 26 (1972) 219–229

2.6 Dobesch, H.; Sulanke, H.: Zeitfunktionen, Theorie und Anwendung. Berlin: VEB Verlag Technik 1966

2.7 Schwarz, M.: Information transmission, modulation and noise, 2nd ed. New York, Toronto, London: McGraw-Hill 1970

2.8 Kell, R. D.; Bedford, A. V.; Fredendall, G. L.: A determination of optimum number of lines in a television system. RCA-Rev. I (1940) 8–30

2.9 Lewis, N. W.: Television bandwidth and the Kell factor. Electron. Technol. 39 (1962) 44–47

2.10 Baldwin, M. W.: The subjective sharpness of

television images. Bell Syst. Tech. J. 19 (1940) 563–586

2.11 Bartleson, C. J.: Optimum image tone reproduction. J. SMPTE 84 (1975) 613–618

2.12 CCIR Recommendations and Reports of the XIVth Plenary Assembly, Vol. XI (Television). Genf: UIT 1978 (in Englisch, Französisch u. Spanisch)

2.13 Dillenburger, W.: Einführung in die Fernsehtechnik, Bd. 1 (4. Aufl.) u. Bd. 2. Berlin: Schiele & Schön. 1975 u. 1969

2.14 Kerkhof, F.; Werner, W.: Fernsehen. Eindhoven: Philips 1951

2.15 Fetzer, V.: Einschwingvorgänge in der Nachrichtentechnik. München: Porta, Berlin: VEB Verlag Technik 1958

2.16 Tietze, U.; Schenk, Ch.: Halbleiter-Schaltungstechnik, 5. Aufl. Berlin, Heidelberg, New York: Springer 1980

2.17 Gelder, E.; Hirschmann, W.: Schaltungen mit Halbleiterbauteilen, Band 3, 4. Aufl. Berlin, München: Siemens 1973

2.18 Wheeler, H. A.: Wide-band amplifiers for television. Proc. IRE 27 (1939) 429–438

2.19 McIlwain, K.; Dean, Ch. E.: Principles of color television. New York: Wiley; London: Chapman & Hall 1956

2.20 Speiser, A. P.: Impulsschaltungen. Berlin, Heidelberg, New York 1967

2.21 Mosel, H.-J.; Reh, K.; Schulz, P.: Energiesparende Schaltungskonzepte für Farbfernsehempfänger mit neuen 110°-Bildröhrensystemen. Tagungsband 6. Jahrestagung der FKTG (1978) 191–209

2.22 Sonnenberger, P.: Monolithisch integrierte Vertikal-Ablenkschaltung für 110°-Farbfernsehempfänger mit „In-Line"-Bildröhre. Tagungsband 4. Jahrestagung der FKTG (1976) 178–185

2.23 Reiber, H.: Horizontal-Ablenkteil mit Thyristor-Endstufe für transistorisierte Fernsehempfänger. Radio Mentor Electronic 34 (1968) 31–35

2.24 Boggis, C.R.: Hochspannungssysteme für Fernsehempfänger. Funk-Tech. 29 (1974) 396–398

2.25 Carl, H.: Richtfunkverbindungen, 2. Aufl. Stuttgart: Berliner Union/Stuttgart, Berlin, Köln, Mainz: Kohlhammer 1972

2.26 Kommission für den Ausbau des technischen Kommunikationssystems: Kabelfernsehen (Anlageband 5 zum Telekommunikationsbericht des Bundesministeriums für das Post- und Fernmeldewesen. Bonn: Heger 1976

2.27 Süverkrübbe, R.: Direkte Fernsehversorgung über Rundfunksatelliten; die Situation nach der Funkverwaltungskonferenz 1977, Fernseh- u. Kinotechnik 32 (1978) 41–44

2.28 Schneider, K.: Das neue Farbfernsehstudio des ZDF in der vorläufigen Sendezentrale Wiesbaden. Rundfunktech. Mitt. 14 (1970) 113–123

2.29 Kniestedt, J.: Technik der Fernsehsender im Frequenzbereich IV/V. (Doppelband). Berlin: Schiele & Schön 1975

2.30 Heydel, J.; Vogt, N.: Fernsehumsetzer. Geisler, K. W. (Hrsg.) Berlin: Schiele & Schön 1969

2.31 Cherry, C.: Pulses and transients in communication circuits. London: Chapman & Hall 1949

2.32 Bünemann, D.; Händler, W.: Der Schwarz-Weiß-Sprung bei der Restseitenband-Fernseh-Übertragung. AEÜ 10 (1956) 457–466

2.33 Goldman, S.: Frequency analysis, modulation and noise. New York, Toronto, London: McGraw-Hill 1948

2.34 Weltersbach, W.: ZF-Verstärker-Konzept mit Synchrondemodulator und Quasiparallelton für Fernsehgeräte. Tagungsband 6. Jahrestagung der FKTG (1978) 160–182

2.35 Veith, R.; Kriedt, H.; Rehak, M.: Bild-Zf-Teil mit Oberflächenwellenfilter. Funkschau 51 (1979) 226–230, 311–312

2.36 Griese, H. J.: Qualitätsgrenzen des Differenzträgertonempfangs. Fernmeldetech. Z. 8 (1955) 374–378

2.37 Pilz, F.: Digital codierte Übertragungen von Text und Graphik in den Vertikal-Austastintervallen des Fernsehsignals. Fernseh- u. Kinotechnik 31 (1977) 277–283

2.38 Aigner, M.: Zweitonübertragung beim Fernsehen: Der Einfluß des Offsetbetriebes von Fernsehsendern auf den Tonstörabstand beim FM/FM-Multiplexverfahren und beim Zweiträgerverfahren. Rundfunktech. Mitt. 22 (1978) 185–194

2.39 Panter, P. F.: Modulation, noise and spectral analysis. New York, Toronto, London: McGraw-Hill 1965

2.40 Mathematik-Handbuch für Technik und Naturwissenschaft, Dreszer, J. (Hrsg.). Zürich, Frankfurt/M., Thun: Deutsch 1975

2.41 Doetsch, G.: Theorie und Anwendung der Laplace-Transformation. Berlin: Springer 1937

2.42 Doetsch, G.: Tabellen zur Laplace-Transformation und Anleitung zum Gebrauch. Berlin, Göttingen, Heidelberg: Springer 1947

2.43 Campbell, G. A.; Foster, R. M.: Fourier integrals for practical applications, 3rd ed. New York, Toronto, London: Van Nostrand 1954

2.44 Colebrook, F. M.: The frequency analysis of the heterodyne envelope. Experimental Wireless 9 (1932) 195–201

2.45 Color television standards, Fink, D. G. (Ed.). New York, Toronto, London: McGraw-Hill 1955

2.46 Sunde, E. D.: Communication systems engineering theory. New York, London, Sydney, Toronto: Wiley 1969

2.47 Jahnke, E.; Emde, F.: Funktionentafeln mit

Formeln und Kurven, 4. Aufl. New York: Dover 1945

2.48 Bauer, W.; Buchholz, S.: Mathematik der Nachrichtentechnik. Braunschweig: Damm 1971

2.49 Vacuum tube amplifiers. Valley, G. E.; Wallman, H. (Eds.). (Massachusetts Inst. of Technol.) New York, Toronto, London: McGraw-Hill 1948

2.50 Weber, K. H. R.: Tafeln der Frequenz- und Zeitfunktionen elektrischer Schaltungen. Berlin: VEB Verlag Technik 1953 u. 1955

2.51 Telefunken-Laborbuch, Bd. 4 u. 5. Ulm: Telefunken 1967 u. 1971

2.52 Goussot, L.: La télévision monochrome et en couleur. Paris: Eyrolles 1972

2.53 Bruch, W.: Der Einfluß der Leuchtdichtesprünge bei der Restseitenbandübertragung von NTSC-, PAL- und SECAM-Farbfernsehbildern auf die Farbflächen und Farbübergänge. Telefunken-Ztg. 38 (1965) 3–14

Ergänzende Literatur zum Kapitel 2

Television standards and practice (selected papers from the Proc. of the National Television System Committee and its panels), Fink, D. G. (Ed.). New York: MacGraw-Hill 1943

Garrat, G. R. M.; Mumford, A. H.: The history of television. Inst. Electron. Eng. (IIIA) 99 (1952) 25–42

Bruch, W.: Die Fernsehstory. Stuttgart: Franckh 1969

Pawley, E.: BBC Engineering 1922–1972. London: BBC-Publications 1972

Chauvièrre, M.: La télévision hier, aujourd'hui et demain. Vaucresson (F): SEDET 1975

O'Brien, R. S.; Monroe, R. B.: 101 years of television technology. J. SMPTE 85 (1976) Juli-Heft

Schröter, F.: Handbuch der Bildtelegraphie und des Fernsehens. Berlin: Springer 1932

Fernsehen, Leithäuser, G.; Winckel, F. (Hrsg.). Berlin, Göttingen, Heidelberg: Springer 1953

Kirschstein, F.; Krawinkel, G.: Fernsehtechnik. Zürich: Hirzel 1952

Zworykin, E. E.; Morton, G. A.: Television, 2nd ed. New York, London: Wiley 1954

Theile, R.: Fernsehtechnik. Berlin, Heidelberg, New York: Springer 1973

Schönfelder, H.: Fernsehtechnik 1 u. 2. Darmstadt: v. Liebig 1972 u. 1973

Waveforms, Chance, B., et al (Eds.). (Massachusetts Inst. Technol.) New York, Toronto, London: McGraw-Hill 1949

Handbuch für Hochfrequenz- und Elektrotechniker, Rint, C. (Hrsg.); Bd. 3, 12. Aufl.; Dillenburger, W.: Fernsehen 563–715. München, Heidelberg: Hüthig u. Pflaum 1979

Pöschl. K.: Mathematische Methoden in der Hochfrequenztechnik. Berlin, Heidelberg, New York: Springer 1973

Kovacs, F.: Hochfrequenzanwendungen von Halbleiterbauelementen. München: Francis 1978

Hettlich, H.; Schubert, R.: Die Zeilenendstufe im Farbfernsehempfänger. Telefunken-Ztg. 40 (1967) 205–212

Krug, O.: Integrierte Schaltungen in Fernsehempfängern. München: Pflaum 1973

Zitierte Literatur zum Kapitel 3

3.1 Color telvision standards, Fink, D. G. (Ed.) New York, Toronto, London: McGraw-Hill 1955

3.2 McIlwain, K.; Dean, Ch. E.: Principles of color television. New York: Wiley, London: Chapman & Hall 1956

3.3 Wentworth, J. W.: Color television engineering. New York, Toronto, London: McGraw-Hill 1955

3.4 Carnt, P. S.; Townsend, G. B.: Colour television, Vol. 1 and 2. London: Iliffe 1961 and 1969

3.5 Schönfelder, H.: Farbfernsehen, Bd. 1, 2 u. 3. Darmstadt: v. Liebig 1965, 1966, 1968

3.6 Mayer, N.: Technik des Farbfernsehens. Berlin: Radio-Foto-Kinotechnik 1967

3.7 Lang, H.: Farbmetrik und Farbfernsehen. München, Wien: Oldenbourg 1978

3.8 Bernath, K. W.: Grundlagen des Farbfernsehens. Bern, Stuttgart: Hallwag 1968

3.9 CCIR Recommendations and Reports of the XIVth Plenary Assembly, Vol. XI (Television). Genf: UIT 1978 (in Englisch, Französisch u. Spanisch)

3.10 Loughlin, B. D.: Recent improvements in bandshared simultaneous color television systems. Proc. IRE 39 (1951) 1264–1279

3.11 Cassagne, P.; Sauvanet, M.: Le système de télévision en couleurs SECAM, comparaison avec le système NTSC. Ann. Radioélectricité 16 (1961) 109–121

3.12 Davidse, J.: NTSC colour television signals; measuring technics. Electron. Radio Eng. 36 (1959) 416–419

3.13 Schönfelder, H.: Die Farbsynchronisierung beim NTSC-Verfahren. AEÜ 18 (1964) 355–370

3.14 Theile, R.: The development of compatible colour television. EBU-Rev., Part A (Technik), No. 93, Okt. 1965

3.15 Bruch, W.: Das PAL-Farbfernsehsystem; prinzipielle Grundlagen der Modulation und Demodulation. NTZ 17 (1964) 109–121

3.16 Report of the EBU Ad hoc Group on Colour Television, 2nd ed. Brüssel: Tech. Zentr. EBU/ UER 1965; mit Änderungen vom Febr. 1966

3.17 Bernath, K. W.: Über die Störempfindlichkeit der Farbfernsehverfahren NTSC, PAL und SECAM III beim drahtlosen Heimempfang, unter beson-

derer Berücksichtigung des Mehrwegeempfangs.
Tech. Mitt. PTT (Schweiz) 44 (1966) 353–367,
403–418

3.18 Bruch, W.; Mahler, G.; Kühn, K.; Schirmer, R.;
Kühling, J.: Ausgewählte Aufsätze zur Technik
des Farbfernsehens. Telefunken-Ztg. 38 (1965)
3–120

3.19 Bruch, W.: Wahl eines Präzisionsoffsets für den
Farbhilfsträger im PAL-Farbfernsehsystem.
Telefunken-Ztg. 36 (1963) 89–99

3.20 Bruch, W.: Das PAL-Spektrum experimentell gedeutet. Tech. Mitt. AEG-Telefunken 60 (1970)
284–294

3.21 Bruch, W.: Demodulationsschaltungen für PAL-
Farbfernseh-Empfänger. Telefunken-Ztg. 37
(1964) 2–13

3.22 Bruch, W.: Selected circuits for PAL-decoders.
Special edition of Telefunken-Ztg. (June 1966)
12.1–12.3

3.23 Bruch, W.: Neue Methoden der Referenzträger-
synchronisierung im PAL-Farbfernsehempfän-
ger. Telefunken-Ztg. 37 (1964) 100–115

3.24 Bruch, W.: Some recent developments in the
PAL colour TV system. Special edition of Telefunken-Ztg. (June 1966) pp. 2.1–2.10

3.25 Meiss, H. K.: Farbfernsehempfänger. Telefunken-Ztg. 40 (1967) 167–188

3.26 Köhler, A.; Schiffel, R.: Die für den PAL-
Decoder an die Verzögerungsleitung gestellten
elektrischen Bedingungen. Telefunken-Ztg. 40
(1967) 199–204

3.27 Mahler, G.: Noise disturbances occuring with
colour television systems using quadrature amplitude modulation. Special edition of Telefunken-Ztg. (June 1966) pp. 13.1–13.13

3.28 Dubec, A.: Le procédé SECAM de télévision
couleur. Paris: Compagnie Française de Télévision 1976

3.29 Goussot, L.: La télévision monochrome et en
couleur. Paris: Eyrolles 1972

3.30 Dubec, A.; Goussot, L.: Télévision en couleur,
systèmes de codage; le SECAM. Paris: Information Promotion Françaises 1980

Ergänzende Literatur zum Kapitel 3

Theile, R.: Fernsehtechnik. Berlin, Heidelberg, New
York: Springer 1973

Morgenstern, B.: Farbfernsehtechnik. Stuttgart: Teub-
ner 1977

Schönfelder, H.: Fernsehtechnik 1 u. 2. Darmstadt:
v. Liebig 1972 u. 1973

Bruch, W.: Farbfernseh-Systeme: NTSC, PAL,
SECAM, Funkschau 1964, 1. Dez.-Heft
Sonderheft IEEE Trans. BTR-12 (1966) No. 2:
The issue of worldwide color television standards

Bernath, K. W.: Grundzüge des Farbfernsehens. Bull.
SEV 59 (1968) 403–415

Christoph, H.: Analyse der Cross-Color-Störung bei
schrägem Strichrastertest für das NTSC- und
PAL-Farbfernsehsystem. NTZ 26 (1973) 210–216

Blank, K.-H.; Graf, G.: Schaltungskonzept für einen
volltransistorisierten Farb- und Luminanzteil
eines Farbfernsehers. Radio mentor electronic
32 (1966) 595–599

Hoeben, H.: Die Entwicklung von Verzögerungsleitungen. Funkschau (1973) H. 26

Dillenburger, W.: Einführung in die Fernsehtechnik,
Bd. 1 (4. Aufl.) u. Bd. 2. Berlin: Schiele & Schön,
1975 u. 1969

Hartwich, W.: Einführung in die Farbfernseh-Service-
technik, Bd. I (2. Aufl.) u. Bd. II. Eindhoven:
Philips 1965 u. 1966

Telefunken-Fachbuch: Farbfernsehtechnik, Bd. I u. II.
Berlin: Elitera 1966 u. 1973

Fernsehtechnik I; Grundlagen des elektronischen
Fernsehens; Fernsehtechnik II: Technik des elektronischen Fernsehens; Schröter, F. (Hrsg.).
Berlin, Göttingen, Heidelberg: Springer 1956 u.
1963

Sachverzeichnis